수학 좀 한다면

최상위를 위한 특별 학습 서비스

상위권 학습 자료
상위권 단원평가＋경시 기출문제(디딤돌 홈페이지 www.didimdol.co.kr)

문제풀이 동영상
HIGH LEVEL 전 문항 및 LEVEL UP TEST 80%

최상위 초등수학 6-1

펴낸날 [개정판 1쇄] 2022년 8월 15일 [개정판 6쇄] 2024년 8월 27일
펴낸이 이기열
펴낸곳 (주)디딤돌 교육
주소 (03972) 서울특별시 마포구 월드컵북로 122 청원선와이즈타워
대표전화 02-3142-9000
구입문의 02-322-8451
내용문의 02-323-9166
팩시밀리 02-338-3231
홈페이지 www.didimdol.co.kr
등록번호 제10-718호
구입한 후에는 철회되지 않으며 잘못 인쇄된 책은 바꾸어 드립니다.
이 책에 실린 모든 삽화 및 편집 형태에 대한 저작권은
(주)디딤돌 교육에 있으므로 무단으로 복사 복제할 수 없습니다.
상표등록번호 제40-1576339호
최상위는 특허청으로부터 인정받은 (주)디딤돌 교육의 고유한 상표이므로
무단으로 사용할 수 없습니다.
Copyright © Didimdol Co. [2361560]

최상위 수학 6·1 학습 스케줄표

짧은 기간에 집중력 있게 한 학기 과정을 학습할 수 있도록 설계하였습니다.
방학 때 미리 공부하고 싶다면 8주 완성 과정을 이용하세요.

공부한 날짜를 쓰고 하루 분량 학습을 마친 후, 부모님께 확인 check ☑를 받으세요.

	월 일	월 일	월 일	월 일	월 일
1주	**1. 분수의 나눗셈**				
	10~13쪽 ☐	14~17쪽 ☐	18~21쪽 ☐	22~24쪽 ☐	25~27쪽 ☐

	월 일	월 일	월 일	월 일	월 일
2주	**1. 분수의 나눗셈**	**2. 각기둥과 각뿔**			
	28~30쪽 ☐	34~37쪽 ☐	38~41쪽 ☐	42~44쪽 ☐	45~47쪽 ☐

	월 일	월 일	월 일	월 일	월 일
3주	**2. 각기둥과 각뿔**			**3. 소수의 나눗셈**	
	48~50쪽 ☐	51~53쪽 ☐	54~56쪽 ☐	60~63쪽 ☐	64~66쪽 ☐

	월 일	월 일	월 일	월 일	월 일
4주	**3. 소수의 나눗셈**				
	67~69쪽 ☐	70~72쪽 ☐	73~75쪽 ☐	76~78쪽 ☐	79~81쪽 ☐

공부를 잘 하는 학생들의 좋은 습관 8가지

매일매일 규칙적인 학습 시간 계획을 세워요.

과제에 대한 시간 관리를 잘 해요.

책상 정리정돈을 잘 해요.

열심히 공부한 다음 적당한 휴식을 가져요.

12주 완성

7^주	월	일	월	일	월	일	월	일	월	일

7^주 — 4. 비와 비율

86~88쪽 ☐	89~90쪽 ☐	91~92쪽 ☐	93~94쪽 ☐	95~96쪽 ☐

8^주 — 월 일 / 월 일 / 월 일 / 월 일 / 월 일

4. 비와 비율

97~98쪽 ☐	99~100쪽 ☐	101~102쪽 ☐	103~104쪽 ☐	105~106쪽 ☐

9^주 — 월 일 / 월 일 / 월 일 / 월 일 / 월 일

5. 여러 가지 그래프

110~112쪽 ☐	113~115쪽 ☐	116~118쪽 ☐	119~120쪽 ☐	121~122쪽 ☐

10^주 — 월 일 / 월 일 / 월 일 / 월 일 / 월 일

5. 여러 가지 그래프

123~124쪽 ☐	125~126쪽 ☐	127~128쪽 ☐	129~130쪽 ☐	131~132쪽 ☐

11^주 — 월 일 / 월 일 / 월 일 / 월 일 / 월 일

6. 직육면체의 부피와 겉넓이

136~138쪽 ☐	139~141쪽 ☐	142~144쪽 ☐	145~146쪽 ☐	147~148쪽 ☐

12^주 — 월 일 / 월 일 / 월 일 / 월 일 / 월 일

6. 직육면체의 부피와 겉넓이

149~150쪽 ☐	151~152쪽 ☐	153~154쪽 ☐	155~156쪽 ☐	157~158쪽 ☐

최상위
수학 6·1 학습 스케줄표

부담되지 않는 학습량으로 공부 습관을 기를 수 있도록 설계하였습니다.
학기 중 교과서와 함께 공부하고 싶다면 12주 완성 과정을 이용하세요.

공부한 날짜를 쓰고 하루 분량 학습을 마친 후, 부모님께 확인 check ☑를 받으세요.

1주

월 일	월 일	월 일	월 일	월 일
1. 분수의 나눗셈				
10~12쪽	13~14쪽	15~16쪽	17~18쪽	19~20쪽
☐	☐	☐	☐	☐

2주

월 일	월 일	월 일	월 일	월 일
1. 분수의 나눗셈				
21~22쪽	23~24쪽	25~26쪽	27~28쪽	29~30쪽
☐	☐	☐	☐	☐

3주

월 일	월 일	월 일	월 일	월 일
2. 각기둥과 각뿔				
34~36쪽	37~39쪽	40~42쪽	43~44쪽	45~46쪽
☐	☐	☐	☐	☐

4주

월 일	월 일	월 일	월 일	월 일
2. 각기둥과 각뿔				
47~48쪽	49~50쪽	51~52쪽	53~54쪽	55~56쪽
☐	☐	☐	☐	☐

5주

월 일	월 일	월 일	월 일	월 일
3. 소수의 나눗셈				
60~62쪽	63~65쪽	66~67쪽	68~69쪽	70~71쪽
☐	☐	☐	☐	☐

6주

월 일	월 일	월 일	월 일	월 일
3. 소수의 나눗셈				
72~73쪽	74~75쪽	76~77쪽	78~79쪽	80~81쪽
☐	☐	☐	☐	☐

8주
완성

	월 일	월 일	월 일	월 일	월 일
5주	**4. 비와 비율**				
	86~89쪽 ☐	90~93쪽 ☐	94~97쪽 ☐	98~100쪽 ☐	101~103쪽 ☐

	월 일	월 일	월 일	월 일	월 일
6주	**4. 비와 비율**	**5. 여러 가지 그래프**			
	104~106쪽 ☐	110~113쪽 ☐	114~117쪽 ☐	118~120쪽 ☐	121~123쪽 ☐

	월 일	월 일	월 일	월 일	월 일
7주	**5. 여러 가지 그래프**			**6. 직육면체의 부피와 겉넓이**	
	124~126쪽 ☐	127~129쪽 ☐	130~132쪽 ☐	136~139쪽 ☐	140~143쪽 ☐

	월 일	월 일	월 일	월 일	월 일
8주	**6. 직육면체의 부피와 겉넓이**				
	144~146쪽 ☐	147~149쪽 ☐	150~152쪽 ☐	153~155쪽 ☐	156~158쪽 ☐

 등, 하교 때 자신이 한 공부를 다시 기억하며 상기해 봐요.

 모르는 부분에 대한 질문을 잘 해요.

수학 문제를 푼 다음 틀린 문제는 반드시 오답 노트를 만들어요.

 자신만의 노트 필기법이 있어요.

상위권의 기준

최상위 수학

수학 좀 한다면

디딤돌

구성과 특징

MATH TOPIC

엄선된 대표 심화 유형들을 집중 학습함으로써 문제
해결력과 사고력을 향상시키는 단계입니다.

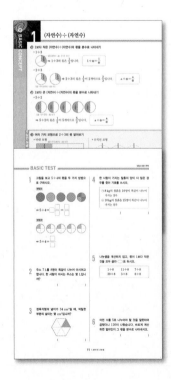

BASIC CONCEPT

개념 설명과 함께 구성되어 있습니다.
교과서 개념 이외의 실전 개념, 연결 개념, 주의 개념,
사고력 개념을 함께 정리하여 심화 학습의 기본기를
갖출 수 있게 하였습니다.

BASIC TEST

본격적인 심화 학습에 들어가기 전 단계로 개념을
적용해 보며 기본 실력을 확인합니다.

HIGH LEVEL

교외 경시 대회에서 출제되는 수준 높은 문제들을
풀어 봄으로써 상위 3% 최상위권에 도전하는 단계
입니다.

윗 단계로 올라가는 데 어려움이
없도록 BRIDGE 문제들을
각 코너별로 배치하였습니다.

LEVEL UP TEST

대표 심화 유형 외의 다양한 심화 문제들을 풀어
봄으로써 해결 전략과 방법을 학습하고 상위권으로
한 걸음 나아가는 단계입니다.

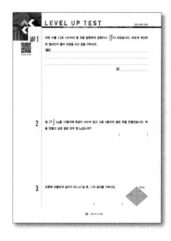

차례

분수의 나눗셈

공평하게 나누기

빵 2개를 6명이 나누어 먹는 방법

빵이 2개뿐이고 사람이 6명인 경우에 빵을 어떻게 나누어야 할까요?

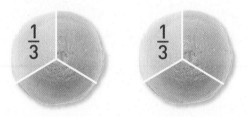

빵 한 개를 3명이서 나누어 먹어야 하므로 한 사람이 먹게 되는 빵은 1을 3으로 나눈 것 중 하나인 $\frac{1}{3}$ 개 입니다.

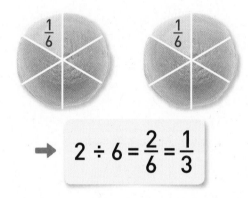

$$2 \div 6 = \frac{2}{6} = \frac{1}{3}$$

2개의 빵을 각각 6조각으로 나누어 생각하는 방법도

있습니다. 1을 6으로 나눈 것 중 하나는 $\frac{1}{6}$ 이고,

$\frac{1}{6}$ 이 2개이므로 한 사람이 먹게 되는 빵은

$\frac{1}{6} + \frac{1}{6} = \frac{2}{6} = \frac{1}{3}$ (개)로 같답니다.

빵 4개를 3명이 나누어 먹는 방법

$4 \div 3$의 몫은 1이고 나머지는 1입니다. 즉 4개의 빵을 3명이 나누어 먹으면 한 명이 1개씩 먹고 1개가 남습니다.

빵을 남김없이 나누려면 남은 빵 하나를 3등분하여 각자 $\frac{1}{3}$개씩 더 먹으면 됩니다. 따라서 한 사람이 먹게 되는 빵은 $1\frac{1}{3}$개가 됩니다.

4개의 빵을 각각 세 조각으로 나누어 생각하는 방법도 있습니다.

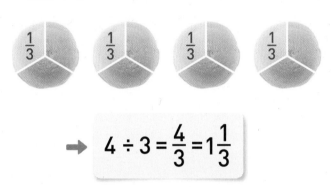

$$\rightarrow \quad 4 \div 3 = \frac{4}{3} = 1\frac{1}{3}$$

1을 3으로 나눈 것 중 하나는 $\frac{1}{3}$이고, $\frac{1}{3}$이 4개이므로 한 사람이 먹게 되는 빵은

$\frac{1}{3} + \frac{1}{3} + \frac{1}{3} + \frac{1}{3} = \frac{4}{3} = 1\frac{1}{3}$ (개)입니다.

즉 두 자연수의 나눗셈인 ■ ÷ ▲의 몫은 $\frac{■}{▲}$가 됩니다.

음료수 $\frac{3}{4}$ L를 둘로 나누는 방법

이번엔 음료수가 $\frac{3}{4}$ L만큼 있습니다. $\frac{3}{4}$ L를 3명이 나누어 먹는다면 계산은 간단해요. $\frac{3}{4}$은 $\frac{1}{4}$이 3개이므로 한 사람이 $\frac{3}{4} \div 3 = \frac{1}{4}$ (L)씩 마실 수 있거든요. 만약 $\frac{3}{4}$ L를 둘이서 나누어 먹는 경우는 어떨까요? $\frac{3}{4} \div 2$에서 3은 2로 나누어떨어지지 않아요. 이때는 나누어지는 수를 크기가 같은 분수로 바꾸어야 합니다. 나누어지는 수의 분자가 나누는 자연수의 배수가 되도록 하면 쉽게 나눌 수 있으니까요.

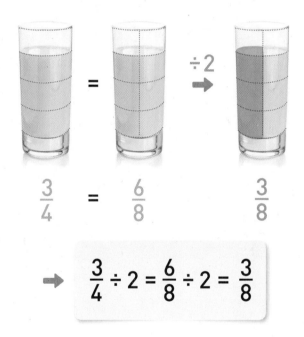

$$\frac{3}{4} \qquad = \qquad \frac{6}{8} \qquad\qquad \frac{3}{8}$$

$$\rightarrow \quad \frac{3}{4} \div 2 = \frac{6}{8} \div 2 = \frac{3}{8}$$

좀 더 간단한 방법도 있어요. 가장 오른쪽 그림을 보면, $\frac{3}{4} \div 2$는 $\frac{3}{4}$을 똑같이 2로 나눈 것 중 하나예요. 즉 $\frac{3}{4}$의 $\frac{1}{2}$이므로 분수의 나눗셈을 곱셈으로 바꾸어 계산해도 결과는 $\frac{3}{8}$이 됩니다.

$$\rightarrow \quad \frac{3}{4} \div 2 = \frac{3}{4} \times \frac{1}{2} = \frac{3}{8}$$

1 (자연수) ÷ (자연수)

① 1보다 작은 (자연수) ÷ (자연수)의 몫을 분수로 나타내기

・ $1 \div 3$

1을 3으로 나눈 것 중 하나
➡ $1 \div 3$의 몫은 $\dfrac{1}{3}$입니다.

$$1 \div \bullet = \dfrac{1}{\bullet}$$

・ $2 \div 3$

➡ $2 \div 3$의 몫은 $\dfrac{1}{3}$이 2개이므로 $\dfrac{2}{3}$입니다.

1을 각각 3으로 나눕니다.

$$\blacktriangle \div \bullet = \dfrac{\blacktriangle}{\bullet}$$

② 1보다 큰 (자연수) ÷ (자연수)의 몫을 분수로 나타내기

・ $5 \div 2$

1을 각각 2로 나눕니다.

➡ $5 \div 2$의 몫은 $\dfrac{1}{2}$이 5개이므로 $\dfrac{5}{2}$입니다.

$$\blacktriangle \div \bullet = \dfrac{\blacktriangle}{\bullet}$$

실전 개념

① 여러 가지 모형으로 2 ÷ 3의 몫 알아보기

・막대 모형

・수직선 모형

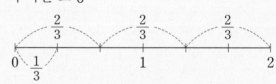

➡ $2 \div 3$은 $\dfrac{1}{3}$이 2개이므로 $\dfrac{2}{3}$입니다.

② 몫이 1보다 큰지 작은지 알아보기

나누어지는 수와 나누는 수의 크기를 비교하면 계산하지 않고도 몫이 1보다 큰지 작은지 알 수 있습니다.

$$\blacksquare > \blacktriangle \text{일 때, } \blacksquare \div \blacktriangle > 1$$

(예) $6 \div 5 = \dfrac{6}{5} = 1\dfrac{1}{5} > 1$

$$\blacksquare < \blacktriangle \text{일 때, } \blacksquare \div \blacktriangle < 1$$

(예) $5 \div 6 = \dfrac{5}{6} < 1$

③ (자연수) ÷ (자연수)의 몫을 대분수로 나타내기

$$\blacktriangle \div \bullet = \blacksquare \cdots \bigstar \ \Rightarrow \ \blacktriangle \div \bullet = \blacksquare\dfrac{\bigstar}{\bullet}$$

(예) $7 \div 3 = 2 \cdots 1 \ \Rightarrow \ 7 \div 3 = 2\dfrac{1}{3}$

➡ $7 \div 3$의 몫은 $\dfrac{7}{3}$이므로 대분수로 나타내면 $2\dfrac{1}{3}$입니다.

BASIC TEST

1 그림을 보고 $5 \div 4$의 몫을 두 가지 방법으로 구하시오.

방법 1

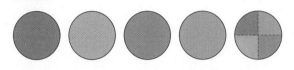

➡ $5 \div 4 = \boxed{} \dfrac{\boxed{}}{\boxed{}} = \dfrac{\boxed{}}{\boxed{}}$

방법 2

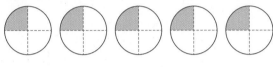

➡ $5 \div 4 = \dfrac{\boxed{}}{\boxed{}}$

2 주스 $7\,L$를 8명이 똑같이 나누어 마시려고 합니다. 한 사람이 마시는 주스는 몇 L입니까?

( )

3 정육각형의 넓이가 $34\ cm^2$일 때, 색칠한 부분의 넓이는 몇 cm^2입니까?

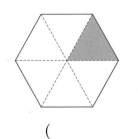

( )

4 한 사람이 가지는 찰흙의 양이 더 많은 경우를 찾아 기호를 쓰시오.

> ㉠ $8\,kg$의 찰흙을 10명이 똑같이 나누어 가지는 경우
>
> ㉡ $10\,kg$의 찰흙을 15명이 똑같이 나누어 가지는 경우

( )

5 나눗셈을 계산하지 않고, 몫이 1보다 작은 것을 모두 골라 ◯표 하시오.

$1 \div 8$	$11 \div 8$	$7 \div 8$
$30 \div 8$	$3 \div 8$	$8 \div 8$

6 어떤 수를 5로 나누어야 할 것을 잘못하여 곱했더니 120이 나왔습니다. 바르게 계산하면 얼마인지 그 몫을 분수로 나타내시오.

( )

2 (분수)÷(자연수)

❶ 분자가 자연수의 배수인 (분수)÷(자연수)

$$\frac{6}{7} \div 2$$

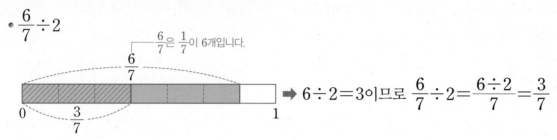

$\frac{6}{7}$은 $\frac{1}{7}$이 6개입니다.

$\frac{6}{7}$

0 $\frac{3}{7}$ 1

➡ $6 \div 2 = 3$이므로 $\dfrac{6}{7} \div 2 = \dfrac{6 \div 2}{7} = \dfrac{3}{7}$

❷ 분자가 자연수의 배수가 아닌 (분수)÷(자연수)

$$\frac{3}{5} \div 2$$ 3은 2로 나누어떨어지지 않습니다.

방법1 크기가 같은 분수로 바꾸어 계산하기

$$\frac{3}{5} \div 2 = \frac{6}{10} \div 2 = \frac{6 \div 2}{10} = \frac{3}{10}$$

$\dfrac{3}{5} = \dfrac{3 \times 2}{5 \times 2} = \dfrac{6}{10}$ 분모와 분자에 같은 수를 곱해 크기가 같은 분수를 만듭니다.

방법2 곱셈으로 나타내어 계산하기

$$\frac{3}{5} \div 2 = \frac{3}{5} \times \frac{1}{2} = \frac{3}{10}$$

$\dfrac{3}{5} \div 2$는 $\dfrac{3}{5}$을 똑같이 2로 나눈 것 중 하나이므로 $\dfrac{3}{5}$의 $\dfrac{1}{2}$입니다.

❸ (대분수)÷(자연수)

$$1\frac{4}{5} \div 3$$ 대분수는 가분수로 바꾸어 계산합니다.

방법1 $1\dfrac{4}{5} \div 3 = \dfrac{9}{5} \div 3 = \dfrac{9 \div 3}{5} = \dfrac{3}{5}$

방법2 $1\dfrac{4}{5} \div 3 = \dfrac{9}{5} \div 3 = \dfrac{\overset{3}{\cancel{9}}}{5} \times \dfrac{1}{\underset{1}{\cancel{3}}} = \dfrac{3}{5}$

실전 개념

❶ 분수와 자연수의 혼합 계산

÷■를 $\times \dfrac{1}{■}$로 고친 후 약분이 되면 약분하여 계산합니다.

예 $\dfrac{5}{8} \times 3 \div 6 = \dfrac{5}{8} \times \dfrac{\cancel{1}}{\underset{2}{\cancel{3}}} \times \dfrac{1}{\cancel{6}} = \dfrac{5}{16}$ 예 $1\dfrac{5}{7} \div 3 \div 5 = \dfrac{\overset{4}{\cancel{12}}}{7} \times \dfrac{1}{\underset{1}{\cancel{3}}} \times \dfrac{1}{5} = \dfrac{4}{35}$

❷ 수 카드로 몫이 가장 큰 (진분수)÷(자연수) 만들기

나누어지는 수가 클수록, 나누는 수가 작을수록 몫이 커집니다.

[5] [3] [7] [2] $\dfrac{\square}{\square} \div \square$ ➡ $\dfrac{\square}{\square} \div 2$ ➡ $\dfrac{5}{7} \div 2$

가장 작은 수 2로 나눕니다. 나머지 수로 만들 수 있는 진분수 $\dfrac{3}{5}, \dfrac{3}{7}, \dfrac{5}{7}$ 중

가장 큰 수인 $\dfrac{5}{7}$를 나누어지는 수로 합니다.

BASIC TEST

1 그림을 보고 □ 안에 알맞은 수를 써넣어 나눗셈의 몫을 구하시오.

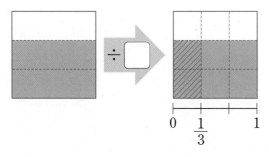

➡ $\dfrac{2}{3} \div \boxed{} = \dfrac{2}{3} \times \dfrac{\boxed{}}{\boxed{}} = \dfrac{\boxed{}}{\boxed{}}$

2 식빵 3개를 만드는 데 밀가루가 $\dfrac{15}{17}$ kg 필요합니다. 식빵 1개를 만드는 데 필요한 밀가루는 몇 kg입니까?

( )

3 다음 삼각형의 넓이는 몇 m²입니까?

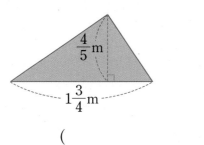

( )

4 음식점에서 $2\dfrac{8}{11}$ L의 식용유를 매일 같은 양만큼 사용하여 2주 동안 모두 사용하였습니다. 하루에 사용한 식용유는 몇 L입니까?

( )

5 수 카드 8 , 7 , 5 , 9 중 세 수를 한 번씩 사용하여 (진분수)÷(자연수)의 몫이 가장 크게 되는 식을 만드시오.

6 길이가 26 cm인 철사를 모두 사용하여 크기가 같은 정삼각형 모양을 4개 만들었습니다. 만든 정삼각형의 한 변의 길이는 몇 cm입니까?

( )

몫이 가장 작은 나눗셈식 만들기

수 카드 4장을 모두 사용하여 몫이 가장 작은 나눗셈식을 만들고 계산해 보시오.

● 생각하기 나누어지는 수가 작을수록, 나누는 수가 클수록 몫이 작아집니다.

● 해결하기 **1단계** 가장 큰 자연수, 가장 작은 대분수 만들기

가장 큰 자연수 7을 나누는 수로 정합니다.

나머지 수 카드로 만들 수 있는 대분수는 $1\frac{2}{3}$, $2\frac{1}{3}$, $3\frac{1}{2}$이므로

이 중 가장 작은 수 $1\frac{2}{3}$를 나누어지는 수로 정합니다.

2단계 가장 작은 몫 구하기

$$1\frac{2}{3} \div 7 = \frac{5}{3} \div 7 = \frac{5}{3} \times \frac{1}{7} = \frac{5}{21}$$

답 $\frac{5}{21}$

1-1 수 카드 4장을 모두 사용하여 몫이 가장 작은 나눗셈식을 만들고 계산해 보시오.

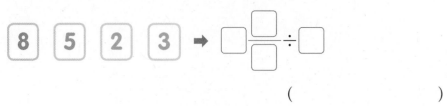

(   )

1-2 수 카드 4장을 모두 사용하여 몫이 가장 큰 나눗셈식을 만들고 계산해 보시오.

8 5 2 3 → □□/□ ÷ □

(   )

MATH TOPIC

2 등분한 부분의 넓이 구하기

심화유형

오른쪽 그림은 한 변의 길이가 $1\frac{1}{7}$ cm인 정사각형을 똑같은 삼각형 8개로 나눈 것입니다. 색칠한 부분의 넓이는 몇 cm²입니까?

● 생각하기 색칠한 부분은 전체 정사각형을 8개로 나눈 것 중 3개입니다.

● 해결하기 **1단계** 작은 삼각형 한 개의 넓이 구하기

(전체 정사각형의 넓이)$=1\frac{1}{7}\times1\frac{1}{7}=\frac{8}{7}\times\frac{8}{7}=\frac{64}{49}$ (cm²)

(작은 삼각형 한 개의 넓이)$=\frac{64}{49}\div8=\frac{64\div8}{49}=\frac{8}{49}$ (cm²)

2단계 색칠한 부분의 넓이 구하기

색칠한 부분은 작은 삼각형 3개의 넓이와 같으므로 $\frac{8}{49}\times3=\frac{24}{49}$ (cm²)입니다.

다른 풀이 | $\frac{64}{49}\div8\times3=\frac{\overset{8}{\cancel{64}}}{49}\times\frac{1}{\underset{1}{\cancel{8}}}\times3=\frac{24}{49}$ (cm²)

답 $\frac{24}{49}$ cm²

2-1 오른쪽 그림은 직사각형을 똑같은 직사각형 18개로 나눈 것입니다. 색칠한 부분의 넓이는 몇 m²입니까?

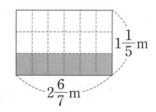

(   )

2-2 오른쪽 그림은 넓이가 14 cm²인 정육각형을 똑같은 정삼각형 여러 개로 나눈 것입니다. 색칠한 부분의 넓이는 몇 cm²입니까?

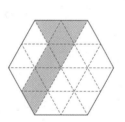

(   )

2-3 오른쪽 그림은 도형의 변을 이등분한 점을 차례로 연결하여 그린 것입니다. 직사각형 ㄱㄴㄷㄹ의 넓이가 $15\frac{5}{7}$ cm²일 때, 색칠한 부분의 넓이를 구하시오.

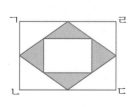

(   )

도형의 넓이를 이용하여 길이 구하기

삼각형의 넓이가 $5\frac{1}{6}$ cm²일 때, 높이는 몇 cm인지 구하시오.

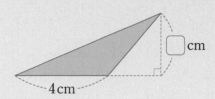

● 생각하기   (밑변)×(높이)는 삼각형의 넓이의 2배입니다.

● 해결하기   1단계 높이를 □ cm라 하여 삼각형의 넓이 구하는 식 만들기

$$4 \times \square \div 2 = 5\frac{1}{6}, \ 4 \times \square = 5\frac{1}{6} \times 2, \ 4 \times \square = \frac{\overset{31}{\cancel{6}}}{\underset{3}{\cancel{6}}} \times \overset{1}{\cancel{2}} = \frac{31}{3}$$

2단계 삼각형의 높이 구하기

$$4 \times \square = \frac{31}{3} \text{이므로 } \square = \frac{31}{3} \div 4 = \frac{31}{3} \times \frac{1}{4} = \frac{31}{12} = 2\frac{7}{12} \text{ (cm)입니다.}$$

답 $2\frac{7}{12}$ cm

3-1 넓이가 $8\frac{4}{7}$ m²인 직사각형 모양의 꽃밭이 있습니다. 이 꽃밭의 가로가 5 m일 때 둘레는 몇 m입니까?

(   )

3-2 □ 안에 알맞은 분수를 구하시오.

(   )

5 cm   □ cm   12 cm   13 cm

3-3 사다리꼴의 넓이가 $16\frac{2}{3}$ m²일 때, 높이는 몇 m입니까?

(   )

$4\frac{3}{5}$ m

$7\frac{2}{5}$ m

MATH TOPIC 4

심화유형

수직선에 나타낸 수 구하기

수직선에서 ㉠이 나타내는 수를 구하시오.

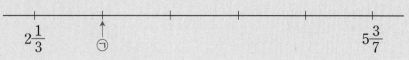

$2\dfrac{1}{3}$　　　㉠　　　　　　　　　　$5\dfrac{3}{7}$

● 생각하기　수직선의 눈금 한 칸은 $2\dfrac{1}{3}$과 $5\dfrac{3}{7}$ 사이를 똑같이 5로 나눈 것 중 하나입니다.

● 해결하기　**1단계** 눈금 한 칸의 크기 구하기

$$(눈금\ 한\ 칸의\ 크기)=\left(5\dfrac{3}{7}-2\dfrac{1}{3}\right)\div 5=3\dfrac{2}{21}\div 5=\dfrac{65}{21}\div 5=\dfrac{65\div 5}{21}=\dfrac{13}{21}$$

2단계 ㉠이 나타내는 수 구하기

㉠이 나타내는 수는 $2\dfrac{1}{3}$보다 눈금 한 칸만큼 큰 수입니다.

$$㉠=2\dfrac{1}{3}+\dfrac{13}{21}=2\dfrac{7}{21}+\dfrac{13}{21}=2\dfrac{20}{21}$$

답 $2\dfrac{20}{21}$

4-1 수직선에서 ㉠과 ㉡이 나타내는 수를 각각 구하시오.

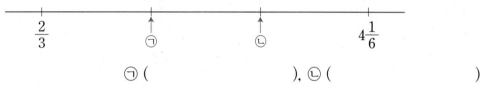

$\dfrac{2}{3}$　　　　㉠　　　　㉡　　　$4\dfrac{1}{6}$

㉠ (　　　　　　　　　　　　　), ㉡ (　　　　　　　　　　　)

4-2 수직선에서 ㉠이 나타내는 수를 구하시오.

$4\dfrac{2}{3}$　　　　　　㉠　　　　　　　　$7\dfrac{5}{9}$

(　　　　　　　　　　　　)

계산 결과가 자연수일 때 ☐ 안에 알맞은 수 구하기

계산 결과가 자연수일 때, ☐ 안에 알맞은 수 중 가장 작은 수를 구하시오.

$$4\frac{1}{3} \div 13 \times \square$$

● 생각하기   분모와 약분되어 분모를 1로 만드는 ☐를 찾습니다.

● 해결하기   **1단계** 분수의 나눗셈을 곱셈으로 바꾸어 식을 정리하기

$$4\frac{1}{3} \div 13 \times \square = \frac{\overset{1}{\cancel{13}}}{3} \times \frac{1}{\underset{1}{\cancel{13}}} \times \square = \frac{1}{3} \times \square$$

2단계 계산 결과가 가장 작은 자연수가 되는 ☐ 구하기

$\frac{1}{3} \times \square$가 자연수가 되려면 ☐는 3의 배수이어야 합니다.   ┌─── 분모 3과 약분되어 분모를 1로 만들어야 합니다.

따라서 ☐ 안에 알맞은 수는 3입니다. 3의 배수 중 가장 작은 수는 3입니다.

답 3

5-1 계산 결과가 자연수일 때, ☐ 안에 알맞은 수 중 가장 작은 수를 구하시오.

$$4\frac{1}{2} \times \square \div 27$$

(   )

5-2 계산 결과가 자연수일 때, ☐ 안에 알맞은 수 중 가장 작은 자연수를 구하시오.

$$6\frac{2}{5} \times \square \div 4$$

(   )

5-3 계산 결과가 자연수일 때, ☐ 안에 알맞은 수 중 가장 작은 수를 구하시오.

$$\frac{\square}{6} \div 10 \times 4\frac{2}{7}$$

(   )

MATH TOPIC 6

심화유형

혼합 계산 응용하기

㉮$=3\frac{3}{8}$, ㉯$=6$, ㉰$=2$일 때, $\frac{㉮}{㉯}\times㉰$의 값을 구하시오.

● 생각하기   ▲$\div$●$=\frac{▲}{●}$이므로 $\frac{▲}{●}$를 ▲$\div$●로 나타낼 수 있습니다.

● 해결하기   **1단계** $\frac{㉮}{㉯}$를 나눗셈식으로 나타내어 계산하기

$$\frac{㉮}{㉯}=㉮\div㉯=3\frac{3}{8}\div6=\frac{\overset{9}{\cancel{27}}}{8}\times\frac{1}{\underset{2}{\cancel{6}}}=\frac{9}{16}$$

2단계 주어진 식의 값 구하기

$$\frac{㉮}{㉯}\times㉰=\frac{9}{\underset{8}{\cancel{16}}}\times\overset{1}{\cancel{2}}=\frac{9}{8}=1\frac{1}{8}$$

답 $1\frac{1}{8}$

6-1   ㉠$=2\frac{6}{7}$, ㉡$=30$, ㉢$=12$일 때, $\frac{㉠}{㉡}\div㉢$의 값을 구하시오.

(   )

6-2   ★을 보기 와 같이 약속할 때 다음 식을 계산하시오.

보기

$$㉮★㉯=\frac{㉮+㉯}{㉯}$$

$$\frac{1}{2}★(6★3)$$

(   )

6-3   ⊙를 보기 와 같이 약속할 때 □ 안에 알맞은 수를 구하시오.

보기

$$㉮⊙㉯=(㉮+1)\times(㉮-㉯)$$

$$8⊙\square=13\frac{2}{7}$$

(   )

MATH TOPIC 7 일정한 빠르기로 가는 데 걸리는 시간 구하기

심화유형 7

민호는 16분 15초 동안 5 km를 달릴 수 있습니다. 같은 빠르기로 민호가 2 km을 달리는 데 걸리는 시간은 몇 분 몇 초입니까?

● 생각하기 (1 km는 달리는 데 걸리는 시간)＝(5 km를 달리는 데 걸리는 시간)÷5

● 해결하기 **1단계** 5 km를 달리는 데 걸리는 시간을 분수로 나타내기 　■초＝$\frac{■}{60}$분

1분은 60초이므로 16분 15초＝$16\frac{15}{60}$분＝$16\frac{1}{4}$분입니다.

2단계 1 km를 달리는 데 걸리는 시간 구하기

(1 km를 달리는 데 걸리는 시간)＝$16\frac{1}{4}÷5＝\frac{65}{4}÷5＝\frac{\overset{13}{\cancel{65}}}{4}×\frac{1}{\underset{1}{\cancel{5}}}＝\frac{13}{4}$ (분)

3단계 2 km을 달리는 데 걸리는 시간 구하기

(2 km를 달리는 데 걸리는 시간)＝$\frac{13}{\underset{2}{\cancel{4}}}×\overset{1}{\cancel{2}}＝\frac{13}{2}＝6\frac{1}{2}$ (분)

$6\frac{1}{2}$분＝$6\frac{30}{60}$분이므로 2 km를 달리는 데 걸리는 시간은 6분 30초입니다.

답 6분 30초

7-1 예은이가 킥보드를 타고 2 km를 가는 데 5분 50초가 걸렸습니다. 같은 빠르기로 3 km를 가는 데 걸리는 시간은 몇 분 몇 초입니까?

(　　　　　)

7-2 영주가 자전거를 타고 10분에 $1\frac{1}{7}$ km씩 1시간 동안 간 거리를 지훈이가 자전거를 타고 일정한 빠르기로 가는 데 1시간 12분이 걸렸습니다. 지훈이는 자전거를 타고 1분에 몇 km씩 갔습니까?

(　　　　　)

전체를 1로 생각하여 문제 해결하기

심화유형 8

어떤 일을 은주가 혼자서 하면 3일이 걸리고, 준기가 혼자서 하면 6일이 걸립니다. 이 일을 은주와 준기가 함께 한다면 일을 끝내는 데 며칠이 걸립니까? (단, 두 사람이 하루 동안 하는 일의 양은 각각 일정합니다.)

● 생각하기 (일을 끝내는 데 걸린 날수)=■일 ➡ (하루 동안 하는 일의 양)=1÷■=$\frac{1}{■}$

전체 일의 양을 1로 생각합니다.

● 해결하기 **1단계** 하루 동안 하는 일의 양을 분수로 나타내기

은주가 혼자서 일을 하면 3일이 걸리므로 (은주가 하루 동안 하는 일의 양)=1÷3=$\frac{1}{3}$

준기가 혼자서 일을 하면 6일이 걸리므로 (준기가 하루 동안 하는 일의 양)=1÷6=$\frac{1}{6}$

2단계 두 사람이 함께 하루 동안 하는 일의 양 구하기

$\frac{1}{3}+\frac{1}{6}=\frac{2}{6}+\frac{1}{6}=\frac{3}{6}=\frac{1}{2}$

3단계 두 사람이 함께 일을 끝내는 데 걸리는 날수 구하기

$\frac{1}{2}×2=1$이므로 두 사람이 함께 일을 끝내는 데는 2일이 걸립니다.

하루 동안 하는 일의 양 / 걸린 날수 / 전체 일의 양

답 2일

8-1 어떤 일을 주호가 5일 동안 혼자서 하면 전체의 $\frac{1}{3}$을 할 수 있고, 예지가 5일 동안 혼자서 하면 전체의 $\frac{1}{2}$을 할 수 있습니다. 이 일을 주호와 예지가 함께 한다면 일을 끝내는 데 며칠이 걸립니까? (단, 두 사람이 하루 동안 하는 일의 양은 각각 일정합니다.)

(   )

8-2 빈 물탱크에 물을 채우는 데 ㉮ 수도만 틀면 전체의 $\frac{7}{8}$을 7분 만에 채울 수 있고, ㉮ 수도와 ㉯ 수도를 동시에 틀면 4분 만에 가득 채울 수 있습니다. ㉯ 수도만 틀어서 빈 물탱크에 물을 가득 채우는 데 몇 분이 걸립니까? (단, 두 수도에서 1분 동안 나오는 물의 양은 각각 일정합니다.)

(   )

MATH TOPIC 9

심화유형

분수의 나눗셈을 활용한 교과통합유형

S T E A M형
■ ● ▲

수학+역사

삼국지의 한 대목입니다. 조조가 손권에게 코끼리 한 마리를 선물 받아 그 무게를 궁금해했지만, 대답할 수 있는 신하가 없었습니다. 그때 조조의 아들인 조충이 "코끼리를 배에 태우고 배가 어디까지 잠기는지 표시합니다. 코끼리를 내린 후 표시한 곳까지 배가 잠기도록 돌을 싣고, 배에 실은 돌의 무게를 재면 될 것입니

다."라고 말해 조조를 기쁘게 하였다고 합니다. 만약 360개의 돌을 실은 배의 무게가 $6\frac{1}{5}$ t이고 빈 배의 무게는 $\frac{4}{5}$ t이라고 할 때, 돌 한 개의 무게는 몇 t인지 분수로 나타내시오. (단, 배에 실은 돌의 무게는 모두 같습니다.)

● 생각하기   (돌을 실은 배의 무게)－(빈 배의 무게)＝(돌의 무게)

● 해결하기   **1단계** 돌 360개의 무게 구하기

(돌 360개의 무게)＝(돌 360개를 실은 배의 무게)－(빈 배의 무게)

$$=6\frac{1}{5}-\frac{4}{5}=\boxed{} \text{(t)}$$

2단계 돌 한 개의 무게 구하기

돌의 무게가 모두 같고 돌 360개의 무게가 $\boxed{}$ t이므로 돌 한 개의 무게는

$$\boxed{} \div 360 = \boxed{} \times \frac{1}{360} = \boxed{} \text{(t)입니다.}$$

답 $\boxed{}$ t

9-1 무게가 같은 비누 13개가 들어 있는 바구니의 무게를 재어 보니 $9\frac{7}{8}$ kg이었습니다. 빈 바구니의 무게가 $1\frac{3}{4}$ kg일 때, 비누 3개의 무게는 몇 kg입니까?

(   )

9-2 똑같은 인형이 15개씩 들어 있는 상자 7개의 무게가 $22\frac{3}{4}$ kg입니다. 빈 상자 1개의 무게가 $\frac{3}{4}$ kg일 때, 인형 1개의 무게는 몇 kg입니까?

(   )

문제풀이 동영상

서술형

1

어떤 수를 12로 나누어야 할 것을 잘못하여 곱했더니 $\dfrac{16}{17}$이 되었습니다. 바르게 계산하면 얼마인지 풀이 과정을 쓰고 답을 구하시오.

풀이 ....

....

....

답 ....

2

쌀 $37\dfrac{1}{2}$ kg을 10봉지에 똑같이 나누어 담고 그중 4봉지의 쌀로 떡을 만들었습니다. 떡을 만들고 남은 쌀은 모두 몇 kg입니까?

(   )

3

오른쪽 마름모의 넓이가 $86\ \text{cm}^2$일 때, ㉠의 길이를 구하시오.

(   )

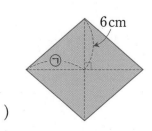

6 cm
㉠

4 ㉠과 ㉡의 차를 구하시오.

$$21 \div ㉠ = 16 \qquad \frac{9}{2} \div ㉡ = 8$$

(   )

5 무게가 같은 젤리 50개가 놓여 있는 접시의 무게를 재어 보니 $11\frac{5}{12}$ kg이었습니다. 젤리 20개를 먹고 나머지 젤리가 놓여 있는 접시의 무게를 재어 보니 $7\frac{1}{4}$ kg이었다면 젤리 2개의 무게는 몇 kg입니까?

(   )

6 수직선에서 ㉠과 ㉡이 나타내는 수의 차를 구하시오.

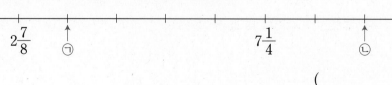

(   )

7 다음 계산 결과가 자연수일 때, ●에 알맞은 수 중 가장 큰 수를 구하시오.

$$5\frac{●}{7} \div 4 \times 21$$

(   )

8 길이가 똑같은 종이테이프 21장을 $\frac{3}{4}$ cm씩 겹치게 이어 붙였더니 전체 길이가 $81\frac{3}{5}$ cm 가 되었습니다. 이 종이테이프 한 장의 길이는 몇 cm입니까?

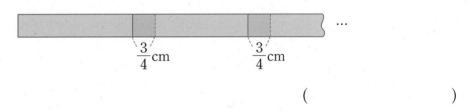

(   )

9 어떤 일을 승재와 찬우가 함께 이틀 동안 하면 전체 일의 $\frac{1}{3}$을 할 수 있고, 이 일을 승재 가 처음부터 혼자서 하면 8일 만에 끝낼 수 있다고 합니다. 이 일을 처음부터 찬우가 혼자서 하면 며칠 만에 끝낼 수 있습니까? (단, 두 사람이 하루 동안 하는 일의 양은 각각 일정합니다.)

(   )

서술형 10 ▲를 보기 와 같이 약속할 때 다음 식을 계산하려고 합니다. 풀이 과정을 쓰고 답을 구하시오.

보기

$$⊙ ▲ ⊙ = \frac{⊙}{⊙ × ⊙}$$

$$(3\frac{1}{5} ▲ 2) ▲ 6$$

풀이

_____

_____

_____

답 _____

11 빨간색 페인트 $3\frac{2}{7}$ L와 파란색 페인트 $3\frac{2}{5}$ L를 섞어 보라색 페인트를 만들었습니다. 벽 $1\,m^2$을 칠하는 데 페인트가 $2\,L$ 필요하다면, 만든 보라색 페인트를 모두 사용하여 최대한 칠할 수 있는 벽의 넓이는 몇 m^2입니까?

(   )

수학+사회

STEAM형 12 큰 건물의 출입구에는 휠체어를 타고 오르내릴 수 있도록 경사지게 만들어 놓은 *경사로가 있습니다. 경사로의 기울어진 정도를 경사도라고 하는데, (경사도)＝(수직 거리)÷(수평 거리)로 계산합니다. 다음은 두 건물의 경사로를 옆에서 본 모습입니다. 두 경사로 중 경사도가 더 큰 곳의 경사도를 분수로 나타내시오.

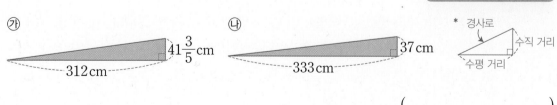

㉮ $41\frac{3}{5}$ cm   312 cm

㉯   37 cm   333 cm

* 경사로   수직 거리   수평 거리

(   )

13 오른쪽 그림은 넓이가 $10\frac{4}{5}$ cm²인 직사각형을 똑같은 정사각형 여러 개로 나눈 것입니다. 색칠한 부분의 넓이는 몇 cm²입니까?

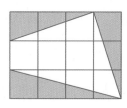

(   )

14 오른쪽 그림과 같이 정사각형을 크기가 같은 4개의 직사각형으로 나누었습니다. 색칠한 부분의 둘레가 $5\frac{1}{4}$ cm일 때, 정사각형의 둘레는 몇 cm입니까?

(   )

▶경시
▶기출
▶문제 **15** 공장에서 물건을 만드는데 ㉮ 기계만 작동시켜서 하루 목표 생산량의 $\frac{1}{4}$ 을 5시간 만에 만들고 ㉮ 기계를 끈 다음, ㉯ 기계만 10시간 동안 작동시켜서 하루 목표 생산량을 모두 채웠습니다. ㉮ 기계와 ㉯ 기계를 동시에 작동시켜서 하루 목표 생산량만큼을 만들려면 몇 시간이 걸립니까? (단, 두 기계로 1시간 동안 만드는 생산량은 각각 일정합니다.)

(   )

1 ■는 모두 같은 수일 때, 계산 결과가 가장 작은 것을 찾아 기호를 쓰시오.

㉠ $■ \times \dfrac{2}{7} \div 8$ ㉡ $■ \div 20 \times 3$ ㉢ $■ \times \dfrac{9}{14} \div 6$ ㉣ $■ \div 6 \div 5$

(   )

서술형 2 두 직선 ㉮와 ㉯는 서로 평행하고 삼각형과 평행사변형의 넓이의 합은 $83\dfrac{5}{12}$ cm²입니다.
두 직선 ㉮와 ㉯ 사이의 거리는 몇 cm인지 풀이 과정을 쓰고 답을 구하시오.

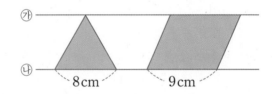

㉮
㉯   8cm   9cm

풀이 ....

....

....

....

....

답 ....

3 1분에 $1\dfrac{5}{6}$ km씩 가는 ㉮ 자동차와 1분에 $1\dfrac{1}{6}$ km씩 가는 ㉯ 자동차가 같은 지점에서 동시에 반대 방향으로 출발했습니다. 두 자동차 사이의 거리가 $27\dfrac{3}{5}$ km가 되었을 때는 출발한 지 몇 분 몇 초 후입니까? (단, 두 자동차가 가는 빠르기는 각각 일정합니다.)

(   )

4 ㉠, ㉡, ㉢은 2부터 9까지의 서로 다른 자연수입니다. ㉠+㉢=16일 때, $\dfrac{㉡}{㉠}÷㉢$의 몫이 될 수 있는 기약분수 중 가장 큰 수를 구하시오. (단, $\dfrac{㉡}{㉠}$은 진분수입니다.)

경시 기출 문제

(   )

5 ㉯=㉮+1일 때, $\dfrac{1}{㉮×㉯}=\dfrac{1}{㉮}-\dfrac{1}{㉯}$을 이용하여 다음을 계산하시오.

$$\left(\dfrac{1}{20}+\dfrac{1}{30}+\dfrac{1}{42}+\cdots+\dfrac{1}{132}+\dfrac{1}{156}+\dfrac{1}{182}\right)÷5$$

(   )

6 사과 여러 개를 두 가지 크기의 상자에 담으려고 합니다. ㉮ 상자 1개와 ㉯ 상자 1개에는 전체의 $\dfrac{1}{48}$을 담을 수 있고, 사과를 모두 담으려면 ㉮ 상자 36개와 ㉯ 상자 70개가 필요합니다. ㉯ 상자에만 사과를 모두 담는다면 ㉯ 상자는 모두 몇 개 필요합니까?

(   )

7 오른쪽 그림에서 사각형과 원이 겹쳐진 도형의 전체 넓이는 $5\frac{1}{7}\,\text{m}^2$ 입니다. 사각형의 넓이는 겹쳐진 부분의 8배이고, 원의 넓이는 겹쳐진 부분의 7배일 때, 겹쳐진 부분의 넓이를 구하시오.

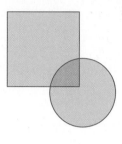

(   )

8 지현이네 집의 물탱크는 수도로 물을 받으면 30분 만에 가득 찹니다. 어느 날 지현이가 물탱크의 바닥에서 물이 새는 것을 모른 채 물을 받다가 물을 받은 지 16분 만에 물이 새는 것을 발견하고 새는 곳을 막았습니다. 그래서 예정보다 4분 늦게 물탱크를 가득 채울 수 있었습니다. 지현이가 물이 새는 것을 발견하지 못했다면 물탱크가 가득 차는 데 예정 시간보다 몇 분 더 걸리겠습니까?

(   )

각기둥과 각뿔

3차원
입체도형

점, 선, 면, 그리고 입체도형

도형의 기본 요소는 점, 선, 면입니다. 수학에서 점은 오직 위치만 나타내고, 아무런 방향도 공간도 갖지 않아요. 점이 여러 개 모여 선이 되어야 방향이 생깁니다. 하지만 선은 넓이를 차지할 수 없어요. 선이 여러 개 모여 2차원인 평면이 되어야 비로소 넓이가 생깁니다. 그리고 평면이 여러 겹 모여야만 3차원 공간을 차지하는 입체도형이 됩니다.

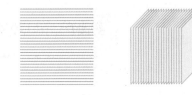

점이 모이면 선   선이 모이면 평면   평면이 모이면 입체

다시 거꾸로 알아볼까요? 입체도형을 잘게 나누면 여러 개의 면이 되고, 하나의 면을 잘게 나누면 여러 개의 선이 돼요. 그리고 선을 나누면 점이 됩니다. 그래서 면과 면은 하나의 선에서 만나고, 선과 선은 하나의 점에서 만난답니다.

각기둥과 각뿔

위와 아래에 있는 면이 서로 평행하고 합동인 다각형으로 이루어진 입체도형을 각기둥이라고 합니다. 이때 위와 아래에 있는 면을 '밑면'이라고 하는데 밑면의 모양에 따라 각기둥의 이름이 정해져요. 프리즘은 밑면의 모양이 삼각형인 각기둥 모양이에요. 밑면의 모양이 육각형인 연필은 육각기둥 모양이라고 할 수 있어요. 이때 각기둥의 옆면의 모양은 언제나 직사각형입니다.

각뿔은 밑면이 하나이고 옆면의 모양이 모두 삼각형 모양이에요. 각뿔은 건축물에서 종종 찾을 수 있는데, 이집트 피라미드의 모양, 인디언 천막의 모양, 성당이나 교회의 첨탑 등을 떠올리면 돼요.

직육면체는 사각기둥의 한 종류로 모든 면이 직사각형이고 마주보는 면이 서로 평행하며 합동이에요. 그래서 직육면체는 모든 면이 밑면이 될 수 있답니다. 모든 면이 정삼각형인 삼각뿔도 모든 면이 합동이기 때문에 모든 면이 밑면이 될 수 있습니다.

입체도형을 펼친 모양, 전개도

입체도형에서 면과 면이 만나는 선분은 모서리라고 불러요. 속이 빈 사각기둥을 하나 떠올려 보세요. 가위나 칼로 사각기둥의 모서리를 따라 자르면 사각기둥을 이루는 6개의 면을 모두 평면 위에 펼칠 수 있어요. 이렇게 입체도형을 펼쳐 놓은 그림을 전개도라고 합니다.

어느 모서리를 자르는가에 따라 같은 사각기둥의 전개도도 여러 가지 방법으로 그릴 수 있어요. 모든 면이 정사각형인 사각기둥의 전개도는 아래에 그린 것을 포함하여 모두 11가지 방법으로 그릴 수 있답니다.

1 각기둥

❶ 각기둥

, , , 등과 같은 입체도형을 각기둥이라고 합니다.

서로 평행한 두 면이 있고 합동인 입체도형

❷ 각기둥의 구성 요소

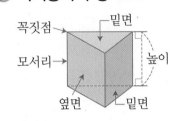

꼭짓점 / 밑면 / 모서리 / 높이 / 옆면 / 밑면

- 밑면: 서로 평행하고 합동인 두 면 ── 두 밑면은 나머지 다른 면들과 모두 수직으로 만납니다.
- 옆면: 두 밑면과 만나는 면 ── 각기둥의 옆면은 모두 직사각형입니다.
- 모서리: 면과 면이 만나는 선분
- 꼭짓점: 모서리와 모서리가 만나는 점
- 높이: 두 밑면 사이의 거리

실전 개념

❶ 각기둥의 꼭짓점의 수, 면의 수, 모서리의 수

└── 서로 평행한 두 면이 있으며, 밑면의 모양에 따라 각기둥의 이름이 결정됩니다.

각기둥은 밑면의 모양이 삼각형, 사각형, 오각형, …일 때,

삼각기둥, 사각기둥, 오각기둥, …이라고 합니다.

각기둥	삼각기둥	사각기둥	오각기둥	(□각기둥의 한 밑면의 변의 수) =(□각기둥의 한 밑면의 꼭짓점의 수) =(□각기둥의 옆면의 수)
꼭짓점의 수(개)	$3 \times 2 = 6$	$4 \times 2 = 8$	$5 \times 2 = 10$	(□각기둥의 꼭짓점의 수)=□×2
면의 수(개)	$3 + 2 = 5$	$4 + 2 = 6$	$5 + 2 = 7$	(□각기둥의 면의 수)=□+2 ← 밑면의 수
모서리의 수(개)	$3 \times 3 = 9$	$4 \times 3 = 12$	$5 \times 3 = 15$	(□각기둥의 모서리의 수)=□×3

주의 개념

❶ 사각기둥의 밑면

➡ 마주 보는 세 쌍의 면이 각각 서로 평행하고 합동인 사각기둥은 모든 면이 밑면이 될 수 있습니다.

❷ 각기둥이 아닌 이유 알아보기

서로 평행한 두 면이 없습니다.
➡ 사각뿔입니다.

서로 평행한 두 면이 합동이 아닙니다.
➡ 각뿔대입니다.

서로 평행한 두 면이 다각형이 아닙니다.
➡ 원기둥입니다.

1 각기둥의 특징을 모두 찾아 기호를 쓰시오.

> ㉠ 두 밑면은 서로 합동입니다.
> ㉡ 밑면의 모양은 모두 삼각형입니다.
> ㉢ 옆면의 모양은 모두 직사각형입니다.
> ㉣ 두 밑면은 서로 수직으로 만납니다.
> ㉤ 옆면은 모두 합동입니다.

( )

2 밑면의 모양이 다음과 같은 각기둥의 이름을 무엇이라고 하는지 설명하시오.

....

....

....

3 각기둥의 모든 모서리의 길이의 합을 구하시오.

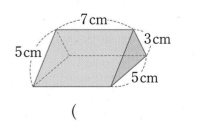

( )

4 각기둥을 보고 빈칸에 알맞은 수를 써넣으시오.

꼭짓점의 수(개)	면의 수(개)	모서리의 수(개)

5 다음에서 설명하는 입체도형의 밑면의 모양은 어떤 도형입니까?

> • 옆면의 모양이 모두 직사각형입니다.
> • 면의 수는 5개입니다.

( )

6 ㉮와 ㉯의 합은 몇 개입니까?

> • ㉮: 십각기둥의 모서리의 수
> • ㉯: 팔각기둥의 꼭짓점의 수

( )

2 각기둥의 전개도

① 각기둥의 전개도

• 각기둥의 전개도: 각기둥의 모서리를 잘라서 평면 위에 펼쳐 놓은 그림

예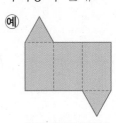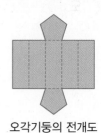

삼각기둥의 전개도　　사각기둥의 전개도　　오각기둥의 전개도

• 각기둥의 옆면의 모양: 직사각형
• (각기둥의 밑면의 수)＝2개
• (각기둥의 옆면의 수)＝(한 밑면의 변의 수)

② 각기둥의 전개도 그리기

전개도는 어느 모서리를 자르는가에 따라 여러 가지 모양이 나올 수 있습니다.

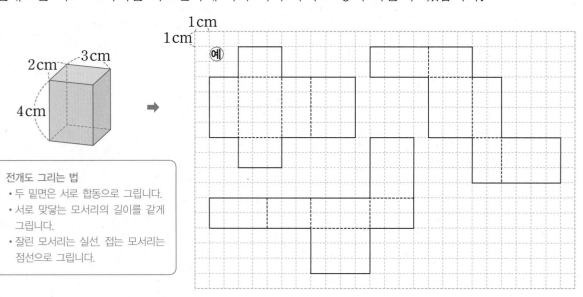

전개도 그리는 법
• 두 밑면은 서로 합동으로 그립니다.
• 서로 맞닿는 모서리의 길이를 같게 그립니다.
• 잘린 모서리는 실선, 접는 모서리는 점선으로 그립니다.

① 각기둥의 전개도가 아닌 이유 알아보기

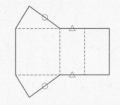 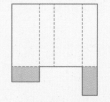 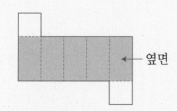

맞닿는 모서리의 길이가 다릅니다.　　접었을 때 두 면이 서로 겹쳐집니다.

옆면이 5개입니다.
➡ 밑면의 모양이 사각형이므로 옆면은 4개여야 합니다.

← 옆면

① 입체도형에서 최단 거리 구하기

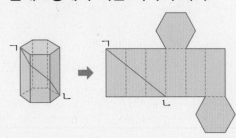

➡ 입체도형에서 면 위의 점 ㄱ과 점 ㄴ을 잇는 가장 짧은 거리는 전개도 위의 두 점을 잇는 선분의 길이와 같습니다.

1 전개도를 접어 삼각기둥을 만들 때, 선분 ㄹㅁ과 맞닿는 선분을 찾아 쓰시오.

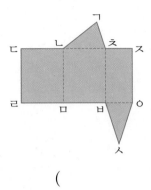

( )

2 오른쪽은 왼쪽 사각기둥의 전개도입니다. 나머지 부분을 그려 전개도를 완성하시오.

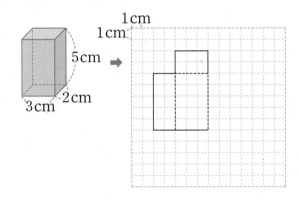

3 전개도를 접어서 각기둥을 만들었습니다. □ 안에 알맞은 수를 써넣으시오.

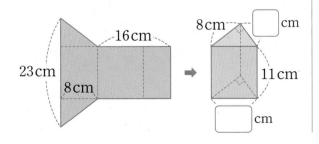

4 다음 중 오각기둥의 전개도가 <u>아닌</u> 것을 찾아 기호를 쓰시오.

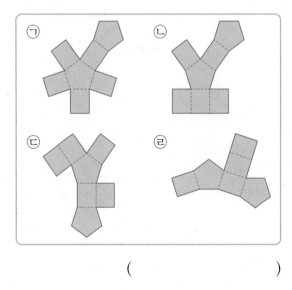

( )

5 밑면의 모양이 사다리꼴인 사각기둥의 전개도를 완성하시오.

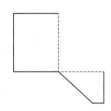

6 사각기둥의 전개도를 완성하려고 합니다. 나머지 한 면을 그릴 수 <u>없는</u> 곳을 찾아 기호를 쓰시오.

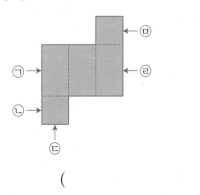

( )

3 각뿔

① 각뿔

 , , , 등과 같은 입체도형을 각뿔이라고 합니다.

한 점과 평면 위의 다각형을 잇는 직선에 의해 만들어지는 입체도형

② 각뿔의 구성 요소

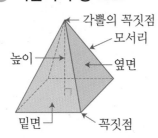

각뿔의 꼭짓점
모서리
높이
옆면
밑면
꼭짓점

- 옆면: 밑면과 만나는 면 — 각뿔의 옆면은 모두 삼각형입니다.
- 모서리: 면과 면이 만나는 선분
- 꼭짓점: 모서리와 모서리가 만나는 점
- 각뿔의 꼭짓점: 꼭짓점 중에서도 옆면이 모두 만나는 점
- 높이: 각뿔의 꼭짓점에서 밑면에 수직인 선분의 길이

실전 개념

① 각뿔의 꼭짓점의 수, 면의 수, 모서리의 수

각뿔은 밑면의 모양이 삼각형, 사각형, 오각형, …일 때,
삼각뿔, 사각뿔, 오각뿔, …이라고 합니다.

각뿔	삼각뿔	사각뿔	오각뿔	(□각뿔의 밑면의 변의 수) =(□각뿔의 밑면의 꼭짓점의 수) =(□각뿔의 옆면의 수)
꼭짓점의 수(개)	3+1=4	4+1=5	5+1=6	(□각뿔의 꼭짓점의 수)=□+1
면의 수(개)	3+1=4	4+1=5	5+1=6	(□각뿔의 면의 수)=□+1 밑면의 수
모서리의 수(개)	3×2=6	4×2=8	5×2=10	(□각뿔의 모서리의 수)=□×2

배경 지식

① 각기둥과 각뿔의 차이점

	밑면의 개수	밑면과 옆면이 이루는 각도	높이
각기둥	2개	수직으로 만납니다.	두 밑면 사이의 거리와 같습니다.
각뿔	1개	수직으로 만나지 않습니다.	각뿔의 꼭짓점에서 밑면에 수직인 선분의 길이와 같습니다. ┕ 각뿔은 옆면이 모두 한 점에서 만납니다.

사고력 개념

① 각뿔의 전개도

- 각뿔의 전개도: 각뿔의 모서리를 잘라서 평면 위에 펼쳐 놓은 그림

 ➡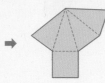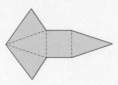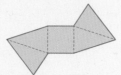

- 각뿔의 옆면의 모양: 삼각형
- (각뿔의 밑면의 수)=1개
- (각뿔의 옆면의 수)=(밑면의 변의 수)

BASIC TEST

1 다음 그림에서 각뿔의 구성 요소를 잘못 나타낸 것을 모두 찾아 기호를 쓰시오.

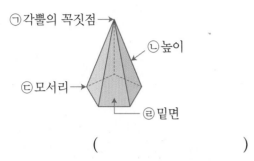

ㄱ각뿔의 꼭짓점
ㄴ높이
ㄷ모서리
ㄹ밑면

( )

2 각뿔의 특징을 모두 찾아 기호를 쓰시오.

> ㉠ 밑면은 1개입니다.
> ㉡ 옆면의 모양은 삼각형입니다.
> ㉢ 옆면과 밑면은 수직으로 만납니다.
> ㉣ 각뿔의 높이는 옆면의 모서리 길이와 항상 같습니다.

( )

3 빈 곳에 알맞은 수를 써넣으시오.

각뿔의 밑면의 모양		
옆면의 수(개)		
꼭짓점의 수(개)		
모서리의 수(개)		

4 각뿔에 대한 설명 중 옳지 <u>않은</u> 것을 고르시오. ( )

① (옆면의 수)=(밑면의 변의 수)
② (면의 수)=(꼭짓점의 수)
③ (꼭짓점의 수)>(밑면의 변의 수)
④ (모서리의 수)<(꼭짓점의 수)
⑤ (옆면의 수)<(꼭짓점의 수)

5 모서리의 수가 14개이고 옆면의 모양이 삼각형인 입체도형의 이름을 쓰시오.

( )

6 옆면의 모양이 다음과 같은 정육각뿔의 모든 모서리의 길이의 합을 구하시오.

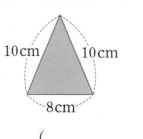

10 cm   10 cm

8 cm

( )

각기둥의 꼭짓점, 면, 모서리의 수 구하기

밑면과 옆면이 수직으로 만나고 꼭짓점의 수가 16개인 입체도형이 있습니다. 이 입체도형의 모서리의 수는 몇 개입니까?

● 생각하기   각기둥은 밑면과 옆면이 수직으로 만납니다.
(각기둥의 꼭짓점의 수)=(한 밑면의 변의 수)×2

● 해결하기   **1단계** 어떤 입체도형인지 알아보기
밑면과 옆면이 수직으로 만나므로 각기둥입니다.
각기둥의 한 밑면의 변의 수를 □개라 하면
(각기둥의 꼭짓점의 수)=□×2=16, □=8이므로 주어진 입체도형은 팔각기둥입니다.

2단계 팔각기둥의 모서리의 수 구하기
(각기둥의 모서리의 수)=(한 밑면의 변의 수)×3
따라서 팔각기둥의 모서리의 수는 8×3=24(개)입니다.

답 24개

1-1 밑면이 2개이고 옆면의 모양이 직사각형인 입체도형이 있습니다. 이 입체도형의 꼭짓점의 수가 12개라면, 모서리의 수는 몇 개입니까?

(   )

1-2 옆면의 모양이 오른쪽과 같은 정사각형 8개로 이루어진 각기둥이 있습니다. 이 각기둥의 꼭짓점의 수와 면의 수는 각각 몇 개입니까?

(   ), (   )

1-3 다음에서 설명하는 입체도형의 밑면은 어떤 도형입니까?

> • 옆면과 옆면이 만나는 모서리의 길이가 높이와 같습니다.
> • (면의 수)+(모서리의 수)+(꼭짓점의 수)=74(개)

(   )

MATH TOPIC 2

심화유형

각뿔의 꼭짓점, 면, 모서리의 수 구하기

옆면의 모양이 모두 삼각형이고 모서리의 수가 20개인 입체도형이 있습니다. 이 입체도형의 꼭짓점의 수는 몇 개입니까?

● 생각하기   각뿔의 옆면의 모양은 모두 삼각형입니다.

(각뿔의 모서리의 수)＝(밑면의 변의 수)×2

● 해결하기   **1단계** 어떤 입체도형인지 알아보기

옆면의 모양이 모두 삼각형이므로 각뿔입니다.

각뿔의 밑면의 변의 수를 □개라 하면

(각뿔의 모서리의 수)＝□×2＝20, □＝10이므로 주어진 입체도형은 십각뿔입니다.

2단계 십각뿔의 꼭짓점의 수 구하기

(각뿔의 꼭짓점의 수)＝(밑면의 변의 수)＋1

따라서 십각뿔의 꼭짓점의 수는 10＋1＝11(개)입니다.

답 11개

2-1 옆면의 모양이 모두 삼각형이고 옆면이 6개인 입체도형이 있습니다. 이 입체도형의 꼭짓점의 수와 모서리의 수의 합은 몇 개입니까?

(   )

2-2 밑면과 옆면의 모양이 모두 오른쪽과 같은 정삼각형으로 이루어진 입체도형이 있습니다. 이 입체도형의 모든 모서리의 길이의 합은 몇 cm입니까?

(   )

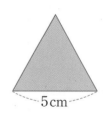

5cm

2-3 옆면의 모양이 오른쪽 그림과 같은 삼각형으로 이루어진 각뿔이 있습니다. 모든 모서리의 길이의 합이 120 cm일 때, 이 각뿔의 이름을 쓰시오.

(   )

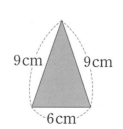

9cm 9cm

6cm

MATH TOPIC 3

심화유형

각기둥의 전개도를 보고 모서리의 길이 구하기

오른쪽 전개도를 접어 삼각기둥을 만들었을 때, 모든 모서리의 길이의 합은 몇 cm입니까?

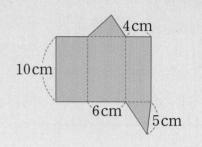

● 생각하기   삼각형 모양의 밑면에서 각 변의 길이가 얼마인지 알아봅니다.

● 해결하기   **1단계** 삼각기둥의 밑면의 모양 알아보기

접었을 때 맞닿는 모서리를 생각해 보면 삼각기둥의 밑면은 5cm▲4cm입니다.
                                                        6cm

2단계 삼각기둥의 모든 모서리의 길이의 합 구하기
한 밑면의 세 변의 길이는 각각 4 cm, 5 cm, 6 cm이고 높이는 10 cm
입니다. 따라서 모든 모서리의 길이의 합은
$(4+5+6) \times 2 + (10 \times 3) = 30 + 30 = 60$ (cm)입니다.

답 60 cm

3-1 오른쪽은 밑면의 모양이 정오각형인 각기둥의 전개도입니다. 전개도를 접어 만든 오각기둥의 모든 모서리의 길이의 합은 몇 cm입니까?

(   )

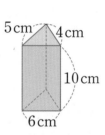

3-2 오른쪽 전개도에서 색칠한 부분의 넓이는 100 cm^2입니다. 전개도를 접어 만든 사각기둥의 모든 모서리의 길이의 합은 몇 cm입니까?

(   )

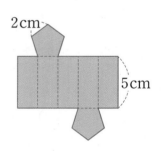

3-3 오른쪽 전개도의 둘레는 82 cm입니다. 전개도를 접어 만든 사각기둥의 모든 모서리의 길이의 합은 몇 cm입니까?

(   )

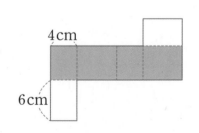

MATH TOPIC 4

심화유형

각기둥의 전개도 완성하기

오른쪽은 삼각기둥의 전개도의 일부분입니다. 전개도를 완성할 수 있는 방법은 모두 몇 가지입니까?

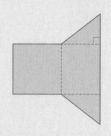

● 생각하기　전개도에서 빠진 면을 맞닿는 모서리의 길이가 같도록 그려 봅니다.

● 해결하기　**1단계** 전개도에서 빠진 면 찾기

┌─ 삼각형 모양　┌─ 직사각형 모양

삼각기둥은 밑면이 2개, 옆면이 3개 있습니다.

주어진 전개도에는 밑면이 2개, 옆면이 2개이므로 옆면 하나를 더 그려야 합니다.

2단계 전개도 완성하기

직사각형 모양의 옆면을 맞닿는 모서리의 길이가 같도록 그려 보면 다음과 같습니다.

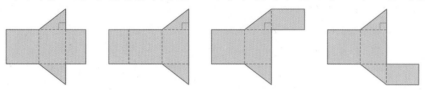

따라서 전개도를 완성할 수 있는 방법은 모두 4가지입니다.

답 4가지

4-1 오른쪽은 삼각기둥의 전개도의 일부분입니다. 전개도를 완성할 수 있는 방법은 모두 몇 가지입니까?

(　　　　　)

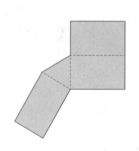

4-2 오른쪽 사각뿔의 전개도를 완성하려고 합니다. 나머지 한 면을 그려 넣을 수 있는 곳을 모두 찾아 기호를 쓰시오.

(　　　　　)

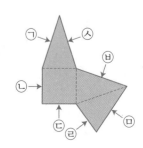

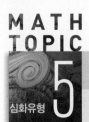

MATH TOPIC 5
심화유형

각기둥에 그은 선을 전개도에 나타내기

왼쪽과 같이 사각기둥의 면에 직선을 그었습니다. 이 사각기둥의 전개도가 오른쪽과 같을 때, 사각기둥에 그은 선을 전개도에 나타내시오.

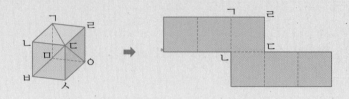

● 생각하기 그은 직선이 지나는 꼭짓점을 전개도에 표시합니다.

● 해결하기 **1단계** 선이 지나는 꼭짓점을 모두 찾아 표시하기

선이 지나는 꼭짓점인 점 ㄱ, 점 ㄷ, 점 ㅂ, 점 ㅇ을 전개도에 표시합니다.

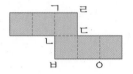

2단계 전개도에 표시한 점끼리 선분으로 연결하기

점 ㄱ과 점 ㄷ, 점 ㄷ과 점 ㅂ, 점 ㄷ과 점 ㅇ을 각각 선분으로 연결합니다.

답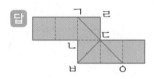

5-1 왼쪽과 같이 사각기둥의 면에 직선을 그었습니다. 이 사각기둥의 전개도가 오른쪽과 같을 때, 사각기둥에 그은 선을 전개도에 나타내시오.

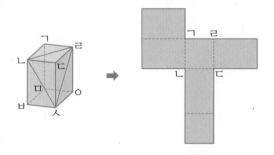

5-2 오각기둥의 옆면을 모두 지나면서 점 ㄱ과 점 ㄴ을 잇는 가장 짧은 선분을 전개도에 나타내시오.

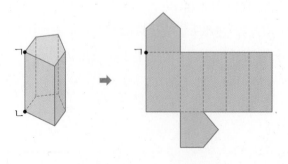

MATH TOPIC 6

심화유형

둘러싼 끈의 길이 구하기

사각기둥 모양의 상자를 오른쪽 그림과 같이 끈으로 묶으려고 합니다. 필요한 끈의 길이는 적어도 몇 cm입니까? (단, 매듭의 길이는 생각하지 않습니다.)

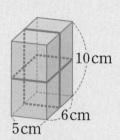

● **생각하기**   5 cm, 6 cm, 10 cm인 모서리와 길이가 같은 부분이 각각 몇 군데인지 알아봅니다.

● **해결하기**   **1단계** 5 cm, 6 cm, 10 cm인 모서리와 길이가 같은 부분 찾기

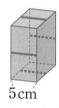

| 5 cm인 모서리와 길이가 같은 부분 ➡ 4군데 | 6 cm인 모서리와 길이가 같은 부분 ➡ 2군데 | 10 cm인 모서리와 길이가 같은 부분 ➡ 2군데 |

2단계 필요한 끈의 길이 구하기

필요한 끈의 길이는 $(5 \times 4) + (6 \times 2) + (10 \times 2) = 20 + 12 + 20 = 52$ (cm)입니다.

답 52 cm

6-1   피자 상자를 오른쪽 그림과 같이 리본으로 묶어 포장하려고 합니다. 필요한 리본의 길이는 적어도 몇 cm입니까? (단, 매듭의 길이는 생각하지 않습니다.)

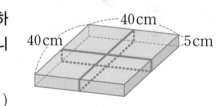

(   )

6-2   다음 그림과 같이 오각기둥 모양 상자의 옆면 두 군데를 색 테이프로 겹치지 않게 둘러싸려고 합니다. 필요한 색 테이프의 길이가 적어도 40 cm일 때, 이 오각기둥의 모든 모서리의 길이의 합을 구하시오.

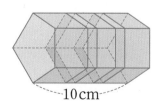

(   )

MATH TOPIC 7

심화유형

자른 입체도형의 꼭짓점, 면, 모서리의 수 구하기

오른쪽과 같이 색칠한 면을 따라 오각기둥을 잘라 두 개의 각기둥을 만들었습니다. 이때 생기는 두 각기둥의 모서리의 수의 합을 구하시오.

● 생각하기 잘라 만든 두 각기둥의 밑면의 모양을 생각해 봅니다.

● 해결하기 **1단계** 잘라 만든 두 각기둥의 모양 알아보기

색칠한 면을 따라 자르면 밑면의 모양이 사각형과 삼각형으로 나누어지므로 사각기둥과 삼각기둥이 생깁니다.

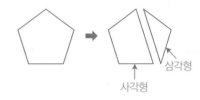

2단계 두 각기둥의 모서리의 수의 합 구하기

(사각기둥의 모서리의 수)＝4×3＝12(개)

(삼각기둥의 모서리의 수)＝3×3＝9(개)

➡ (두 각기둥의 모서리의 수의 합)＝12＋9＝21(개)

답 21개

7-1 오른쪽 그림과 같이 색칠한 면을 따라 육각기둥을 잘라 두 개의 각기둥을 만들었습니다. 이때 생기는 두 각기둥의 꼭짓점의 수의 합을 구하시오.

(   )

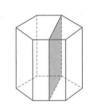

7-2 오른쪽 사각기둥을 색칠한 부분만큼 잘라내고 남은 입체도형의 면의 수는 자르기 전 사각기둥의 면의 수보다 몇 개 더 많습니까?

(   )

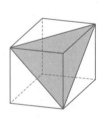

7-3 오른쪽 그림과 같이 사각뿔을 밑면과 평행하게 잘랐습니다. 이때 생기는 두 입체도형의 모서리의 수의 차를 구하시오.

(   )

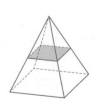

MATH TOPIC 8

심화유형

각뿔의 전개도의 활용

오른쪽 전개도를 접어 만들 수 있는 입체도형의 모든 모서리의 길이의 합을 구하시오.

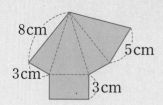

● 생각하기　각뿔은 밑면이 1개이고 옆면이 모두 한 점에서 만납니다.

● 해결하기　**1단계** 어떤 입체도형이 되는지 알아보기

밑면이 1개이고 사각형이므로 전개도를 접었을 때 오른쪽과 같은 사각뿔이 됩니다.

2단계 사각뿔의 모든 모서리의 길이의 합 구하기

모든 모서리의 길이의 합은 (5＋3＋5＋3)＋(8×4)＝16＋32＝48 (cm)입니다.

답 48 cm

8-1

오른쪽 그림은 옆면의 모양이 합동인 6개의 이등변삼각형으로 이루어진 각뿔의 전개도입니다. 이 전개도를 접어 만들 수 있는 각뿔의 모든 모서리의 길이의 합을 구하시오.

(　　　　　　)

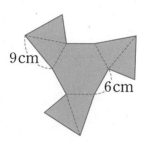

8-2

오른쪽 그림은 옆면의 모양이 합동인 5개의 이등변삼각형으로 이루어진 각뿔의 전개도입니다. 이 전개도를 접어 만들 수 있는 각뿔의 모든 모서리의 길이의 합이 55 cm일 때, ㉠의 길이를 구하시오.

(　　　　　　)

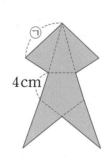

8-3

오른쪽 육각뿔의 옆면은 모두 합동입니다. 길이가 10 cm인 모서리를 모두 잘라 육각뿔의 전개도를 만들었을 때, 이 전개도의 둘레를 구하시오.

(　　　　　　)

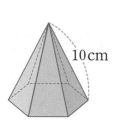

MATH TOPIC 9

심화유형

각기둥과 각뿔을 활용한 교과통합유형

STEAM형
■●▲

수학+사회

불국사는 통일신라의 불교문화를 대표하는 건축물로 다보탑과 석가탑, 청운교와 백운교 등 아름다운 불교 유산이 가득합니다. 그중 청운교와 백운교는 대웅전으로 올라가는 계단으로, 그 아래에 *아치형의 통로가 있습니다. 왼쪽 그림과 같은 사각기둥 9개를 오른쪽 그림과 같이 이어 붙여 하나의 아치형 구조물을 만들었을 때, 이 아치형 구조물의 모서리의 수는 몇 개입니까?

청운교
백운교

*아치형: 활과 같은 곡선으로 된 형태를 말하며, 아치형 구조물은 위에서 누르는 힘을 잘 버티기 때문에 터널이나 다리에 많이 쓰입니다.

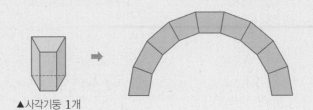

▲사각기둥 1개

● 생각하기   만든 아치형 구조물을 각기둥으로 보고, 밑면의 변의 수를 생각해 봅니다.

● 해결하기   **1단계** 사각기둥 9개를 이어 붙인 입체도형의 밑면의 모양 알아보기

사각기둥 9개를 이어 붙이면 밑면의 모양이 오른쪽 그림과 같으므로 밑면의 변의 수는 ☐개입니다.

2단계 아치형 구조물의 모서리의 수 구하기

사각기둥 9개를 이어 붙인 구조물 역시 각기둥입니다.

따라서 모서리의 수는 ☐×3=☐(개)입니다.

답 ☐개

수학+사회

9-1

피라미드는 밑면의 모양이 정사각형인 사각뿔 모양 건축물로 고대 이집트 *파라오의 무덤입니다. 가장 큰 피라미드는 쿠푸 왕의 것으로 높이가 147 m로 추정되지만 꼭대기 부분이 파손되어 현재 높이는 약 137 m입니다. 다음과 같이 밑면의 모양이 정사각형인 각뿔의 전개도로 피라미드 모형을 만든다고 할 때, 전개도의 둘레는 몇 cm입니까?

*파라오: 고대 이집트의 왕을 부르던 말

23 cm
21.8 cm
21.8 cm

( )

1 다음에서 설명하는 입체도형의 모서리의 수를 구하시오.

> - 밑면이 1개입니다.
> - 옆면이 모두 한 점에서 만납니다.
> - (면의 수)＋(모서리의 수)＋(꼭짓점의 수)＝30(개)

(   )

2 오른쪽 그림과 같이 육각기둥 안에 사각기둥 모양으로 구멍이 뚫려 있습니다. 이 입체도형에서 면과 면이 만나는 선분은 모두 몇 개입니까?

(   )

수학+과학

STE AM형 ■●▲ 3 프리즘은 빛을 굴절시켜 무지개와 같이 일곱 빛깔로 나타나게 하는 투명한 기구로, 유리 또는 수정으로 만듭니다. 빛을 굴절시키기 위해 적어도 한 쌍의 면은 평행이 아니어야 해서, 프리즘은 일반적으로 삼각기둥 모양입니다. 다음 중 전개도를 접었을 때 삼각기둥 모양이 될 수 <u>없는</u> 것은 몇 개입니까?

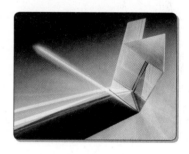

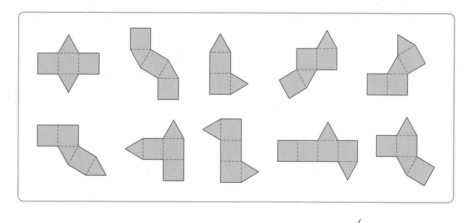

(   )

4 전개도를 접어 사각기둥을 만들 때, ★ 표시한 점과 만나는 점의 번호를 모두 찾아 쓰시오.

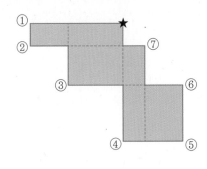

(   )

5 밑면의 모양이 정칠각형인 각기둥의 모든 모서리의 길이의 합이 175 cm입니다. 이 각기둥의 높이가 9 cm일 때, 밑면의 한 변의 길이는 몇 cm입니까?

(   )

서술형 **6** 사각기둥의 전개도에서 면 ㉮의 넓이가 36 cm²이고 면 ㉯의 넓이가 63 cm²일 때, 선분 ㄱㅈ의 길이는 얼마인지 풀이 과정을 쓰고 답을 구하시오.

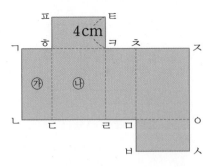

풀이 ....

....

....

....

답 ....

7 밑면의 모양이 정육각형인 각기둥의 전개도입니다. 이 각기둥의 모든 모서리의 길이의 합이 84 cm일 때, 사각형 ㄱㄴㄷㄹ의 둘레를 구하시오.

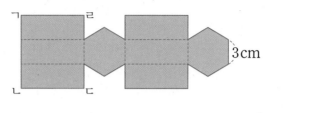

(   )

8 왼쪽과 같이 오각기둥의 면에 직선을 그었습니다. 이 오각기둥의 전개도가 오른쪽과 같을 때, 오각기둥에 그은 선을 전개도에 나타내시오.

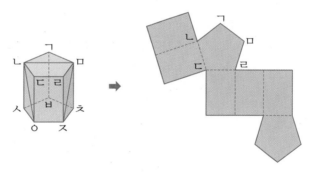

9 오른쪽과 같이 밑면이 정사각형인 사각기둥을 만드는 데 철사가 모두 168 cm 필요합니다. 철사끼리 연결하기 위하여 각 꼭짓점마다 철사가 2 cm씩 쓰였다면, 이 사각기둥의 높이는 몇 cm입니까?

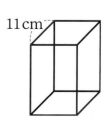

(   )

10 오른쪽 각뿔의 밑면은 한 변의 길이가 8 cm인 정오각형입니다. 이 각뿔의 전개도를 둘레가 가장 짧도록 그릴 때, 전개도의 둘레는 몇 cm가 되겠습니까?

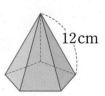

( )

11 두 전개도 ㉠과 ㉡을 각각 접어 입체도형을 만든 다음, 빗금 친 부분끼리 만나게 풀로 붙였습니다. 붙여 만든 입체도형의 면의 수, 모서리의 수, 꼭짓점의 수를 각각 구하시오.

㉠    ㉡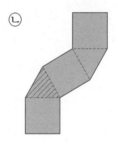

면의 수 ( ), 모서리의 수 ( ), 꼭짓점의 수 ( )

12 오른쪽 사각기둥을 면 ㄱㄴㄷ을 따라 잘라서 두 개의 입체도형을 만들었습니다. 이때 생기는 두 입체도형의 모서리의 수의 차를 구하시오.

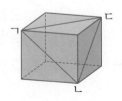

( )

13 다음 사각기둥의 전개도를 접어서 사각기둥을 만들었습니다. 만든 사각기둥에서 점 ㄱ과 점 ㄴ 사이의 거리를 구하시오.

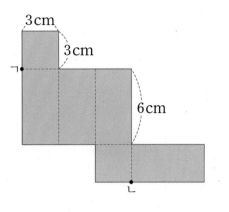

(   )

14 왼쪽 오각기둥의 전개도를 그리고 있습니다. 전개도를 완성할 수 있는 방법은 모두 몇 가지입니까?

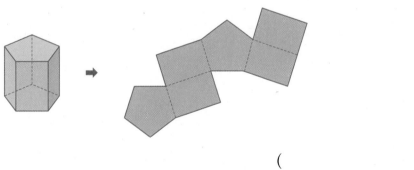

(   )

**▶경시
▶기출 15** 오른쪽은 삼각기둥의 세 꼭짓점 부분을 삼각뿔 모양만큼 잘라내고 남
▶문제 은 입체도형입니다. 이 입체도형의 꼭짓점의 수는 잘라내기 전보다 몇
개 더 많습니까?

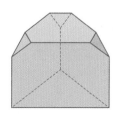

(   )

문제풀이 동영상

서술형 1

밑면의 모양이 정다각형이고 높이가 11 cm인 입체도형이 있습니다. 이 입체도형의 한 옆면의 모양이 오른쪽 그림과 같고 꼭짓점의 수가 30개일 때, 모든 모서리의 길이의 합은 얼마인지 풀이 과정을 쓰고 답을 구하시오.

11 cm
9 cm

풀이

답

경시 기출 문제 2

다음과 같이 철사로 밑면의 모양이 정사각형인 사각뿔 모양을 만들고, 이 사각뿔을 여러 방향에서 본 모양을 그렸습니다. 다음 중 잘못 그린 것을 고르시오.

 → ㉠ ㉡ ㉢ ㉣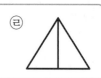

( )

3

육각기둥 모양의 통에 왼쪽 그림과 같이 절반만큼 물을 채운 후, 물이 닿은 면의 밖에 파란색 물감을 칠했습니다. 이 통의 모서리를 잘라 오른쪽과 같이 펼쳤을 때, 물감이 칠해진 부분을 색칠하시오.

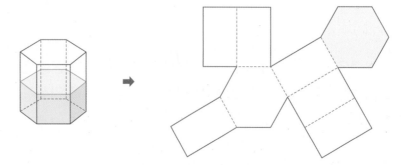

4 다음과 같은 모양의 종이가 있습니다. ㉮ 모양 2장과 ㉯ 모양 2장, ㉰ 모양 1장을 사용하여 만든 입체도형의 모든 모서리의 길이의 합을 구하시오.

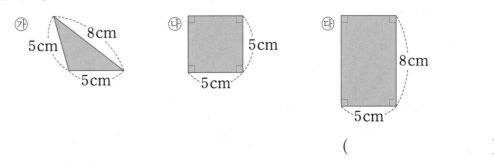

㉮ 8cm 5cm 5cm
㉯ 5cm 5cm
㉰ 8cm 5cm

(   )

5 어떤 각뿔을 밑면과 평행하게 잘라서 두 개의 입체도형으로 나누었습니다. 둘 중 면의 수가 더 많은 입체도형의 모서리의 개수가 15개일 때, 나머지 입체도형의 모서리의 수는 몇 개입니까?

(   )

6 오른쪽 오각기둥 모양의 상자의 옆면에 포장지를 붙이려고 합니다. 이 상자의 모든 모서리의 길이의 합이 108 cm일 때, 필요한 포장지의 넓이는 적어도 몇 cm²인지 구하시오.

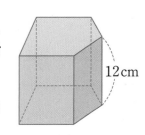

12cm

(   )

7 오른쪽 그림과 같이 밑면의 모양이 이등변삼각형인 삼각기둥 여러 개를 한 바퀴 이어 붙여 입체도형을 만들었습니다. 만들어진 입체도형의 이름을 쓰시오.

(   )

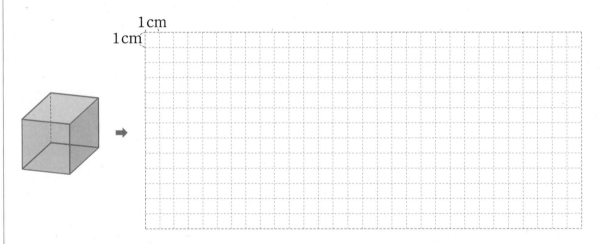

8 모든 모서리의 길이가 3 cm인 사각기둥이 있습니다. 이 사각기둥의 빨간색 모서리를 따라 잘라 사각기둥의 전개도를 만들려고 합니다. 오른쪽 모눈종이에 만든 전개도를 그려 보시오. (단, 뒤집어서 같은 모양인 전개도는 같은 것으로 봅니다.)

1 cm
1 cm

9 오른쪽 그림과 같이 삼각기둥의 꼭짓점 ㄱ에서 점 ㅇ과 점 ㅅ을 지나 꼭짓점 ㄹ까지 선으로 연결하였습니다. 연결한 선의 길이가 가장 짧을 때, 선분 ㅅㅂ의 길이를 구하시오.

(   )

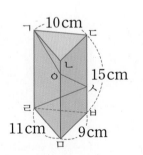

소수의 나눗셈

소수의 나눗셈식 뜯어보기

나누어지는 수와 몫의 관계

$8 \div 2$의 몫이 4라는 것을 알면 $80 \div 2$, $800 \div 2$, $8000 \div 2$, $80000 \div 2$, …의 몫도 곧바로 구할 수 있습니다. 나누는 수가 같을 때 나누어지는 수가 10배가 되면 몫도 10배가 되기 때문입니다. 또 $800 \div 2$의 몫이 400이라는 걸 알면 $80 \div 2$, $8 \div 2$, $0.8 \div 2$, $0.08 \div 2$의 몫도 쉽게 알 수 있어요. 나누는 수가 같을 때 나누어지는 수가 $\frac{1}{10}$배가 되면 몫도 $\frac{1}{10}$배가 되기 때문이죠. 숫자가 복잡해져도 이 관계는 변하지 않아요.

$434 \, \text{cm}$의 털실을 똑같이 7도막으로 나누면 털실 한 도막의 길이는 몇 cm가 될까요? 자연수의 나눗셈을 할 수 있다면 쉽게 $434 \div 7 = 62 \, (\text{cm})$라는 몫을 구할 수 있습니다. 이번에는 $4.34 \, \text{cm}$의 털실을 똑같이 7도막으로 나누어 보려고 합니다.

$$434 \div 7 = 62$$

$\frac{1}{100}$배 $\qquad\qquad$ $\frac{1}{100}$배

$$4.34 \div 7 = 0.62$$

나누어지는 수 434가 4.34로 $\frac{1}{100}$배가 되었으므로 몫 62도 0.62로 $\frac{1}{100}$배가 된 것을 알 수 있어요.

몫이 가장 작은 나눗셈식 만들기

나누어지는 수가 같을 때, 나누는 수가 2배가 되면 몫은 반으로 줄어들어요. 더 여러 개로 나눌수록 한 사람에게 돌아가는 몫이 줄어들기 때문이지요. 즉 나누어지는 수가 작을수록, 나누는 수가 클수록 몫의 크기는 작아져요.

다음 수 카드를 한 번씩 사용하여 (소수)÷(자연수)의 몫이 가장 작게 되는 나눗셈식을 만들어 볼까요?

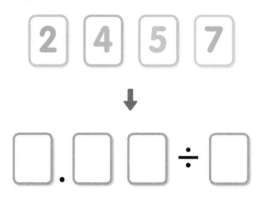

몫이 가장 작으려면 나누는 수는 최대한 커야 하고, 나누어지는 수는 최대한 작아야 합니다. 따라서 몫이 가장 작게 되는 나눗셈식은 2.45÷7입니다.

몫이 1보다 큰지 작은지 알아보기

나눗셈의 성질을 알면 계산하지 않고도 몫이 1보다 큰지 작은지 알 수 있어요. 다음 두 나눗셈을 세로셈으로 계산해 볼까요?

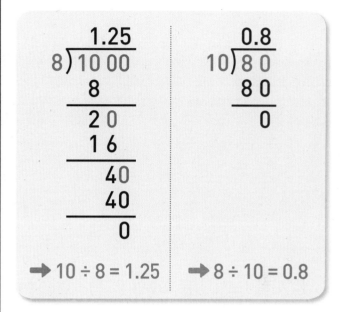

왼쪽 식처럼 나누어지는 수가 나누는 수보다 크면 몫의 크기는 1보다 커요. 반면 오른쪽 식처럼 나누어지는 수보다 나누는 수가 크면 몫이 1보다 작아집니다. 분수의 나눗셈을 떠올리면 더 쉽게 알 수 있어요. ■÷▲=$\frac{■}{▲}$이므로 ■>▲이면 몫이 1보다 커지고, ■<▲이면 몫이 1보다 작아집니다.

1 (소수)÷(자연수) (1)

❶ 각 자리에서 나누어떨어지지 않는 (소수)÷(자연수)

• $\overline{15.98 \div 2}$ 　15.98÷2의 몫 어림하기
16÷2=8이므로 8에 가까울 것 같습니다.

자연수의 나눗셈을 이용하여 계산하고, 몫의 소수점은 나누어지는 수의 소수점을 올려 찍습니다.

```
        7. 9 9
  2 ) 1 5. 9 8
      1 4
      ─────
        1 9
        1 8
      ─────
          1 8
          1 8
      ─────
            0
```

1598 ÷ 2 = 799

$\frac{1}{100}$배　　　$\frac{1}{100}$배

15.98 ÷ 2 = 7.99

분수의 나눗셈으로 바꾸어 계산하기

$15.98 \div 2 = \frac{1598}{100} \div 2 = \frac{1598 \div 2}{100} = \frac{799}{100} = 7.99$

❷ 몫이 1보다 작은 소수인 (소수)÷(자연수)

• $\overline{4.41 \div 7}$ ── 4.41<7이므로 몫이 1보다 작습니다.

몫의 소수점은 나누어지는 수의 소수점을 올려 찍고, 자연수 부분이 비어 있을 경우 일의 자리에
0을 씁니다.

```
        0. 6 3
  7 ) 4. 4 1
      4 2
      ─────
        2 1
        2 1
      ─────
          0
```

441 ÷ 7 = 63

$\frac{1}{100}$배　　　$\frac{1}{100}$배

4.41 ÷ 7 = 0.63

분수의 나눗셈으로 바꾸어 계산하기

$4.41 \div 7 = \frac{441}{100} \div 7 = \frac{441 \div 7}{100} = \frac{63}{100} = 0.63$

실전 개념

❶ 길이가 10.4 cm인 리본을 4등분 하기

$1\,cm = 10\,mm \Rightarrow 10.4\,cm = 104\,mm$

104 ÷ 4 = 26

$\frac{1}{10}$배　　　$\frac{1}{10}$배

10.4 ÷ 4 = 2.6

나눈 리본 한 조각의 길이는 26 mm이므로
2.6 cm입니다.

❷ 나누어지는 수와 몫의 소수점 위치

$$441 \div 7 = 63$$
$$44.1 \div 7 = 6.3$$
$$4.41 \div 7 = 0.63$$
$$0.441 \div 7 = 0.063$$

나누는 수가 같을 때, 나누어지는 수의 소수
점이 왼쪽으로 옮겨지면 몫의 소수점도 같은
자리만큼 왼쪽으로 옮겨집니다.

BASIC TEST

1 자연수의 나눗셈을 이용하여 소수의 나눗셈을 하시오.

⑴ $753 \div 3 = 251$

$75.3 \div 3 = \boxed{}$

$7.53 \div 3 = \boxed{}$

⑵ $416 \div 8 = 52$

$41.6 \div 8 = \boxed{}$

$4.16 \div 8 = \boxed{}$

2 $8.64 \div 3$을 자연수의 나눗셈을 이용하여 계산하려고 합니다. ■, ▲, ★의 값을 각각 구하시오.

$$■ \div 3 = ▲$$

$\frac{1}{100}$배 $\qquad$ $\frac{1}{100}$배

$$8.64 \div 3 = ★$$

■ ($\qquad$)

▲ ($\qquad$)

★ ($\qquad$)

3 세로셈으로 몫을 구하고, 몫이 큰 것부터 차례대로 기호를 쓰시오.

㉠ $31.5 \div 7$

㉡ $5.98 \div 13$

㉢ $21.25 \div 5$

($\qquad$)

4 15분 동안 76.95 L의 물이 나오는 수도꼭지가 있습니다. 이 수도꼭지에서 시간당 물이 나오는 양이 일정하다면 1분 동안 나오는 물은 몇 L입니까?

($\qquad$)

5 다음 평행사변형의 넓이가 11.84 cm²일 때, ☐는 몇 cm입니까?

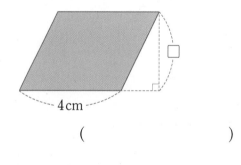

4 cm

($\qquad$)

6 쌀 6.08 kg 중에서 밥을 짓는 데 200 g을 사용하고, 남은 쌀을 12개의 봉투에 똑같이 나누어 담았습니다. 봉투 하나에 담은 쌀은 몇 kg입니까?

($\qquad$)

2 (소수) ÷ (자연수) (2)

❶ 소수점 아래 0을 내려 계산해야 하는 (소수)÷(자연수)

• $9.1 \div 5$ [9.1÷5의 몫 어림하기]
10÷5=2이므로 2에 가까울 것 같습니다.

자연수의 나눗셈을 이용하여 계산하고, 소수점 아래에서 나누어떨어지지 않을 경우 0을 내려 계산합니다.

```
      1.8 2
5 ) 9.1 0
      5
    ─────
      4 1
      4 0
    ─────
        1 0
        1 0
    ─────
          0
```

$910 \div 5 = 182$
$\frac{1}{100}$배
$9.1 \div 5 = 1.82$
$\frac{1}{100}$배

[분수의 나눗셈으로 바꾸어 계산하기]
$9.1 \div 5 = \frac{910}{100} \div 5 = \frac{910 \div 5}{100} = \frac{182}{100} = 1.82$

$\frac{91}{10} \div 5$로 바꾸면 91÷5가 나누어떨어지지 않습니다.

❷ 몫의 소수 첫째 자리에 0이 있는 (소수)÷(자연수)

• $12.2 \div 4$ [12.2÷4의 몫 어림하기]
12÷4=3이므로 3에 가까울 것 같습니다.

나눌 수 없으면 몫에 0을 쓰고, 수를 하나 더 내려 계산합니다.

— 2에 4가 들어가지 않으므로 0을 씁니다.

```
      3.0 5
4 ) 1 2.2 0
    1 2
    ─────
        2 0
        2 0
    ─────
          0
```

$1220 \div 4 = 305$
$\frac{1}{100}$배
$12.2 \div 4 = 3.05$
$\frac{1}{100}$배

122÷4는 나누어떨어지지 않으므로 1220÷4로 계산합니다.

❶ 머리셈으로 계산하는 방법

• $16.4 \div 8 = \underset{① ②③}{2.05}$

① 16에 8이 2번 들어가므로 몫의 일의 자리에 2를 쓰고 소수점을 찍습니다.

② 소수 첫째 자리 수인 4에 8이 들어가지 않으므로 몫의 소수 첫째 자리에 0을 씁니다. ➡ 2.0

③ 4에 0을 붙인 40에 8이 5번 들어가므로 몫의 소수 둘째 자리에 5를 씁니다. ➡ 2.05

[소수의 나눗셈]

❶ (소수)÷(소수), (자연수)÷(소수)

나누는 수가 자연수가 되도록 두 수의 소수점을 같은 자리만큼 오른쪽으로 옮겨 계산합니다.

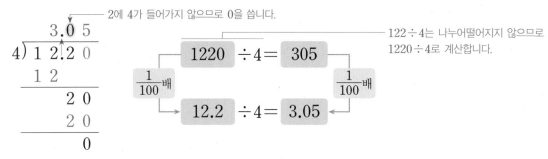

⑩ $3.2 \div 0.4$ ➡
```
        8
0.4 ) 3.2
      3 2
    ─────
        0
```

⑩ $21 \div 3.5$ ➡
```
        6
3.5 ) 2 1.0
      2 1 0
    ─────
          0
```

3.2÷0.4의 몫은 32÷4의 몫과 같습니다.

21÷3.5의 몫은 210÷35의 몫과 같습니다.

1 자연수의 나눗셈을 이용하여 $10.6 \div 4$의 몫을 구하려고 합니다. 빈칸에 알맞은 수를 써넣으시오.

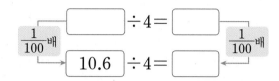

$$\boxed{} \div 4 = \boxed{}$$
$$\frac{1}{100}\text{배} \qquad \frac{1}{100}\text{배}$$
$$\boxed{10.6} \div 4 = \boxed{}$$

2 계산이 잘못된 곳을 찾아 바르게 계산하시오.

```
         8.6
    5 ) 4 0.3
        4 0
          3 0
          3 0
             0
```

➡

```
    5 ) 4 0.3
```

3 몫의 소수 첫째 자리에 0이 있는 나눗셈을 모두 찾아 기호를 쓰시오.

| ㉠ $31.22 \div 14$ | ㉡ $0.76 \div 8$ |
| ㉢ $90.3 \div 15$ | ㉣ $53.4 \div 3$ |

(   )

4 어떤 수에 4를 곱했더니 3.86이 되었습니다. 어떤 수를 구하시오.

(   )

5 길이가 $46.2 \, \text{cm}$인 끈을 3번 잘랐더니 모든 도막의 길이가 같아졌습니다. 잘라 만든 끈 한 도막의 길이는 몇 cm입니까?

(   )

6 양초에 불을 붙인 지 1시간 후에 양초의 길이를 재었더니 $4.2 \, \text{cm}$가 줄어들었습니다. 이 양초가 일정한 빠르기로 탄다면, 1분 동안 탄 양초의 길이는 몇 mm입니까?

(   )

3 (자연수)÷(자연수), 몫을 어림하기

❶ (자연수)÷(자연수)의 몫을 소수로 나타내기

• 10÷8

자연수의 나눗셈을 이용하여 계산하고, 몫의 소수점은 자연수 바로 뒤에서 올려 찍습니다.

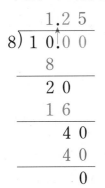

```
     1.2 5
8 ) 1 0.0 0
    8
    2 0
    1 6
      4 0
      4 0
        0
```

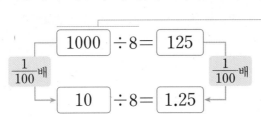

10÷8, 100÷8은 나누어떨어지지 않으므로 1000÷8로 계산합니다.

분수로 바꾸어 계산하기
$10 \div 8 = \frac{10}{8} = \frac{10 \times 125}{8 \times 125} = \frac{1250}{1000} = 1.25$

❷ 몫을 어림하기

• 29.4÷6의 계산

➡ 30÷6=5이므로 29.4÷6의 몫은 5로 어림할 수 있습니다.

29.4는 30보다 작으므로 실제 몫은 5보다 약간 작을 것입니다. 29.4÷6=4.9

• 33.3÷9의 계산

➡ 33.3÷10=3.33이므로 33.3÷9의 몫은 3.33으로 어림할 수 있습니다.

9는 10보다 작으므로 실제 몫은 3.33보다 약간 클 것입니다. 33.3÷9=3.7

실전 개념

❶ 나누어지는 수, 나누는 수, 몫의 크기

$$■ \div ▲ = ●$$

클수록 ⟶ 크다
작을수록 ⟶ 작다

$$■ \div ▲ = ●$$

클수록 ➡ 작다
작을수록 ➡ 크다

➡ 나누어지는 수가 클수록 몫이 큽니다.   ➡ 나누는 수가 클수록 몫이 작습니다.

사고력 개념

❶ 몫이 나누어떨어지지 않는 (자연수)÷(자연수)

• 16÷3의 계산

```
      5.3 3 3 ……
3 ) 1 6.0 0 0
    1 5
      1 0
        9
        1 0
          9
          1 0
            9
            1
            ⋮
```

• 몫을 소수 둘째 자리에서 반올림하여 나타내기

16÷3=5.33…… ➡ 5.3

• 몫이 나누어떨어지지 않는 경우 분수로 나타내면 정확한 몫을 구할 수 있습니다.

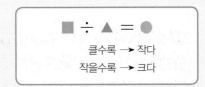

$16 \div 3 = \frac{16}{3} = 5\frac{1}{3}$

BASIC TEST

1 빈칸에 알맞은 몫을 써넣으시오.

(1) $300 \div 4 = 75$

$30 \div 4 =$ ☐

$3 \div 4 =$ ☐

(2) $1800 \div 8 = 225$

$180 \div 8 =$ ☐

$18 \div 8 =$ ☐

2 어림하여 올바른 식을 찾아 ◯표 하시오.

(1)

$81 \div 5 = 162$

$81 \div 5 = 1.62$

$81 \div 5 = 16.2$

$81 \div 5 = 0.162$

(2)

$8.82 \div 3 = 294$

$8.82 \div 3 = 29.4$

$8.82 \div 3 = 2.94$

$8.82 \div 3 = 0.294$

3 다음은 크기가 같은 정삼각형을 붙여서 만든 도형입니다. 이 도형의 둘레가 50 cm 일 때, 작은 정삼각형의 한 변의 길이는 몇 cm입니까?

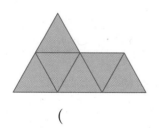

( )

4 다음 나눗셈을 계산하지 않고, 몫이 1보다 큰 것을 모두 골라 ◯표 하시오.

| $6.5 \div 5$ | $6.5 \div 50$ | $6.5 \div 10$ |
| $65 \div 50$ | $65 \div 10$ | $65 \div 100$ |

5 채연이의 시계는 12일 동안 45분 늦어집니다. 매일 늦어지는 시간이 일정하다면 채연이의 시계는 하루에 몇 분 몇 초씩 늦어집니까?

( )

6 ☐ 안에 들어갈 수 있는 가장 작은 자연수와 가장 큰 자연수의 합을 구하시오.

$$12 \div 5 < ☐ < 282 \div 40$$

( )

바르게 계산한 몫 구하기

어떤 수를 8로 나누어야 할 것을 잘못하여 곱하였더니 207.36이 되었습니다. 바르게 계산한 몫은 얼마입니까?

● 생각하기 $\square \times \bullet = \blacktriangle \Rightarrow \square = \blacktriangle \div \bullet$

● 해결하기   **1단계** 어떤 수 구하기
어떤 수를 $\square$라 하면 $\square \times 8 = 207.36$이므로
$\square = 207.36 \div 8 = 25.92$입니다.

2단계 바르게 계산한 몫 구하기
어떤 수는 25.92이므로 바르게 계산한 몫은 $25.92 \div 8 = 3.24$입니다.

답 3.24

1-1 어떤 수를 4로 나누어야 할 것을 잘못하여 곱하였더니 166.08이 되었습니다. 바르게 계산한 몫을 소수로 나타내시오.

( )

1-2 16.6을 어떤 수로 나누어야 할 것을 잘못하여 더했더니 21.6이 되었습니다. 바르게 계산한 몫을 소수로 나타내시오.

( )

1-3 어떤 수를 12로 나누어야 할 것을 잘못하여 21로 나누었더니 몫이 19이고 나머지가 3이었습니다. 바르게 계산한 몫을 소수로 나타내시오.

( )

도형의 둘레 구하기

한 칸의 크기가 같은 모눈종이에 오른쪽과 같이 두 개의 마름모를 그렸습니다. 큰 마름모의 둘레가 116.4 cm일 때, 작은 마름모의 둘레는 몇 cm입니까?

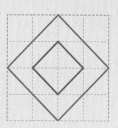

● 생각하기　마름모의 둘레가 ╱ 의 몇 배인지 알아봅니다.

● 해결하기　**1단계** 큰 마름모의 둘레 이용하여 단위길이 구하기　　╱ 의 길이를 단위길이로 생각합니다.

큰 마름모의 둘레는 ╱ 의 8배이므로 ╱ 의 길이는 116.4÷8＝14.55 (cm)입니다.

2단계 작은 마름모의 둘레 구하기

작은 마름모의 둘레는 ╱ 의 4배이므로 14.55×4＝58.2 (cm)입니다.

답 58.2 cm

2-1 한 칸의 크기가 같은 모눈종이에 오른쪽과 같이 두 개의 직사각형을 그렸습니다. 빨간색 직사각형의 둘레가 9.6 cm일 때, 보라색 직사각형의 둘레는 몇 cm입니까?

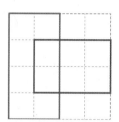

(　　　　　)

2-2 합동인 정사각형 4개를 같은 간격으로 겹쳐 오른쪽과 같은 도형을 만들었습니다. 전체 도형의 둘레가 64 cm일 때, 정사각형 한 개의 둘레는 몇 cm입니까?

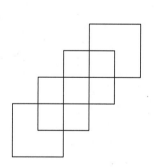

(　　　　　)

2-3 같은 크기의 원 5개를 원의 중심을 지나도록 겹쳐 놓았습니다. 선분 ㄱㄴ의 길이가 20.7 cm일 때, 원의 지름은 몇 cm입니까?

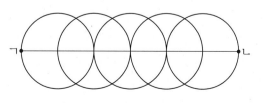

(　　　　　)

심화유형 3

수 카드로 가장 크거나 작은 몫 구하기

수 카드 8, 6, 5, 3 을 모두 사용하여 다음과 같은 나눗셈식을 만들려고 합니다. 나올 수 있는 몫 중에서 가장 작은 몫을 구하시오.

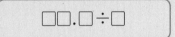

□□.□÷□

● 생각하기　나누어지는 수가 작을수록, 나누는 수가 클수록 나눗셈의 몫이 작아집니다.

● 해결하기　**1단계** 가장 큰 자연수, 가장 작은 소수 한 자리 수 만들기

나누는 수는 가장 큰 수이어야 하므로 8입니다.

나누어지는 수는 나머지 수 6, 5, 3으로 만들 수 있는 가장 작은 소수 한 자리 수이어야 하므로 35.6입니다.

2단계 가장 작은 몫 구하기

따라서 가장 작은 몫은 $35.6 \div 8 = 4.45$입니다.

답 4.45

3-1 수 카드 7, 4, 9, 6 을 모두 사용하여 다음과 같은 나눗셈식을 만들려고 합니다. 나올 수 있는 몫 중에서 가장 큰 몫을 구하시오.

□□.□÷□

(　　　　　　　)

3-2 수 카드 3, 5, 8 을 모두 사용하여 다음과 같은 나눗셈식을 만들려고 합니다. 나올 수 있는 몫 중에서 가장 작은 몫을 구하시오.

□□÷□

(　　　　　　　)

MATH TOPIC 4
심화유형

도형의 넓이 구하기

오른쪽 그림은 둘레가 20.8 cm인 정사각형을 합동인 삼각형 8개로 나눈 것입니다. 색칠한 부분의 넓이를 구하시오.

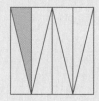

● 생각하기   정사각형의 넓이를 구하려면 한 변의 길이를 알아야 합니다.

● 해결하기   **1단계** 정사각형의 한 변의 길이 구하기

(정사각형의 한 변의 길이)$=20.8\div4=5.2$ (cm)

2단계 색칠한 부분의 넓이 구하기

(정사각형의 넓이)$=5.2\times5.2=27.04$ (cm²)

정사각형을 8등분했으므로 색칠한 부분의 넓이는 $27.04\div8=3.38$ (cm²)입니다.

답 3.38 cm²

4-1 오른쪽 그림은 둘레가 26.8 cm이고, 가로가 8 cm인 직사각형을 4등분한 것입니다. 색칠한 부분의 넓이는 몇 cm²입니까?

(   )

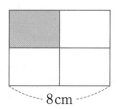

4-2 오른쪽 그림에서 삼각형 ㄱㄴㄷ의 넓이는 200 cm²입니다. 사다리꼴 ㄱㄴㄷㄹ의 넓이는 몇 cm²입니까?

(   )

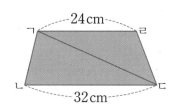

4-3 오른쪽 직사각형과 넓이는 같고 길이는 다른 직사각형을 그리려고 합니다. 세로를 처음 직사각형보다 2.6 cm 길게 그렸다면, 가로는 처음 직사각형보다 몇 cm 짧게 그려야 합니까?

(   )

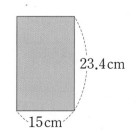

MATH TOPIC 5

심화유형

간격의 길이 구하기

길이가 40.5 m인 도로의 한쪽에 10그루의 나무를 같은 간격으로 심으려고 합니다. 도로의 시작점과 끝점에 반드시 한 그루씩 심는다면 나무 사이의 간격은 몇 m가 됩니까? (단, 나무의 두께는 생각하지 않습니다.)

● 생각하기   ■그루를 나란히 심으면, 나무 사이의 간격은 (■−1)군데 생깁니다.

● 해결하기   **1단계** 간격이 몇 군데인지 알아보기

10그루를 같은 간격으로 심으면 나무 사이의 간격은 10−1=9(군데) 생깁니다.

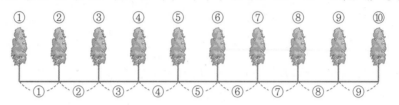

2단계 나무 사이의 간격 구하기

나무 사이의 간격은 40.5 m를 9등분한 길이와 같습니다.

➡ 40.5÷9=4.5 (m)

답 4.5 m

5-1 길이가 63.8 m인 학교 복도의 한쪽에 30개의 양초를 같은 간격으로 놓으려고 합니다. 복도의 시작점과 끝점에 반드시 한 개씩 놓는다면 양초 사이의 간격은 몇 cm가 됩니까? (단, 양초의 두께는 생각하지 않습니다.)

(   )

5-2 둘레가 206 m인 연못이 있습니다. 연못의 둘레에 40개의 깃발을 같은 간격으로 꽂으려고 합니다. 깃발 사이의 간격은 몇 m가 됩니까? (단, 깃발의 두께는 생각하지 않습니다.)

(   )

MATH TOPIC 6 | 심화유형

몇 시간 동안 가는 거리 구하기

서우네 집에서 동물원까지는 한 시간에 85 km씩 가는 승용차로 1시간 30분이 걸립니다. 같은 거리를 오토바이로 가는 데 3시간이 걸린다면, 오토바이로 한 시간 동안 가는 거리는 몇 km입니까? (단, 승용차와 오토바이의 빠르기는 각각 일정합니다.)

● 생각하기　(한 시간 동안 가는 거리)＝(■시간 동안 가는 거리)÷■

● 해결하기　**1단계** 서우네 집에서 동물원까지의 거리 구하기

한 시간에 85 km씩 1.5시간 동안 갔으므로

┌─1시간은 60분이므로
1시간 30분＝$1\frac{30}{60}$시간＝$1\frac{1}{2}$시간＝1.5시간

서우네 집에서 동물원까지의 거리는 85×1.5＝127.5 (km)입니다.

2단계 오토바이로 한 시간 동안 가는 거리 구하기

127.5 km를 오토바이로 가는 데 3시간이 걸렸으므로

오토바이로 한 시간 동안 가는 거리는 127.5÷3＝42.5 (km)입니다.

답　42.5 km

6-1 한 시간에 67 km씩 가는 오토바이가 있습니다. 이 오토바이로 30분 동안 간 거리를 자전거를 타고 2시간 만에 가려고 합니다. 자전거로 한 시간에 몇 km를 가야 합니까? (단, 오토바이와 자전거의 빠르기는 각각 일정합니다.)

(　　　　　　　　)

6-2 민희가 1분에 90 m를 가는 빠르기로 걸어서 공원 산책로를 한 바퀴 도는 데 10분 30초가 걸렸습니다. 선규가 같은 공원 산책로를 걸어서 한 바퀴 도는 데 14분 걸렸다면, 선규가 1분 동안 걷는 거리는 몇 m입니까? (단, 민희와 선규가 걷는 빠르기는 각각 일정합니다.)

(　　　　　　　　)

6-3 하랑이는 3분 동안 482.4 m씩 걷고, 수아는 5분 동안 753.5 m씩 걷습니다. 하랑이와 수아가 같은 지점에서 출발하여 같은 방향으로 곧게 걷는다면, 출발한 지 10분 후에 두 사람 사이의 거리는 몇 m입니까? (단, 하랑이와 수아가 걷는 빠르기는 각각 일정합니다.)

(　　　　　　　　)

고장난 시계가 가리키는 시각 구하기

4일 동안 9분씩 빨라지는 시계가 있습니다. 이 시계를 오늘 오전 6시에 정확하게 맞추어 놓았다면 10일 뒤 오전 6시에 이 시계가 가리키는 시각은 오전 몇 시 몇 분 몇 초입니까?

● 생각하기   4일 동안 ■분씩 빨라지는 시계는 하루에 (■÷4)분씩 빨라집니다.

● 해결하기   **1단계** 하루에 몇 분씩 빨라지는지 알아보기

4일 동안 9분씩 빨라지므로 하루에 9÷4=2.25(분)씩 빨라집니다.

2단계 10일 동안 몇 분 빨라지는지 알아보기

하루에 2.25분씩 빨라지므로 10일 동안은 2.25×10=22.5(분) 빨라집니다.

3단계 10일 뒤에 시계가 가리키는 시각 구하기

10일 동안 22.5분$=22\dfrac{1}{2}$분$=22\dfrac{30}{60}$분$=22$분 30초 빨라지므로

10일 뒤 오전 6시에 이 시계가 가리키는 시각은 오전 6시 22분 30초입니다.

┌ 빨라지는 시계: 정확한 시각 이후를 가리킵니다.
└ 느려지는 시계: 정확한 시각 이전을 가리킵니다.

답 오전 6시 22분 30초

7-1   일주일 동안 24분 30초씩 빨라지는 시계가 있습니다. 이 시계를 오늘 오후 4시에 정확하게 맞추어 놓았다면 5일 뒤 오후 4시에 이 시계가 가리키는 시각은 오후 몇 시 몇 분 몇 초입니까?

(   )

7-2   16일 동안 20분씩 느려지는 시계가 있습니다. 이 시계를 월요일 오전 11시에 정확하게 맞추어 놓았다면 그 주 금요일 오전 11시에 이 시계가 가리키는 시각은 오전 몇 시 몇 분입니까?

(   )

7-3   30일 동안 33분씩 빨라지는 시계가 있습니다. 이 시계를 어느 해 10월 1일 오후 1시에 정확하게 맞추어 놓았다면 같은 해 10월 23일 오후 1시에 이 시계가 가리키는 시각은 오후 몇 시 몇 분 몇 초입니까?

(   )

소수의 나눗셈을 활용한 교과통합유형

수학+과학

같은 양의 연료를 넣어도 자동차마다 이동할 수 있는 거리는 각기 다릅니다. 자동차의 무게나 성능에 따라 연비가 다르기 때문입니다. 연비란 연료 1 L로 갈 수 있는 거리를 km로 나타낸 것입니다. 다음은 두 관광버스가 간 거리와 사용한 휘발유의 양을 나타낸 것입니다. 둘 중 연비가 더 높은 버스를 타고 480.7 km 만큼 떨어져 있는 관광지에 다녀오려고 합니다. 휘발유 1 L의 값이 1700원이라면, 필요한 휘발유의 값은 얼마입니까?

	간 거리	사용한 휘발유의 양
A 관광버스	204 km	20 L
B 관광버스	385 km	35 L

● 생각하기　(연비)=(연료 1 L로 갈 수 있는 거리)=(연료 ■ L로 간 거리)÷■

● 해결하기　**1단계** 연비가 더 큰 관광버스 찾기

(A 관광버스의 연비)=204÷ [ ] = [ ] (km/L)

(B 관광버스의 연비)=385÷35=11 (km/L)

➡ B 관광버스의 연비가 더 큽니다.

2단계 관광지를 왕복하는 데 필요한 휘발유의 양 구하기

(관광지까지 왕복 거리)=480.7×2=961.4 (km)

B 관광버스는 1 L의 휘발유로 11 km를 갈 수 있으므로

961.4 km를 가는 데 필요한 휘발유의 양은 961.4÷ [ ] = [ ] (L)입니다.

3단계 필요한 휘발유의 값 구하기

휘발유가 1 L당 1700원이므로

필요한 휘발유의 값은 [ ] ×1700= [ ] (원)입니다.

답 [ ] 원

수학+과학

8-1　은효네 가족은 1 L의 휘발유로 12 km를 갈 수 있는 자동차를 타고 할머니 댁에 다녀오려고 합니다. 은효네 집에서 할머니 댁까지의 거리는 60.9 km입니다. 휘발유 1 L의 값이 1600원이라면, 할머니 댁까지 다녀오는 데 필요한 휘발유의 값은 얼마입니까?

(　　　　　)

문제풀이 동영상

1 희찬이의 휴대폰 통화 요금은 20분당 2841원이고, 민아의 휴대폰 통화 요금은 15분당 2133원입니다. 똑같이 30분씩 통화했을 때 휴대폰 통화 요금이 더 많이 나오는 사람은 누구입니까?

(   )

서술형 **2** ㉠과 ㉡은 자연수입니다. ㉠÷㉡의 몫이 가장 작은 경우를 찾아 그 몫은 얼마인지 구하려고 합니다. 풀이 과정을 쓰고 답을 구하시오.

$$31.8 < ㉠ < 40.5 \qquad 17.02 < ㉡ < 25.87$$

풀이 ....

....

....

....

답 ....

3 길이가 15 cm인 양초가 있습니다. 이 양초는 일정한 빠르기로 4분 동안 2.5 cm씩 탄다고 합니다. 양초에 불을 붙인 지 14분 후에 불을 끄면, 타고 남은 양초의 길이는 몇 cm입니까?

(   )

4 13÷27의 몫을 소수로 나타내려고 합니다. 소수 20번째 자리 숫자를 구하시오.

(   )

5 오른쪽 정육면체의 모든 모서리의 길이의 합은 $62.4\,\text{cm}$입니다. 이 정육면체의 모든 모서리의 길이를 각각 $\dfrac{1}{4}$로 줄인 정육면체의 한 면의 넓이는 몇 cm^2입니까?

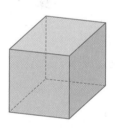

(   )

6 길이가 $7.44\,\text{km}$인 도로의 양쪽에 50개의 가로등을 같은 간격으로 설치하려고 합니다. 도로의 시작점과 끝점에 반드시 하나씩 설치한다면 가로등 사이의 간격은 몇 m가 됩니까? (단, 가로등의 두께는 생각하지 않습니다.)

(   )

7 바닥의 가로가 65 m, 세로가 54 m인 직사각형 모양의 강당이 있습니다. 한 변이 2 m인 정사각형 모양의 장판으로 강당 바닥을 빈틈없이 덮으려고 합니다. 장판은 적어도 몇 장 필요합니까? (단, 장판에서 남는 부분은 잘라서 버립니다.)

(   )

8 오른쪽은 크기가 같은 정사각형 10개를 이어 붙여 만든 도형입니다. 도형의 둘레가 87.5 cm일 때, 정사각형의 한 변의 길이는 몇 cm입니까?

(   )

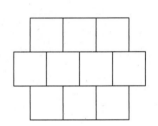

9 무게가 똑같은 책 21권이 들어 있는 상자의 무게가 24.22 kg입니다. 여기서 책 5권을 꺼낸 후 다시 상자의 무게를 재어 보니 18.62 kg이었습니다. 빈 상자에 같은 책 7권을 넣고 무게를 재면 몇 kg입니까?

(   )

STEAM형 10

금은 고대부터 귀하게 사용해 온 금속으로, 노란색 광택이 나서 황금이라고도 합니다. 금은 오랫동안 화폐의 기준이 되었고 장신구나 예술품의 재료로 쓰여 왔으며 오늘날에는 치과 치료, 전자 공업 분야에서 중요하게 사용되고 있습니다. 금의 무게를 나타내는 단위에는 '돈', '냥'

이 있는데 금 10돈의 무게는 금 한 냥의 무게와 같습니다. 금 5냥으로 만든 목걸이의 무게가 187.5 g이면 금 3돈으로 만든 팔찌의 무게는 몇 g입니까?

(   )

11

어떤 정사각형의 가로를 0.8배, 세로를 5배하여 새로운 직사각형을 그렸더니 그 넓이가 정사각형의 넓이보다 15.18 cm²만큼 늘었습니다. 정사각형의 넓이는 몇 cm²입니까?

(   )

서술형 12

오른쪽 그림에서 평행사변형 ㄱㄴㄷㄹ의 넓이는 182 cm²입니다. 삼각형 ㄹㄷㅁ의 넓이가 평행사변형 ㄱㄴㄷㄹ의 넓이의 $\frac{1}{5}$일 때, 선분 ㄷㅁ의 길이는 몇 cm인지 풀이 과정을 쓰고 답을 구하시오.

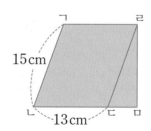

풀이 ....

....

....

답 ....

13 A 자동차는 연료 1 L로 12 km를 갈 수 있고, B 자동차는 연료 1 L로 20.8 km를 갈 수 있습니다. A 자동차로 966 km를 가는 데 필요한 연료의 반만큼을 B 자동차에 넣으면, B 자동차는 넣은 연료로 몇 km를 갈 수 있습니까?

( )

14 오른쪽은 크기가 같은 직사각형을 이어 붙인 도형 위에 삼각형 ㄱㄴㄷ을 그린 것입니다. 전체 도형의 넓이는 삼각형 ㄱㄴㄷ의 넓이의 몇 배입니까?

( )

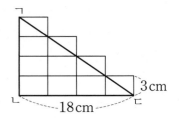

15 둘레가 2 km 54 m인 원 모양의 산책로가 있습니다. 지환이와 다혜가 같은 지점에서 동시에 출발하여 서로 만날 때까지 반대 방향으로 걷기로 했습니다. 지환이는 2분 동안 400.4 m를 걷고, 다혜는 3분 동안 347.4 m를 걷습니다. 두 사람은 출발한 지 몇 분 몇 초 후에 만나게 됩니까? (단, 지환이와 다혜가 걷는 빠르기는 각각 일정합니다.)

( )

1 수 카드 ４, ３, １, ５ 중 세 장을 한 번씩 사용하여 대분수 $\square\dfrac{\square}{\square}$ 를 만들려고 합니다. 만들 수 있는 가장 큰 대분수와 가장 작은 대분수를 각각 소수로 나타낼 때, 두 수의 차를 구하시오.

(   )

경시 기출 문제 2 두 식을 모두 만족하는 ▲의 값을 구하시오.

$$■ + ▲ = 68.51 \qquad ■ ÷ ▲ = 12$$

(   )

3 다음 그림은 정육각형의 각 변을 각각 이등분하여 점을 찍고 그 중 두 점을 직선으로 이어 그린 것입니다. 색칠한 부분의 넓이가 $10.3\ \mathrm{cm^2}$일 때, 전체 정육각형의 넓이는 몇 $\mathrm{cm^2}$입니까?

(   )

› 경시
› 기출 **4**
› 문제

한 칸의 크기가 같은 모눈종이에 사다리꼴을 그렸습니다. 사다리꼴의 넓이가 23.52 cm^2일 때, 빨간색 선의 길이는 몇 cm입니까?

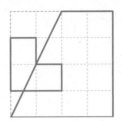

(   )

5 1분에 800 m씩 가는 기차가 1.2 km 길이의 터널을 통과하려고 합니다. 이 기차의 길이가 240 m일 때, 기차가 터널에 들어가서부터 터널을 완전히 통과하는 데까지 몇 분 몇 초가 걸리겠습니까?

(   )

S T E
A M 형 **6**
■ ■ ● ▲

하이브리드 자동차는 두 종류 이상의 동력 장치를 가진 자동차입니다. 주호네 가족은 하이브리드 자동차를 타고 집에서 120 km 떨어진 고모 댁에 1시간 50분 만에 도착했습니다. 처음에는 전기만 사용했고, 나중에는 1시간 10분 동안 휘발유만 사용했습니다. 이 자동차는 40.8 km를 가는 데 6 L의 휘발유가 필요하고 주호네 가족이 고모 댁에 가는 데 휘발유를 14 L 사용했다면, 이 자동차가 전기를 사용하여 1분 동안 달린 거리는 몇 km입니까?

(   )

7
경시
기출
문제
다음과 같이 정사각형을 4등분하여 한 칸을 칠하는 것을 규칙적으로 반복하고 있습니다. 처음 정사각형의 넓이가 120 m²일 때, 세 번째 모양의 색칠된 부분의 넓이는 몇 m²입니까?

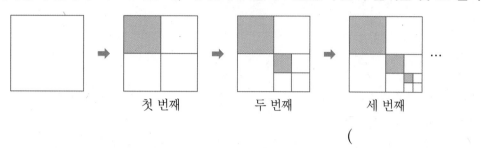

첫 번째   두 번째   세 번째

(   )

8 어떤 소수를 자연수 부분과 소수 부분으로 나누어 자연수 부분을 ●로, 소수 부분을 ▲로 나타내었습니다. $7 \times ● + 7 \times ▲ = 25.34$일 때, 어떤 소수를 4로 나눈 몫은 얼마입니까?

(   )

9 오른쪽 그림에서 점 ㅇ은 점 ㄱ을 출발하여 화살표 방향으로 직사각형의 둘레를 따라 1분에 12 cm씩 움직입니다. 선분 ㄴㅇ이 지나간 부분의 넓이가 직사각형 넓이의 $\frac{3}{4}$이 되는 때는, 점 ㅇ이 점 ㄱ을 출발한 지 몇 분 몇 초가 지났을 때입니까?

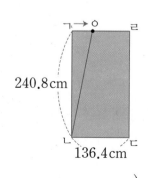

240.8 cm

136.4 cm

(   )

연필 없이 생각 톡

색종이를 접어서 오린 다음 다시 펼치면 어떤 모양이 될까요?

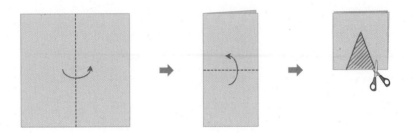

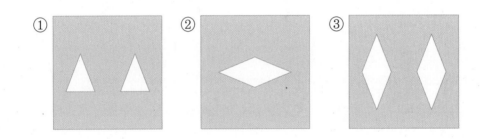

비와 비율

생활 속의 비율

걸린 시간에 대한 간 거리의 비율, 속력

속력은 어떤 생물이나 물체가 얼마나 빠르게 움직이는지를 나타내는 개념이에요. 정해진 시간 안에 얼마만큼 이동했는지를 비율로 나타내지요. 이때 속력의 기준량은 걸린 시간이고, 비교하는 양은 간 거리가 됩니다. 나는 10초 동안 60m를 달리고 동생은 10초 동안 50m를 달렸다면, 나는 동생보다 속력이 빠른 것입니다. 같은 시간 동안 더 멀리 간 쪽이 빠른 건 당연하겠죠?

만약에 두 사람이 똑같은 거리만큼을 달린다면 무엇으로 속력을 비교할 수 있을까요? 주어진 거리가 같다면, 같은 거리를 달리는 데 걸린 시간이 짧은 쪽이 빠른 것입니다. 예를 들어 100m를 14초에 뛰는 선수보다 100m를 12초에 뛰는 선수가 더 빠르답니다.

넓이에 대한 인구의 비율, 인구 밀도

세계에는 많은 인구가 오밀조밀하게 모여 사는 나라도 있고 적은 인구가 듬성듬성 흩어져 사는 나라도 있습니다. 이는 나라별로 땅 넓이와 인구가 다르기 때문이에요. 인구가 많을수록, 땅이 좁을수록 인구 밀도가 높아지는 건 당연하고요. 그래서 인구 밀도는 땅 넓이를 기준량으로 하고, 그 땅에 사는 인구를 비교하는 양으로 하여 비율로 나타내요.

세계 인구 밀도의 평균은 약 54명/km²입니다. 전세계 사람들이 모두 같은 인구 밀도로 산다고 가정하면, 1km²의 땅에 54명씩 사는 셈입니다. 그렇다면 인구 밀도가 가장 높은 곳은 어디일까요? 현재 세계에서 인구 밀도가 가장 높은 도시는 필리핀의 마닐라입니다. 마닐라의 인구 밀도는 42858명/km²으로, 이는 세계 인구 밀도 평균의 794배에 달하는 수준이에요.

반대로 인구 밀도가 낮은 곳으로는 미국, 캐나다, 알래스카 등이 꼽힙니다. 만약 전세계 사람들이 캐나다의 인구 밀도에 맞게 살려면 지구 면적의 14배의 땅이 필요하고, 알래스카의 인구밀도에 맞게 살려면 무려 지구 면적의 108배의 땅이 필요하다고 해요.

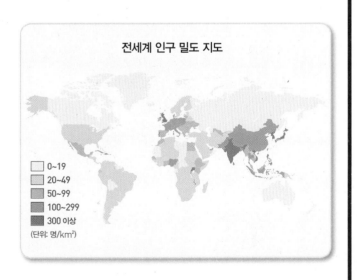

전세계 인구 밀도 지도

- 0~19
- 20~49
- 50~99
- 100~299
- 300 이상

(단위: 명/km²)

할인율의 비밀

'전 상품 15% 할인!' 마트나 옷가게 등에서 쉽게 볼 수 있는 문구입니다. 할인이란 물건 값에서 일부를 깎아준다는 뜻으로, 할인율 역시 비율이 활용되는 대표적인 예입니다. 할인율은 원래 가격을 기준량으로 하고, 깎아주는 가격만큼을 비교하는 양으로 하여 백분율로 나타내요. 만약 원래 가격이 2000원인데 100원을 깎아주면 할인율은 5%가 됩니다.

$$\frac{(할인\ 금액)}{(원래\ 가격)} = \frac{100}{2000} = \frac{1}{20} \ \Rightarrow \ \frac{1}{20} \times 100 = 5\ (\%)$$

최근 편의점에서 두 개를 사면 하나를 더 주는 '2＋1 행사 상품'을 쉽게 볼 수 있어요. 두 개를 사면 한 개는 덤으로 얻으니까 할인율이 50%인 걸로 오해하기 쉬운데, 실은 구입하는 상품 3개의 할인율은 각각 약 33.3%입니다.

하나에 600원인 우유를 '2＋1 행사'로 사는 경우를 생각해 볼까요? 두 개 가격인 1200원으로 3개를 샀으니까 하나를 1200÷3＝400(원)에 산 셈이에요. 하나당 200원씩 할인 받았으니 할인율을 구해 보면

$$\frac{200}{600} = \frac{1}{3} \ \Rightarrow \ 약\ 33.3\%입니다.$$

1 비, 비율

❶ 비

- 비: 두 수를 나눗셈으로 비교하기 위해 기호 :을 사용하여 나타낸 것

  ⓔ 액자의 가로에 대한 세로의 비

$$7 : 10 \Rightarrow 7 \text{ 대 } 10$$

비교하는 양 : 기준량

- 7과 10의 비
- 7의 10에 대한 비
- 10에 대한 7의 비

7cm

10cm

❷ 비율

- 비율: 기준량에 대한 비교하는 양의 크기

$$(비율) = (비교하는 양) \div (기준량) = \frac{(비교하는 양)}{(기준량)}$$

ⓔ 비 $7 : 10$을 비율로 나타내면 $\frac{7}{10}$ 또는 0.7입니다.

비율은 분수나 소수로 나타냅니다.

배경 지식

❶ 두 양의 크기를 비교하는 방법

A   B

- 뺄셈으로 비교하기 (절대적 비교)
  ➡ B가 A보다 $1000 - 500 = 500$(원) 비쌉니다.
- 나눗셈으로 비교하기 (상대적 비교)
  ➡ B의 가격이 A의 가격의 $1000 \div 500 = 2$(배)입니다.

500원   1000원

주의 개념

❶ ▲ : ■와 ■ : ▲

▲ : ■에서 기준량은 ■이고, ■ : ▲에서 기준량은 ▲입니다.

따라서 ▲ : ■와 ■ : ▲는 서로 다른 비입니다.

ⓔ 물 3컵과 식초 2컵을 섞을 때,
- 물 양에 대한 식초 양의 비 ➡ 2 : 3
- 식초 양에 대한 물 양의 비 ➡ 3 : 2

실전 개념

❶ 비율이 같은 경우

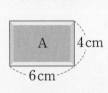 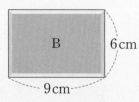

A   4cm

6cm

B   6cm

9cm

(A 액자의 가로에 대한 세로의 비율)$= \frac{4}{6} = \frac{2}{3}$

(B 액자의 가로에 대한 세로의 비율)$= \frac{6}{9} = \frac{2}{3}$

➡ 가로, 세로의 길이는 다르지만 비율은 같습니다.

❷ 비율 이용하여 비교하는 양 구하기

$$(비율) = \frac{(비교하는 양)}{(기준량)} \Rightarrow (비교하는 양) = (기준량) \times (비율)$$

ⓔ 200개의 구슬 중 0.3이 빨간색 구슬일 때, 빨간색 구슬의 수는 $200 \times 0.3 = 60$(개)입니다.

기준량   비율   비교하는 양

1 다음 중 전체에 대한 색칠한 부분의 비가 3 : 8이 <u>아닌</u> 것을 골라 기호를 쓰시오.

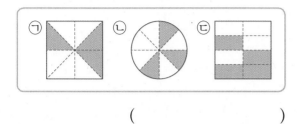

(   )

2 빈 곳에 비교하는 양, 기준량, 비율을 알맞게 써넣으시오.

비	비교하는 양	기준량	비율
16 : 40			
6과 8의 비			
15에 대한 42의 비			

3 민정이는 동화책과 위인전을 합하여 20권을 읽었습니다. 그중에서 동화책이 7권이라면, 전체 읽은 책 수에 대한 위인전 수의 비는 얼마입니까?

(   )

4 다음 중 분수로 나타냈을 때 1보다 큰 것을 <u>모두</u> 찾아 기호를 쓰시오.

┌─────────────────────────────────┐
│ ㉠ 5 : 4   ㉡ 0.98   ㉢ 7 : 12   ㉣ 1.5 │
└─────────────────────────────────┘

(   )

5 다음 직육면체에서 면 ㉮의 넓이에 대한 면 ㉯의 넓이의 비율을 기약분수로 나타내시오.

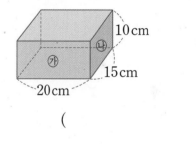

(   )

6 한 모둠의 여학생 수에 대한 남학생 수의 비율이 1.6일 때, 이 모둠의 남학생 수에 대한 여학생 수의 비율을 기약분수로 나타내시오.

(   )

2 비율이 사용되는 경우

① 걸린 시간에 대한 간 거리의 비율 → 속력

$$(간 거리) : (걸린 시간) \Rightarrow \frac{(간 거리)}{(걸린 시간)}$$

㉑ 승용차로 $400\,km$를 가는 데 5시간이 걸렸을 때, 걸린 시간에 대한 간 거리의 비율 구하기

$$\frac{(간 거리)}{(걸린 시간)} = \frac{400}{5} = 80 \,\text{(km/시)}$$

② 넓이에 대한 인구의 비율 → 인구 밀도

$$(인구) : (넓이) \Rightarrow \frac{(인구)}{(넓이)}$$

㉑ 넓이가 $180\,km^2$인 섬에 54000명이 살고 있을 때, 넓이에 대한 인구의 비율 구하기

$$\frac{(인구)}{(넓이)} = \frac{54000}{180} = 300 \,\text{(명/km}^2\text{)}$$

실전개념

① 비율 구하여 비교하기

• 속력 비교하기

	간 거리	걸린 시간	$\dfrac{(간 거리)}{(걸린 시간)}$
A	5 km	2시간	$\dfrac{5}{2}\left(=2\dfrac{1}{2}\right)$
B	6 km	2시간	$\dfrac{6}{2}(=3)$

➡ B가 A보다 빠릅니다.

같은 시간 동안 간 거리가 길수록 빠릅니다.

• 인구 밀도 비교하기

	인구	넓이	$\dfrac{(인구)}{(넓이)}$
A	400명	2 km²	$\dfrac{400}{2}(=200)$
B	400명	4 km²	$\dfrac{400}{4}(=100)$

➡ A가 B보다 인구가 더 밀집한 곳입니다.

인구가 같다면 넓이가 더 좁은 쪽이 빽빽합니다.

사고력개념

① 여러 가지 비율

• 야구 선수의 타율: 전체 타수에 대한 안타 수의 비율

$$(타율) = \frac{(안타 수)}{(전체 타수)}$$

㉑ 전체 타수 200타 중 안타를 40번 친 선수의 타율 ➡ $\dfrac{40}{200} = 0.2$

• 지도의 축척: 실제 거리에 대한 지도에서 거리의 비율

$$(축척) = \frac{(지도에서 거리)}{(실제 거리)}$$

㉑ 실제 거리 $\underset{=5000\,cm}{50\,m}$를 $1\,cm$로 나타낸 지도의 축척 ➡ $\dfrac{1}{5000}$

• 예금의 이자율: 예금한 금액에 대한 이자의 비율

$$(이자율) = \frac{(이자)}{(예금한 금액)}$$

㉑ 1000원을 예금하면 이자가 10원 붙는 예금의 이자율

➡ $\dfrac{10}{1000} = 0.01$

(이자)=(예금한 금액)×(이자율)

BASIC TEST

1 걸린 시간에 대한 간 거리의 비율이 큰 사람부터 차례대로 이름을 쓰시오.

> 단우: 달려서 150 m를 가는 데 30초가 걸렸어.
>
> 윤하: 자전거를 타고 70초 동안 560 m를 갔어.
>
> 수호: 킥보드를 타고 34 m를 가는 데 6초가 걸렸어.

(   )

2 어느 프로야구 팀의 A 선수는 40타수 중에서 안타를 15개 쳤습니다. 같은 팀의 B 선수는 36타수 중에서 안타를 9개 쳤습니다. 두 선수의 타율을 각각 소수로 나타내시오.

A 선수의 타율 (   )
B 선수의 타율 (   )

3 어떤 지도에서 5 cm로 나타낸 거리는 실제 거리가 100 m입니다. 이 지도의 축척을 기약분수로 나타내시오.

(   )

4 A 도시의 넓이는 1050 km²이고, 넓이에 대한 인구의 비율은 31입니다. A 도시의 인구가 지금보다 1600명 늘어나면 모두 몇 명이 됩니까?

(   )

5 두 사람이 다음과 같이 각각 흰색과 검은색 페인트를 섞어 회색 페인트를 만들었습니다. 누가 만든 회색이 더 어둡습니까?

	흰색 페인트 양	검은색 페인트 양
로희	50 mL	40 mL
재우	75 mL	65 mL

(   )

6 같은 시각에 두 막대의 그림자 길이를 재었습니다. 길이가 1.5 m인 막대의 그림자의 길이는 몇 cm입니까?

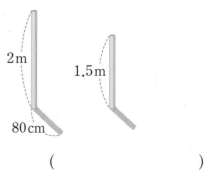

(   )

3 백분율, 백분율이 사용되는 경우

① 백분율 백분율은 기호 %를 사용하여 나타냅니다.

• 백분율: 기준량을 100으로 할 때의 비율

• 비율 $\dfrac{72}{100}$(또는 0.72)를 72 %라 쓰고 72퍼센트라고 읽습니다.

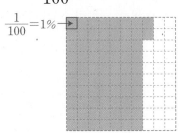

$\dfrac{1}{100} = 1\%$

$$\dfrac{72}{100} = 72\,\%$$

② 비율을 백분율로 나타내기

• $\dfrac{3}{20}$을 백분율로 나타내기

방법1 기준량이 100인 비율로 나타내기

$$\dfrac{3}{20} = \dfrac{15}{100} = 15\,\%$$

└─ 분모가 100인 분수로 나타냅니다.

방법2 비율에 100을 곱하고 %를 붙이기

$$\dfrac{3}{20} \times 100 = 15\,(\%)$$

③ 백분율이 사용되는 경우

• 할인율: 원래 가격에 대한 할인 금액의 비율

$$(\text{할인율}) = \dfrac{(\text{할인 금액})}{(\text{원래 가격})} = \dfrac{(\text{원래 가격}) - (\text{할인된 판매 가격})}{(\text{원래 가격})}$$

㉞ 2000원짜리 필통을 1600원에 샀을 때, 할인율 구하기

$$\dfrac{(\text{할인 금액})}{(\text{원래 가격})} = \dfrac{2000 - 1600}{2000} = \dfrac{400}{2000} = \dfrac{1}{5} \;\Rightarrow\; \dfrac{1}{5} \times 100 = 20\,(\%)$$

• 소금물의 진하기: 소금물 양에 대한 소금 양의 비율 → 농도

$$(\text{소금물의 진하기}) = \dfrac{(\text{소금 양})}{(\text{소금물 양})} = \dfrac{(\text{소금 양})}{(\text{물 양}) + (\text{소금 양})}$$

㉞ 300 g의 물에 소금 100 g을 넣었을 때, 소금물의 진하기 구하기

$$\dfrac{(\text{소금 양})}{(\text{소금물 양})} = \dfrac{100}{300 + 100} = \dfrac{100}{400} = \dfrac{1}{4} \;\Rightarrow\; \dfrac{1}{4} \times 100 = 25\,(\%)$$

실전개념

① 백분율 5 %를 비율로 나타내기

백분율에서 % 기호를 뗀 후 100으로 나누면 소수나 분수로 나타낼 수 있습니다.

비율

$$5\,\% \;\Rightarrow\; 5 \div 100 = \dfrac{5}{100} = 0.05 \;\left(\text{또는 } \dfrac{1}{20}\right)$$

BASIC TEST

1 그림을 보고 전체에 대한 색칠한 부분의 비율을 백분율로 나타내시오.

(1)
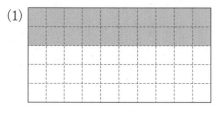

( )

(2)
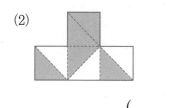

( )

2 비율을 기약분수, 소수, 백분율로 나타내어 빈 곳에 알맞은 수를 써넣으시오.

기약분수	소수	백분율
$\frac{7}{20}$		
	0.04	
		82 %
$\frac{1}{8}$		

3 어느 옷가게에서 6000원짜리 티셔츠를 할인하여 4800원에 판매하고 있습니다. 이 티셔츠의 할인율은 몇 %입니까?

( )

4 둘 중 진하기가 더 진한 소금물의 기호를 쓰시오.

> ㉠ 소금 50 g을 녹여 만든 소금물 250 g
> ㉡ 120 g의 물에 소금 40 g을 녹여 만든 소금물

( )

5 현수의 몸무게는 아버지의 몸무게의 65 % 입니다. 현수 아버지의 몸무게가 74 kg이라면 현수의 몸무게는 몇 kg인지 소수로 나타내시오.

( )

6 햇살 은행과 달빛 은행에 같은 기간 동안 예금하였습니다. 받을 이자가 더 많은 은행은 어디입니까?

	예금한 금액	이자율
햇살 은행	36000원	7 %
달빛 은행	51000원	5 %

( )

두 수의 비와 비율

학교 식당에서 큰 밥솥에 백미 15컵과 흑미 3컵, 물 20컵을 넣어 밥을 지으려고 합니다. 물의 양에 대한 백미와 흑미 양의 비율을 기약분수로 나타내시오.

● 생각하기　■에 대한 ▲의 비에서 기준량은 ■, 비교하는 양은 ▲이므로 ▲ : ■ ➡ $\frac{▲}{■}$입니다.

● 해결하기　1단계 물의 양에 대한 백미와 흑미 양의 비 구하기

백미와 흑미 양의 합은 $15+3=18$(컵)이므로
물의 양에 대한 백미와 흑미 양의 비는 $18 : 20$입니다.

2단계 비율을 기약분수로 나타내기

$18 : 20 \Rightarrow \dfrac{18}{20} = \dfrac{9}{10}$

답 $\dfrac{9}{10}$

1-1 바구니에 사과가 4개, 키위가 5개, 귤이 7개 들어 있습니다. 전체 과일 수에 대한 사과 수의 비율을 소수로 나타내시오.

(　　　　　)

1-2 탄산수에 레몬 원액을 섞어 레모네이드를 만들었습니다. 탄산수 양에 대한 레몬 원액 양의 비가 $3 : 5$일 때, 레모네이드 양에 대한 탄산수 양의 비율을 기약분수로 나타내시오.

(　　　　　)

1-3 오른쪽과 같은 직육면체 ㉮와 정육면체 ㉯가 있습니다. ㉮의 모든 모서리의 길이의 합에 대한 ㉯의 모든 모서리의 길이의 합의 비율을 기약분수로 나타내시오.

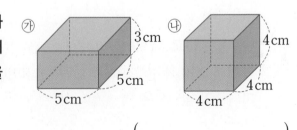

(　　　　　)

심화유형 2 전체에서 부분이 나타내는 양 구하기

어느 회사에 지원한 사람 수에 대한 합격한 사람 수의 비가 $1 : 20$이라고 합니다. 이 회사에 500명이 지원했을 때, 합격하는 사람은 몇 명입니까?

● 생각하기 　곱셈을 이용하여 비율만큼이 얼마인지 알아봅니다.　(비교하는 양)$=$(기준량)$\times$(비율)

● 해결하기 　**1단계** 비를 비율로 나타내기

지원한 사람 수에 대한 합격한 사람 수의 비율이 $1 : 20$ ➡ $\dfrac{1}{20}$입니다.

2단계 곱셈을 이용하여 합격한 사람 수 구하기

지원한 사람이 500명이고 합격률이 $\dfrac{1}{20}$이므로 500명의 $\dfrac{1}{20}$만큼이 합격합니다.

따라서 합격하는 사람은 $500 \times \dfrac{1}{20} = 25$(명)입니다.

비율을 소수 $\dfrac{1}{20} = 0.05$로 나타내어 $500 \times 0.05 = 25$(명)으로 구해도 됩니다.

답 25명

2-1 어느 야구 선수가 450타수 중에서 안타를 99개 쳤습니다. 이 선수가 같은 타율로 200타수를 친다면 안타를 몇 번 치게 됩니까?

(　　　　　　)

2-2 어느 공장에서 생산되는 물건의 불량품의 비율은 전체의 $\dfrac{3}{125}$입니다. 이 공장에서 오늘 생산된 물건이 250개라면 판매할 수 있는 물건은 몇 개입니까? (단, 불량품은 판매할 수 없습니다.)

(　　　　　　)

2-3 전교 어린이 회장 선거에서 800명이 투표에 참여했습니다. 세 명의 후보 중 한 명이 46%의 득표율로 전교 어린이 회장이 되었고 나머지 두 후보의 득표율은 각각 28%, 24%였습니다. 이 선거에서 무효표는 몇 표입니까?

(　　　　　　)

MATH TOPIC 3

심화유형

백분율만큼 늘어나거나 줄어든 후의 양 구하기

오른쪽 직사각형의 가로를 40 % 줄이고, 세로를 30 % 줄이려
고 합니다. 줄인 직사각형의 넓이는 몇 cm²입니까?

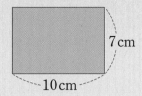

7 cm

10 cm

● 생각하기 (■ %만큼 줄인 후의 길이)＝(처음 길이)－(처음 길이의 ■ %)

● 해결하기 **1단계** 비율만큼 곱하여 줄어드는 길이 구하기 ┌─ 40 %를 소수로 나타내면 0.4입니다.
가로 길이가 10 cm이므로 10×0.4＝4 (cm)만큼 줄입니다.
세로 길이가 7 cm이므로 7×0.3＝2.1 (cm)만큼 줄입니다.

2단계 줄인 직사각형의 넓이 구하기
(줄인 가로)＝10－4＝6 (cm)   100－40＝60 (%)이므로 10×0.6＝6 (cm)로 구해도 됩니다.
(줄인 세로)＝7－2.1＝4.9 (cm)   100－30＝70 (%)이므로 7×0.7＝4.9 (cm)로 구해도 됩니다.
➡ (줄인 직사각형의 넓이)＝6×4.9＝29.4 (cm²)

답 29.4 cm²

3-1 어느 도시에서 다음 달부터 지하철 요금을 15% 인상하기로 했습니다. 이번 달의 지하철
요금이 1200원일 때, 다음 달에는 지하철 요금이 얼마가 되는지 구하시오.

(   )

3-2 오른쪽 직사각형의 가로를 10 % 늘이고, 세로를 15 % 줄여서
새로운 직사각형을 그렸습니다. 새로 그린 직사각형의 넓이는
몇 cm²입니까?

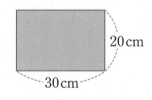

20 cm

30 cm

(   )

3-3 연희네 강아지가 5월에 500 g으로 태어나서 6월에 5월 몸무게의 40 %만큼 늘어났습니다.
7월에 6월 몸무게의 35 %만큼 늘어났다면 7월에 연희네 강아지의 몸무게는 몇 g입니까?

(   )

할인율 알아보기

심화유형 **4**

어느 가게에서 5000원짜리 물건을 할인하여 3750원에 팔고 있습니다. 할인율이 일정할 때, 이 가게에서 14000원짜리 물건을 산다면 얼마를 할인받을 수 있습니까?

● **생각하기**

$$(\text{할인율}) = \frac{(\text{할인 금액})}{(\text{원래 가격})}$$

● **해결하기**

1단계 할인율 알아보기

$$(\text{할인율}) = \frac{(\text{할인 금액})}{(\text{원래 가격})} = \frac{5000 - 3750}{5000} = \frac{1250}{5000} = \frac{25}{100} = 25\%$$

2단계 14000원짜리 물건을 살 때 할인 금액 구하기

14000원의 25 %만큼인 $14000 \times \dfrac{25}{100} = 3500$(원)을 할인받을 수 있습니다.

답 3500원

4-1 ㉮ 악기 가게에서는 7200원짜리 리코더를 할인해서 5400원에 팔고, ㉯ 악기 가게에서는 9000원짜리 리코더를 할인해서 7200원에 팝니다. 리코더의 할인율이 더 높은 가게는 ㉮와 ㉯ 중 어느 곳입니까?

( )

4-2 슬기는 슈퍼마켓에서 지난주에 캐러멜 5개를 4000원에 샀는데 이번 주에는 똑같은 캐러멜 7개를 할인받아 4900원에 샀습니다. 이번 주에 캐러멜 한 개의 할인율은 몇 %입니까?

( )

4-3 어느 제과점에서 원가가 400원인 빵 한 개에 30 %의 이익을 붙여 정가를 정했습니다. 그런데 빵이 팔리지 않아 정가의 20 %를 할인하여 팔았다면 빵 한 개를 팔 때 생기는 이익은 얼마입니까? (단, 이익은 팔린 가격에서 원가를 뺀 가격만큼입니다.)

( )

예금의 이자율 알아보기

어느 은행에 350000원을 예금하고 1년 후에 찾았더니 359800원이 되었습니다.
이 은행의 1년 동안의 이자율을 소수로 나타내시오.

● 생각하기 $(\text{이자율}) = \dfrac{(\text{이자})}{(\text{예금한 금액})}$

● 해결하기   **1단계** 이자 구하기

1년 동안 붙은 이자는 359800−350000=9800(원)입니다.

2단계 이자율 구하기

$(\text{이자율}) = \dfrac{(\text{이자})}{(\text{예금한 금액})} = \dfrac{9800}{350000} = \dfrac{7}{250} = \dfrac{28}{1000} = 0.028$

답 0.028

5-1   다음은 은행 두 군데에 같은 날 각각 예금한 금액과 1년 뒤에 찾은 금액입니다. 두 은행 중 이자율이 더 높은 은행은 어디인지 쓰고, 그 은행의 이자율을 백분율로 쓰시오.

	예금한 금액	1년 뒤 찾은 금액
대한 은행	48000원	50400원
가야 은행	75000원	78000원

(,   )

5-2   지혜는 연 이자율이 6.8 %인 믿음 은행에 24000원을 예금하였습니다. 1년 후에 지혜가 예금한 돈을 찾아서 20000원짜리 책가방을 산다면 얼마가 남겠습니까?

(   )

5-3   새롬이는 은행에 160000원을 예금하여 1년 후에 164800원을 찾았습니다. 이 은행에 250000원을 예금하면 1년 후에 찾을 수 있는 돈은 모두 얼마입니까?

(   )

소금물의 진하기 알아보기

비커에 담긴 물 200 g에 소금 35 g을 섞어서 햇볕 아래 두었습니다. 이때 물 35 g 이 증발했다면 남은 소금물의 진하기는 몇 %입니까?

● 생각하기   (소금물의 진하기)=$\dfrac{(소금\ 양)}{(소금물\ 양)}$

● 해결하기   **1단계** 소금물 양과 소금 양 구하기

물은 증발하여 200−35=165 (g) 남아 있고 소금은 그대로 35 g 녹아 있습니다.

➡ (소금물 양)=(물 양)+(소금 양)=165+35=200 (g)

2단계 소금물의 진하기 구하기

(소금물의 진하기)=$\dfrac{(소금\ 양)}{(소금물\ 양)}=\dfrac{35}{200}=\dfrac{7}{40}$ ➡ $\dfrac{7}{40}\times100=17.5$ (%)

답 17.5 %

6-1 소금 24 g을 녹여 소금물 180 g을 만들었습니다. 여기에 물을 20 g 더 부으면 소금물의 진하기는 몇 %가 됩니까?

(   )

6-2 진하기가 10 %인 소금물 250 g에 소금을 50 g 더 넣었습니다. 새로 만든 소금물의 진하기를 백분율로 나타내시오.

(   )

6-3 진하기가 20 %인 소금물 150 g이 있습니다. 여기에 진하기가 5 %인 소금물 300 g을 섞으면 소금물의 진하기는 몇 %가 됩니까?

(   )

MATH TOPIC 7

심화유형

비와 비율을 활용한 교과통합유형

STEAM형
■●▲

수학+사회

최저임금이란 근로자가 일정 시간 일했을 때 받아야 하는 최소한의 임금으로, 물가 상승에 따라 최저임금도 매년 오르고 있습니다. 다음은 2014년부터 2018년까지의 최저임금을 어림하여 나타낸 것입니다. 2017년의 최저임금은 2014년의 최저임금에 비해 25 % 인상되었고, 2018년의 최저임금은 2016년의 최저임금에 비해 25 % 인상되었습니다. 2017년과 2018년의 최저임금은 각각 약 몇 원인지 구하시오.

연도	2014년	2015년	2016년	2017년	2018년
최저임금 (시간당)	약 5200원	약 5600원	약 6000원		

● 생각하기 (■ % 인상된 후의 임금)=(기존 임금)+(기존 임금의 ■ %)

● 해결하기 **1단계** 최저임금이 얼마나 인상되었는지 구하기

2014년 최저임금의 25 % ➡ $5200 \times \dfrac{25}{100} = 1300$ (원)

2016년 최저임금의 25 % ➡ $6000 \times \dfrac{\boxed{}}{100} = \boxed{}$ (원)

2단계 인상된 후의 최저임금 구하기

(2017년의 최저임금)=(2014년의 최저임금)+1300=$\boxed{}$(원)

(2018년의 최저임금)=(2016년의 최저임금)+$\boxed{}$=$\boxed{}$(원)

답 약 $\boxed{}$ 원, 약 $\boxed{}$ 원

7-1

수학+사회

현재 서울시의 택시요금은 출발한 지점에서 2 km까지는 기본요금으로 운행되고, 그 후부터는 시간(35초)당 또는 거리(142 m)당 요금이 100원씩 추가됩니다. 다음은 3년마다 택시 기본요금을 조사하여 나타낸 것입니다. 2010년의 기본요금은 2004년의 기본요금에 비해 50 % 인상되었고, 2013년의 기본요금은 2010년에 비해 25 % 인상되었습니다. 2013년의 기본요금은 얼마입니까?

연도	2004년	2007년	2010년	2013년
택시 기본요금	1600원	1900원		

( )

1 다음 비와 비율 중 비교하는 양이 기준량보다 작은 것을 모두 찾아 기호를 쓰시오.

> ㉠ 7 : 5 ㉡ 115 % ㉢ 13에 대한 12의 비
>
> ㉣ 3의 4에 대한 비 ㉤ $\dfrac{997}{1000}$ ㉥ 1.01

(   )

서술형 2 윤정이는 어제 전체가 360쪽인 동화책의 25 %를 읽었고 오늘은 나머지의 0.6을 읽었습니다. 윤정이가 이 동화책을 전부 읽으려면 앞으로 몇 쪽을 더 읽어야 하는지 풀이 과정을 쓰고 답을 구하시오.

풀이

답

3 오른쪽 칠교판에서 전체 정사각형의 넓이에 대한 작은 정사각형과 평행사변형의 넓이의 합의 비율을 기약분수로 나타내면 $\dfrac{\blacksquare}{\blacktriangle}$입니다. 이때, ■＋▲의 값을 구하시오.

(   )

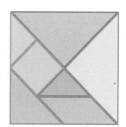

수학+음악

STEAM형 **4**
■●▲

오케스트라는 관악기, 현악기, 타악기가 함께 연주하는 대합주 음악으로 지휘자와 가까운 곳부터 현악기, 관악기, 타악기 순서로 편성됩니다. 수연이는 경쟁률이 5 : 1인 어린이 오케스트라의 오디션에 참가하여 합격했습니다. 오디션에 165명이 참가했다면 불합격한 학생은 몇 명입니까? (단, 경쟁률 5 : 1은 5명의 참가자 중 1명이 합격하는 경우를 뜻합니다.)

(   )

5 작년에 지유네 농장의 사과와 배 수확량의 합은 640상자였고, 사과 수확량과 배 수확량의 비는 5 : 11이었습니다. 올해 사과 수확량이 21 % 늘었다면, 올해 사과 수확량은 몇 상자입니까?

(   )

6 ㉮ 나라의 넓이는 ㉯ 나라의 넓이의 2배이고 ㉮ 나라의 인구는 424만 명, ㉯ 나라의 인구는 2597만 명입니다. ㉮ 나라의 인구 밀도가 4일 때 ㉯ 나라의 인구 밀도는 얼마입니까? (단, 인구 밀도는 넓이(km^2)에 대한 인구의 비율입니다.)

(   )

서술형 7

3개에 4800원씩 팔던 빵을 오늘 사면 한 개 더 준다고 합니다. 오늘 빵 한 개의 할인율은 몇 %인지 풀이 과정을 쓰고 답을 구하시오.

풀이

답

8

피자 가게에서 피자 한 판을 20 % 할인하여 12000원에 판매하였습니다. 이 피자 한 판의 원래 가격은 얼마입니까?

(   )

경시 기출 문제 9

떨어진 높이의 60 %만큼 다시 튀어오르는 공이 있습니다. 이 공을 10 m의 높이에서 떨어뜨렸을 때, 세 번째로 튀어오른 높이는 몇 m입니까?

(   )

10 몸무게가 50 kg이었던 사람이 몸무게가 10 % 증가하여 다이어트를 시작했습니다. 꾸준히 운동한 결과 늘어난 후의 몸무게에서 10 %를 줄였습니다. 줄인 후 몸무게는 늘기 전 몸무게보다 몇 % 줄어든 것입니까?

(   )

수학+사회

STEAM형 11 통계청은 5년마다 인구주택총조사를 통해 총 가구 수와 한 가구에 사는 평균 가구원 수를 조사합니다. 출산율 감소와 핵가족화, 고령화로 인해 우리나라의 4인 이상 가구 수의 비율은 매년 줄어들고 있습니다. 다음은 통계청에서 조사한 관련 자료입니다. 2015년의 5인 가구 수는 2005년의 5인 가구 수보다 몇 가구 줄었습니까? (단, 필요하면 계산기를 사용할 수 있습니다.)

연도별 총 가구 수와 가구원 수별 비율

(출처 : 통계청, 인구주택총조사)

연도	총 가구 수	가구원 수별 비율(%)					
		1인 가구	2인 가구	3인 가구	4인 가구	5인 가구	6인 이상 가구
2005년	15887000	20.0	22.1	20.9	27.0	7.7	2.3
2010년	17339000	23.9	24.3	21.3	22.5	6.2	1.8
2015년	19674000	28.6	26.7	21.2	17.7	4.5	1.3

(   )

12 진하기가 8 %인 소금물 300 g에 물을 몇 g을 더 부었더니 소금물의 진하기가 4 %가 되었습니다. 더 넣은 물은 몇 g입니까?

(   )

13 경훈이네 학교에서 왼손잡이는 68명이고 이는 전체 학생 수의 20%입니다. 전체 학생 중에 35%가 안경을 썼다면, 경훈이네 학교에서 안경을 쓰지 않은 학생은 몇 명입니까?

(   )

14 원가가 4000원인 물건에 25%만큼의 이익을 붙여서 정가를 정했습니다. 그런데 물건이 팔리지 않아서 할인하여 팔려고 합니다. 손해를 보지 않으려면 정가의 최대 몇 %까지 할인하여 팔 수 있습니까?

(   )

15 은호가 한 시간에 60 km를 가는 승용차를 타고 학교에서 놀이공원까지 가는 데 한 시간 반이 걸렸습니다. 돌아올 때는 놀이공원에서 버스를 타고 출발하여 같은 길을 따라 2시간 만에 학교에 도착했습니다. 돌아올 때 탄 버스는 1분에 몇 m씩 가는 셈입니까? (단, 버스가 정거장에 정차하는 시간은 생각하지 않습니다.)

(   )

문제풀이 동영상

서술형 1 어떤 비의 기준량과 비교하는 양의 합은 32이고, 비율을 백분율로 나타내면 60 %입니다. 기준량과 비교하는 양은 각각 얼마인지 풀이 과정을 쓰고 답을 구하시오.

풀이 ....

....

....

답 .... ,

2 다음은 표준 몸무게를 구하는 공식과 경도비만 몸무게의 범위를 나타낸 것입니다. 키가 160 cm인 사람이 경도비만 몸무게가 될 수 있는 몸무게의 범위를 구하시오.

> • 표준 몸무게 (kg): ((키) (cm) − 100) × 0.9
> • 경도비만 몸무게: 표준 몸무게의 120 % 이상 135 % 미만

( )

3 어느 어플리케이션의 다운로드 수는 2017년에는 전 해보다 14 % 증가했고, 2018년에는 전 해보다 10 % 증가했다고 합니다. 2018년에는 다운로드 수가 2017년의 전 해보다 몇 % 증가한 것입니까?

( )

4 ㉠의 ㉡에 대한 비는 4 : 9이고, ㉢에 대한 ㉡의 비율은 0.54입니다. ㉢에 대한 ㉠의 비율을 소수로 나타내시오.

( )

경시 기출 문제 5

작년 희주네 학교 5학년 남학생과 여학생 수의 비는 $9:10$이었습니다. 올해 6학년이 되어 남학생 몇 명이 전학을 갔더니 6학년 남학생과 여학생 수의 비가 $8:9$가 되고, 6학년 전체 학생은 340명이 되었습니다. 올해 전학 간 남학생은 몇 명입니까? (단, 여학생은 한 명도 전학 가지 않았습니다.)

(   )

6

어느 장난감 공장의 6월 판매량은 5월 판매량보다 50% 줄었고, 7월 판매량은 6월 판매량보다 30% 줄었습니다. 7월 판매량이 875개라면 5월 판매량은 몇 개입니까?

(   )

7

성아가 집에서 이모 댁까지 가는데 뛰어서 가는 것보다 자전거를 타고 가는 것이 20분 더 빨리 도착합니다. 성아가 뛰는 속력은 시속 $3\,\text{km}$로 일정하고, 자전거의 속력은 시속 $12\,\text{km}$로 일정하다면 성아네 집에서 이모 댁까지의 거리는 몇 km인지 분수로 나타내시오. (단, 속력은 걸린 시간에 대한 간 거리의 비율입니다.)

(   )

ST
AM형
■●▲ 8

수학+사회

정기예금은 일정 기간 동안 일정 금액을 은행에 맡기고, 이자를 받는 예금입니다. 이자를 계산하는 방법에는 원금에 대해서만 이자를 계산하는 단리법이 있고, 이자를 원금에 더한 후 이 합계액을 새로운 원금으로 계산하는 복리법이 있습니다. 세아는 연 이자율이 3 %인 은행에 100000원을 2년 동안 예금하려고 합니다. 2년 후에 세아가 찾을 수 있는 금액은 모두 얼마인지 단리법과 복리법으로 구하시오.

단리법 (　　　　　　　　　　)

복리법 (　　　　　　　　　　)

9 오른쪽과 같이 직사각형 모양의 종이를 선분 ㄱㅁ을 접는 선으로 하여 접었습니다. 빨간색 선으로 표시한 부분의 넓이가 직사각형 전체 넓이의 0.6일 때, 변 ㄱㅂ의 길이에 대한 변 ㅁㅂ의 길이의 비율을 백분율로 나타내시오.

(　　　　　　　　)

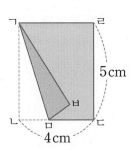

여러 가지 그래프

눈으로 읽는 그래프

복잡한 자료, 간단한 그림

인간의 기억에 관한 연구에 따르면, 사람들은 정보를 말로만 들었을 때는 들은 내용을 100분 후에 4%밖에 기억하지 못한다고 해요. 하지만 그림으로 본 것은 100분이 지난 후 19%까지 기억할 수 있고, 그림을 보면서 설명을 들은 것은 70%까지 기억할 수 있다고 합니다. 자료를 말이나 글로만 나타내는 것보다, 그림으로 나타내는 것이 효과적이라는 것을 알려 주는 연구 결과입니다.

그림이나 도형을 활용한 그래프는 자료의 분석 결과를 한눈에 보여줄 수 있어서 널리 쓰이고 있어요. 어떤 항목의 수치를 일일이 찾지 않아도, 한번 보는 것만으로 자료의 윤곽을 읽을 수 있기 때문입니다.

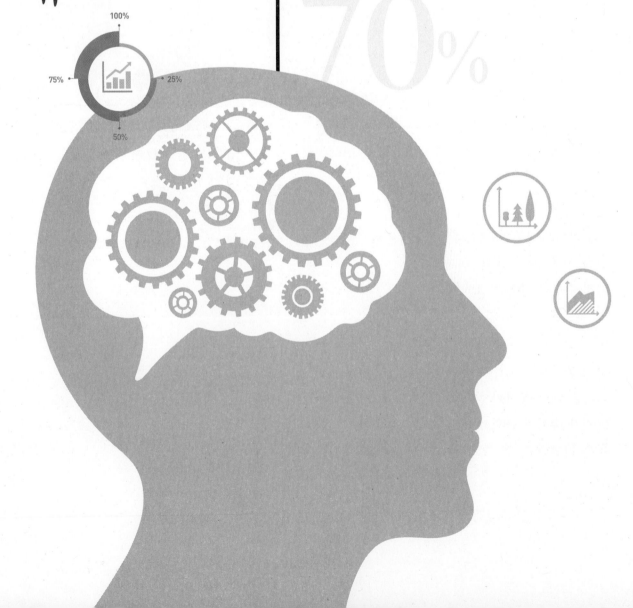

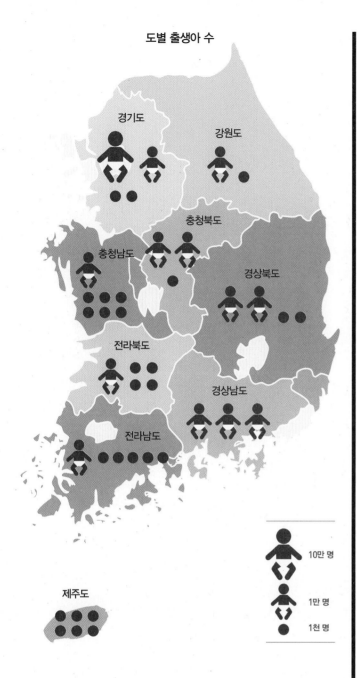

도별 출생아 수

경기도
강원도
충청북도
충청남도
경상북도
전라북도
경상남도
전라남도
제주도

10만 명
1만 명
1천 명

큰 그림의 수를 세어라, 그림그래프

그림그래프는 말 그대로 조사한 수량을 그림이나 기호를 사용하여 나타낸 그래프입니다. 위치나 지역에 따라 수량을 간단한 그림으로 나타내기 때문에, 지역별 분포를 한눈에 파악할 수 있어요. 예를 들어, 전국 도별 출생아 수, 지역별 사과 생산량, 나라별 미세먼지 농도처럼 위치에 따라 항목의 양이 다른 자료를 나타낼 때 사용하면 좋습니다. 그림그래프는 그림의 크기가 수치의 단위가 돼요. 즉 그림이 클수록 많은 양을 나타내고, 큰 그림의 수가 많을수록 항목의 양이 큰 것입니다.

전체를 100으로 보는 비율그래프

실제 자료 양에 관계없이 전체를 100%로 보고 전체에 대한 각 부분의 비율을 나타낸 그래프를 비율그래프라고 합니다. 띠그래프는 전체에 대한 각 부분의 비율을 띠 모양에 나타낸 것이에요. 띠그래프에서는 각 항목이 차지하는 길이가 길수록 비율이 커요. 띠그래프는 수량의 비율과 띠의 길이가 비례하기 때문에 알아보기도 쉽고 그리기도 쉽답니다.

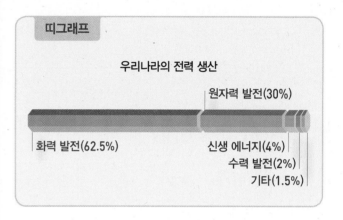

원그래프는 원의 중심각의 크기로 비율을 나타냅니다. 원그래프 역시 전체를 100%로 하는 비율그래프로, 원의 중심각을 100등분하여 비율을 나타내요. 원의 중심각은 360°이므로 만약 원그래프에 백분율을 나타내는 눈금이 없더라도 각 항목이 차지하는 중심각의 크기를 알면 비율을 알 수 있답니다.

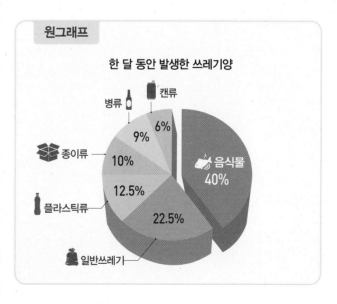

그림그래프

❶ 그림그래프

- 그림그래프: 조사한 수량을 그림이나 기호를 사용하여 나타낸 그래프

지역별 쌀 생산량

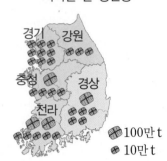

- 그림그래프 해석하기
  ① 큰 그림은 100만 t, 작은 그림은 10만 t을 나타냅니다.
  ② 쌀 생산량이 가장 많은 지역은 전라도입니다. 큰 그림의 수가 많을수록 수량이 큽니다.
  ③ 경상도의 쌀 생산량은 충청도의 쌀 생산량보다 10만 t이 많습니다.

🍚100만 t
🍚 10만 t

- 그림그래프의 특징: 지역별로 많고 적음을 한눈에 알아볼 수 있습니다. 자료의 수치를 그림의 크기로 나타냅니다.

❷ 그림그래프로 나타내기

- 반올림하여 그림그래프로 나타내는 방법

동네별 하루 우유 판매량

동네	판매량(kg)	어림값(kg)
㉮	432	430
㉯	347	350
㉰	474	470

동네별 하루 우유 판매량

동네	판매량
㉮	🥛🥛🥛🥛🥛🥛🥛
㉯	🥛🥛🥛🥛
㉰	🥛🥛🥛🥛🥛🥛

🥛100 kg
🥛50 kg
🥛10 kg

① 자료의 수량을 반올림하여 나타냅니다. 올림이나 버림으로 어림할 수도 있습니다.
② 그림의 종류와 단위량의 크기를 정합니다.
  자료에 따라 상징적인 그림으로 정합니다. 자료의 크기가 '몇백 몇십'이므로 단위량의 크기를 100 kg, 10 kg 또는 100 kg, 50 kg, 10 kg으로 정합니다.
③ 자료의 수량에 맞게 그림을 그립니다.

📖 배경지식

❶ 목적에 알맞은 그래프로 나타내기

- **그림그래프** 수량의 크기, 분포를 나타낼 때
  예 지역별 나무 수

㉮ 지역	㉯ 지역
🌲🌲🌳🌳🌳	🌲🌳
㉰ 지역	㉱ 지역
🌲🌳🌳	🌳🌳🌳🌳🌳

🌲100그루 🌳10그루

- **막대그래프** 여러 항목의 수량을 나타낼 때
  예 혈액형별 학생 수

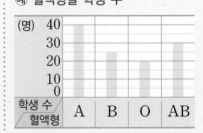

- **꺾은선그래프** 시간에 따른 수량 변화를 나타낼 때
  예 낮 최고 기온의 변화

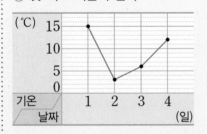

1 마을별 콩 생산량을 나타낸 그림그래프입니다. 그림그래프에 대한 설명 중 옳지 <u>않은</u> 것을 고르시오. ( )

마을별 콩 생산량

마을	생산량
햇살	🫘🫘🫘
달빛	🫘🫘🫘🫘
초록	🫘🫘🫘🫘🫘🫘
푸른	🫘🫘🫘🫘🫘🫘

🫘 1000 kg
🫘 500 kg
🫘 100 kg

① 마을별 콩 생산량의 많고 적음을 한눈에 알아보기 쉽습니다.

② 그림을 크기에 따라 세 가지 단위로 나타냈습니다.

③ 콩 생산량이 두 번째로 많은 마을은 푸른 마을입니다.

④ 햇살 마을의 콩 생산량은 2100 kg입니다.

⑤ 콩 생산량이 가장 많은 마을과 가장 적은 마을의 생산량의 차는 3500 kg입니다.

2 다음 중 그림그래프로 나타내기에 적절하지 <u>않은</u> 것을 골라 기호를 쓰시오. ( )

> ㉠ 동네별 가구 수
> ㉡ 국가별 커피 생산량
> ㉢ 도별 재활용품 배출량
> ㉣ 월별 최저 기온의 변화

[3~5] 다음 도시별 학생 수를 조사한 표를 그림그래프로 나타내려고 합니다. 물음에 답하시오.

도시별 학생 수

도시	가	나	다	라
학생 수(명)	1490	1388	730	2165
어림값(명)				

3 학생 수를 버림하여 백의 자리까지 나타내어 표의 빈칸을 채우시오.

4 도시별 학생 수를 그림으로 나타내려고 합니다. ☐ 안에 알맞은 수를 써넣으시오.

➡ ☐명은 👤로 나타내고,

☐명은 👤로 나타냅니다.

5 도시별 학생 수를 그림그래프로 나타내시오.

도시별 학생 수

도시	학생 수
가	
나	
다	
라	

👤 ☐명
👤 ☐명

2 띠그래프

❶ 띠그래프

전체를 100 %로 봅니다.

• 띠그래프: 전체에 대한 각 부분의 비율을 띠 모양에 나타낸 그래프

• 띠그래프 해석하기

좋아하는 운동별 학생 수

```
0    10   20   30   40   50   60   70   80   90  100(%)
```

| 피구 (30%) | 축구 (25%) | 발야구 (25%) | 농구 (10%) | 기타 (10%) |

① 띠그래프에 표시된 눈금은 백분율을 나타냅니다.

② 가장 많은 학생이 좋아하는 운동은 피구입니다. 길이로 자료의 크기를 비교할 수 있습니다.

③ 축구를 좋아하는 학생과 발야구를 좋아하는 학생의 비율은 서로 같습니다.

• 띠그래프의 특징: 각 항목이 차지하는 비율, 각 항목끼리의 비율을 쉽게 비교할 수 있습니다.

자료의 비율과 띠의 길이가 비례합니다.

❷ 띠그래프로 나타내기

소풍 가고 싶은 장소별 학생 수

	학생 수(명)	백분율
수목원	15	$\dfrac{15}{50} \times 100 = 30$ (%)
동물원	25	$\dfrac{25}{50} \times 100 = 50$ (%)
미술관	10	$\dfrac{10}{50} \times 100 = 20$ (%)

(전체 학생 수)＝15＋25＋10＝50(명)

소풍 가고 싶은 장소별 학생 수

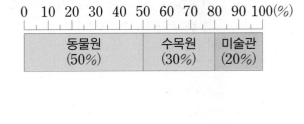

$$(백분율)(\%) = \frac{(항목)}{(전체)} \times 100$$

① 자료를 보고 각 항목의 백분율을 구하고, 백분율의 합계가 100 %가 되는지 확인합니다.

② 각 항목이 차지하는 백분율의 크기만큼 선을 그어 띠를 나눕니다.

③ 나눈 부분에 각 항목의 내용과 백분율을 씁니다.

실전 개념

❶ 어떤 항목의 백분율이 ■ %일 때, 항목의 양 구하기

예 240명 중 O형인 학생의 백분율이 30 %일 때, O형인 학생 수 구하기

$$(항목의 \ 양) = (전체 \ 자료의 \ 양) \times \frac{\blacksquare}{100} \quad \Rightarrow \quad 240 \times \frac{30}{100} = 72(명)$$

❷ 띠그래프에서 어떤 항목의 길이가 ▲ cm일 때, 백분율 구하기

예 전체 길이 25 cm 중 B형인 학생이 15 cm를 차지할 때, B형인 학생의 백분율 구하기

$$(백분율)(\%) = \frac{\blacktriangle}{(전체 \ 길이)} \times 100 \quad \Rightarrow \quad \frac{15}{25} \times 100 = 60 \ (\%)$$

1 지호네 반 학생들이 좋아하는 계절을 조사하여 나타낸 띠그래프입니다. 가장 많은 학생들이 좋아하는 계절은 언제입니까?

좋아하는 계절별 학생 수

봄 (35%)	여름	가을 (25%)	←겨울 (10%)

( )

[2~3] 어느 모임 사람들의 주거 형태를 조사하여 나타낸 띠그래프입니다. 물음에 답하시오.

주거 형태별 사람 수

0 10 20 30 40 50 60 70 80 90 100(%)

아파트	단독 주택	연립 주택	←기타

2 단독 주택에 사는 사람은 연립 주택에 사는 사람의 몇 배입니까?

( )

3 조사한 사람 수가 80명일 때, 아파트에 사는 사람은 몇 명입니까?

( )

4 요리책에 있는 요리의 종류를 나타낸 표입니다. 빈 곳에 알맞은 수를 써넣으시오.

요리의 종류별 개수

종류	한식	양식	중식	일식	합계
수(개)	48			18	120
백분율(%)		25	20		

5 채연이의 한 달 용돈의 쓰임을 조사한 표를 보고 띠그래프를 완성하시오.

용돈의 쓰임별 금액

구분	저축	간식	학용품	기타
금액(원)	8750	7500	5000	3750

용돈의 쓰임별 금액

0 10 20 30 40 50 60 70 80 90 100(%)

저축 (35%)		기타 (15%)

6 은성이네 반 학생들이 좋아하는 과목을 조사하여 나타낸 표입니다. 이 표를 전체 길이가 15 cm인 띠그래프로 나타낼 때, 체육이 차지하는 길이는 몇 cm입니까?

좋아하는 과목별 학생 수

과목	국어	수학	사회	과학	체육	기타	합계
학생 수 (명)	6	8	4	6	12	4	40

( )

3 원그래프

① 원그래프

— 전체를 100 %로 봅니다.

- 원그래프: 전체에 대한 각 부분의 비율을 원 모양에 나타낸 그래프

후보별 득표 수

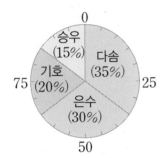

- 원그래프 해석하기
  ① 원그래프에 표시된 눈금은 백분율을 나타냅니다.
  ② 득표 수가 가장 많은 사람은 다솜입니다. 중심각의 크기로 자료의 크기를 비교할 수 있습니다.
  ③ 은수의 득표 수는 승우의 득표 수의 2배입니다.

- 원그래프의 특징: 각 항목이 차지하는 비율, 각 항목끼리의 비율을 쉽게 비교할 수 있습니다.
  자료의 비율과 원의 중심각의 크기가 비례합니다.

② 원그래프로 나타내기

받고 싶은 선물별 학생 수

	학생 수(명)	백분율
휴대전화	88	$\frac{88}{160} \times 100 = 55\,(\%)$
옷	40	$\frac{40}{160} \times 100 = 25\,(\%)$
학용품	32	$\frac{32}{160} \times 100 = 20\,(\%)$

(전체 학생 수)=88＋40＋32＝160(명)

받고 싶은 선물별 학생 수

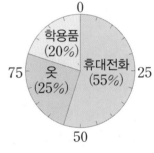

① 자료를 보고 각 항목의 백분율을 구하고, 백분율의 합계가 100 %가 되는지 확인합니다.
② 각 항목이 차지하는 백분율의 크기만큼 선을 그어 원을 나눕니다. 원의 중심에서 원그래프에 그려진 눈금까지 선을 긋습니다.
③ 나눈 부분에 각 항목의 내용과 백분율을 씁니다.

사고력 개념

— 원의 중심에서 두 반지름이 만나 이루는 각

① 원그래프에서 백분율과 중심각의 관계

원의 중심각은 360°이므로 각 항목이 차지하는 중심각을 이용해 백분율을 알 수 있습니다.

$$(백분율)(\%) = \frac{(각\ 항목의\ 중심각)}{360°} \times 100$$

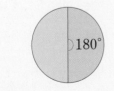

$\frac{180°}{360°} \times 100 = 50\,(\%)$

$\frac{90°}{360°} \times 100 = 25\,(\%)$

$\frac{270°}{360°} \times 100 = 75\,(\%)$

1 성아네 반 학생들이 가고 싶어 하는 나라를 조사하여 나타낸 원그래프입니다. 영국 또는 프랑스를 가고 싶어 하는 학생은 전체의 몇 %입니까?

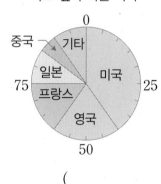

가고 싶어 하는 나라

( )

2 어느 옷 가게에서 일주일 동안 팔린 옷을 조사하여 나타낸 원그래프입니다. 치마보다 더 많이 팔린 옷의 종류를 모두 쓰시오.

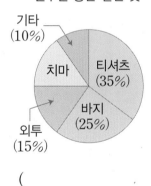

일주일 동안 팔린 옷

( )

3 찬미네 학교 학생 1500명이 사는 곳을 조사하여 나타낸 원그래프입니다. 학생들이 두 번째로 많이 살고 있는 마을의 학생 수는 몇 명입니까?

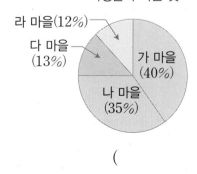

학생들이 사는 곳

( )

4 나영이네 학교 학생 140명이 좋아하는 간식을 조사하여 나타낸 원그래프입니다. 치킨을 좋아하는 학생은 떡볶이를 좋아하는 학생보다 몇 명 더 많습니까?

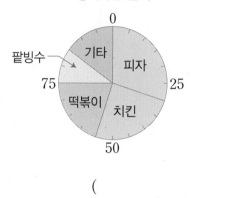

좋아하는 간식

( )

[5~6] 연지네 집의 한 달 생활비의 쓰임을 조사하여 나타낸 표입니다. 물음에 답하시오.

생활비의 쓰임별 금액

구분	금액(원)	백분율
식품비	70만	35 %
교육비	50만	
의복비	30만	
의료비	20만	
기타	30만	

5 각 항목의 백분율을 구하여 표의 빈칸을 채우시오.

6 표를 보고 원그래프로 나타내시오.

생활비의 쓰임별 금액

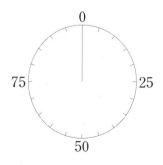

그림그래프로 나타내기

과수원별 배 수확량을 조사하여 나타낸 그림그래프입니다. 과수원 네 곳의 배 수확량의 합이 920 kg일 때, ㉐ 과수원의 배 수확량을 그림그래프에 나타내시오.

과수원별 배 수확량

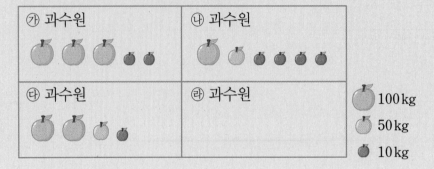

● **생각하기** 🍎는 100 kg, 🍎는 50 kg, ●는 10 kg을 나타냅니다.

● **해결하기** **1단계** 각 과수원의 배 수확량 알아보기

㉮ 과수원: 320 kg, ㉯ 과수원: 190 kg, ㉰ 과수원: 260 kg

2단계 ㉐ 과수원의 배 수확량 구하기

네 곳의 배 수확량의 합이 920 kg이므로 ㉐ 과수원의 배 수확량은

$920-(320+190+260)=150$ (kg)입니다.

따라서 ㉐ 과수원의 배 수확량은 1개, 🍎 1개로 나타냅니다.

답 🍎🍎

1-1 어느 아파트 네 동의 하루 쓰레기 배출량을 조사하여 나타낸 그림그래프입니다. 네 동의 하루 쓰레기 배출량의 합이 670 L일 때, ㉰ 동의 하루 쓰레기 배출량을 그림그래프에 나타내시오.

동별 쓰레기 배출량

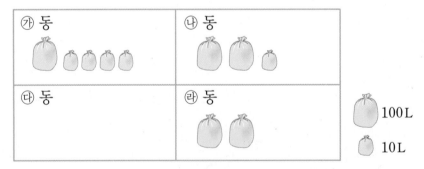

MATH TOPIC 2

심화유형

반올림하여 나타낸 그림그래프 알아보기

도시별 투표자 수를 천의 자리에서 반올림하여 나타낸 그림그래프입니다. 가장 많은 사람이 투표한 도시의 실제 투표자 수는 적어도 몇 명입니까?

도시별 투표자 수

㉮ 도시	㉯ 도시
㉰ 도시	㉱ 도시

10만 명
1만 명

● **생각하기** 천의 자리에서 반올림하면 만의 자리까지 나타낼 수 있습니다.

● **해결하기** **1단계** 투표자 수가 가장 많은 도시의 투표자 수 알아보기

큰 그림 의 수가 가장 많은 도시는 ㉯ 도시로, ㉯ 도시의 투표자는 340000명입니다.

2단계 실제 투표자 수의 범위 알아보기

천의 자리에서 반올림한 값이 340000명이므로

㉯ 도시의 실제 투표자 수는 335000명 이상 345000명 미만입니다.

따라서 실제 투표자 수는 적어도 335000명입니다.

답 335000명

2-1

어느 해 전국 도별 출생아 수를 백의 자리에서 반올림하여 나타낸 그림그래프입니다. 출생아 수가 가장 많은 지역의 실제 출생아 수는 적어도 몇 명입니까?

( )

지역별 출생아 수

경기도
강원도
충청남도
충청북도
경상북도
전라북도
경상남도
전라남도
제주도

10만 명
1만 명
1천 명

띠그래프에서 항목의 양 구하기

㉮, ㉯ 두 신발 가게에서 지난 달에 팔린 신발의 종류를 조사하여 나타낸 띠그래프입니다. 지난 달에 팔린 신발이 ㉮ 가게는 500켤레, ㉯ 가게는 800켤레일 때, 운동화는 어느 가게가 몇 켤레 더 많이 팔았습니까?

지난 달에 팔린 신발

㉮ 가게	운동화 (36%)	구두 (30%)	슬리퍼 (24%)	장화 (10%)

㉯ 가게	구두 (35%)	운동화 (32%)	슬리퍼 (18%)	장화 (15%)

● 생각하기　(팔린 운동화 수)＝(전체 신발 수)×(운동화의 백분율)

● 해결하기　1단계 ㉮, ㉯ 가게에서 팔린 운동화의 수 구하기

(㉮ 가게에서 팔린 운동화 수)＝$500 \times \frac{36}{100} = 180$(켤레)

(㉯ 가게에서 팔린 운동화 수)＝$800 \times \frac{32}{100} = 256$(켤레)

2단계 팔린 운동화 수의 차 구하기

㉯ 가게가 $256 - 180 = 76$(켤레) 더 많이 팔았습니다.

답 ㉯ 가게, 76켤레

3-1

어느 중학교에서 학생들이 가고 싶은 체험학습 장소를 학년별로 조사하여 나타낸 띠그래프입니다. 1, 2, 3학년 전체 학생 중 동물원에 가고 싶은 학생은 모두 몇 명입니까?

가고 싶은 체험학습 장소

1학년	동물원 (40%)	수족관 (30%)	과학관 (10%)	미술관 (10%)	기타 (10%)	(전체 150명)

2학년	미술관 (30%)	수족관 (30%)	동물원 (20%)	과학관 (10%)	기타 (10%)	(전체 200명)

3학년	수족관 (30%)	동물원 (20%)	미술관 (20%)	과학관 (20%)	기타 (10%)	(전체 250명)

(　　　　　　)

MATH TOPIC 4

원그래프에서 항목의 양 구하기

심화유형

희정이네 반 학생들이 등교할 때 이용하는 교통수단을 조사하여 나타낸 원그래프입니다. 전체 학생 수가 40명일 때 자전거를 타고 등교하는 학생은 몇 명입니까?

이용하는 교통수단

기타(5%), 버스(10%), 자전거, 걷기(60%)

● **생각하기** (자전거로 등교하는 학생 수)＝(전체 학생 수)×(자전거의 백분율)

● **해결하기** **1단계** 자전거로 등교하는 학생의 백분율 알아보기

걷기가 60 %, 버스가 10 %, 기타가 5 %이므로

자전거로 등교하는 학생은 $100-(60+10+5)=25$ (%)입니다.

2단계 자전거로 등교하는 학생 수 구하기

$$(\text{자전거로 등교하는 학생 수})=40\times\frac{25}{100}=10(\text{명})$$

답 10명

4-1 2500명을 대상으로 어떤 매체를 가장 많이 이용하는지 조사하여 나타낸 원그래프입니다. TV 이용자가 신문 이용자의 4배일 때, 신문을 가장 많이 이용하는 사람은 몇 명입니까?

(   )

이용하는 매체

기타(5%), 신문, 인터넷(45%), TV

4-2 60명을 대상으로 즐겨 보는 TV 프로그램을 조사하여 나타낸 원그래프입니다. 예능 프로그램을 즐겨보는 학생이 음악 프로그램을 즐겨보는 학생의 $\frac{1}{3}$일 때, 만화 프로그램을 즐겨 보는 학생은 몇 명입니까?

(   )

즐겨 보는 TV 프로그램

기타(10%), 예능, 음악(45%), 만화

길이를 이용하여 띠그래프로 나타내기

예림이네 반 학생들이 가고 싶은 여름 휴가지를 조사하여 나타낸 표의 일부입니다. 바다에 가고 싶은 학생은 캠핑장에 가고 싶은 학생의 2배입니다. 이 표를 전체 길이가 20 cm인 띠그래프로 나타내면, 바다에 가고 싶은 학생이 차지하는 길이는 몇 cm입니까?

가고 싶은 여름 휴가지

장소	백분율
바다	
워터파크	26 %
캠핑장	
계곡	14 %

● 생각하기   (띠그래프에서 항목이 차지하는 길이)＝(띠그래프 전체 길이)×(항목의 백분율)

● 해결하기   **1단계** 바다 또는 캠핑장이 차지하는 백분율 알아보기

(바다 또는 캠핑장이 차지하는 백분율)＝100－(26＋14)＝60 (%)

바다에 가고 싶은 학생은 캠핑장에 가고 싶은 학생의 2배이므로

바다에 가고 싶은 학생은 40 %, 캠핑장에 가고 싶은 학생은 20 %입니다.

2단계 띠그래프에서 바다가 차지하는 길이 구하기

전체 길이가 20 cm이고 바다의 백분율은 40 %이므로

바다에 가고 싶은 학생이 차지하는 길이는 $20 \times \dfrac{40}{100} = 8$ (cm)입니다.

답 8 cm

5-1   영수증에 얼룩이 묻었습니다. 구입한 물건 값의 비율을 전체 길이가 10 cm인 띠그래프로 나타내면, 수첩 값이 차지하는 길이는 몇 cm입니까?

(   )

영수증		
실내화	1개	5,500원
가위	1개	3,000원
수첩	1개	
합계		12,500원

5-2   상호네 집의 종류별 공과금을 조사하여 전체 길이가 20 cm인 띠그래프로 나타낸 것입니다. 이 그래프를 전체 길이가 30 cm인 띠그래프로 나타내면, 수도요금이 차지하는 길이는 몇 cm가 됩니까?

종류별 공과금

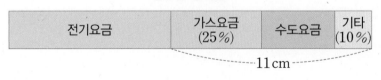

(   )

MATH TOPIC 6

심화유형

중심각을 이용하여 원그래프로 나타내기

S T E A M 형
■■ ● ▲

교복을 지정하여 입자는 의견에 대해 학생들이 찬반투표 한 결과를 나타낸 원그래프입니다. 투표를 한 학생이 모두 400명일 때, 찬성한 학생은 몇 명입니까?

찬반투표 결과

● **생각하기** $(백분율)(\%) = \dfrac{(항목의\ 중심각)}{360°} \times 100$

● **해결하기**   **1단계** 반대표와 무효표의 백분율이 각각 몇 %인지 알아보기

반대가 차지하는 중심각은 $180°$이므로 반대의 백분율은 $\dfrac{180°}{360°} \times 100 = 50$ (%)입니다.

원의 중심각은 360°이므로 절반은 180°입니다.

무효표가 차지하는 중심각은 $54°$이므로 무효표의 백분율은 $\dfrac{54°}{360°} \times 100 = 15$ (%)입니다.

2단계 찬성한 학생이 몇 명인지 구하기

찬성한 학생의 백분율은 $100 - (50+15) = 35$ (%)이므로

찬성한 학생은 $400 \times \dfrac{35}{100} = 140$ (명)입니다.

답 140명

6-1   라희네 학교 학생들의 혈액형을 조사하여 나타낸 원그래프입니다. 전체 학생 수가 500명일 때, AB형인 학생은 몇 명입니까?

(   )

혈액형별 학생 수

6-2   어느 도시의 의료 시설을 조사하여 나타낸 원그래프입니다. 이 도시의 전체 의료 시설이 260개일 때, 한의원은 몇 개입니까?

(   )

의료 시설별 개수

MATH TOPIC 7

심화유형

다른 종류의 그래프로 나타내기

형준이네 학교 사물놀이패 40명이 연주하는 악기를 조사하여 나타낸 띠그래프입니다. 북을 연주하는 사람이 6명일 때, 띠그래프를 원그래프로 나타내시오. (단, 모든 단원은 악기를 1개씩 다룹니다.)

악기별 사람 수

악기별 사람 수

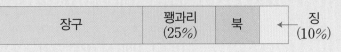

● **생각하기** (백분율)$(\%)=\dfrac{(항목)}{(전체)}\times100$

● **해결하기** **1단계** 북과 장구의 백분율 각각 알아보기

40명 중 6명이 북을 치므로 (북의 백분율)$=\dfrac{6}{40}\times100=15\ (\%)$입니다.

(장구의 백분율)$=100-(25+15+10)=50\ (\%)$

2단계 원그래프로 나타내기

주어진 원그래프에서 작은 눈금 한 칸은 5 %를 나타냅니다.

• 장구의 백분율: 50 % ➡ 10칸
• 꽹과리의 백분율: 25 % ➡ 5칸
• 북의 백분율: 15 % ➡ 3칸
• 징의 백분율: 10 % ➡ 2칸

각 악기가 차지하는 백분율의 크기만큼 선을 그어 원을 나눕니다.

답 악기별 사람 수

7-1 학생들이 좋아하는 전통놀이를 조사하여 나타낸 원그래프입니다. 팽이치기를 좋아하는 학생과 딱지치기를 좋아하는 학생의 수가 같을 때, 원그래프를 띠그래프로 나타내시오.

좋아하는 전통놀이

좋아하는 전통놀이

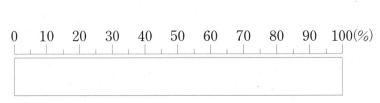

MATH TOPIC 8

심화유형 8

전체의 양 구하기

주원이네 반의 학급 문고를 조사하여 나타낸 띠그래프입니다. 위인전이 24권이라면 학급문고는 모두 몇 권입니까?

학급 문고별 권수

역사책 (35%)	동화책 (30%)	잡지 (15%)	위인전	기타 (10%)

● 생각하기   (전체의 10 %)＝■권 ➡ (전체 100 %)＝(■×10)권

● 해결하기   **1단계** 위인전의 백분율 알아보기

위인전의 백분율은 100－(35＋30＋15＋10)＝10 (%)입니다.

2단계 학급문고가 모두 몇 권인지 구하기

위인전이 24권이고 이는 전체의 10 %이므로

학습 문고 전체는 24×10＝240(권)입니다.
  _{100 %}

답 240권

8-1 카페에서 하루에 팔린 음료를 조사하여 나타낸 띠그래프입니다. 이날 팔린 커피가 60잔이라면 이날 팔린 음료는 모두 몇 잔입니까?

하루에 팔린 음료별 잔 수

커피	과일주스 (28%)	탄산수 (20%)	차 (12%)

(   )

8-2 학생들을 대상으로 휴대폰의 주요 용도를 조사하여 나타낸 원그래프입니다. 휴대폰으로 게임을 주로 하는 학생이 160명일 때, 정보 검색을 주로 하는 학생은 몇 명입니까?

(   )

휴대폰의 주요 용도

MATH TOPIC 9

심화유형

여러 가지 그래프를 활용한 교과통합유형

S T E
A M 형
■ ● ▲

수학+과학

온실 가스는 지구의 복사열을 흡수하고 방출하여 지구의 온도를 높이는 6가지 기체를 말합니다. 왼쪽은 세계 주요 지역의 온실 가스 배출량을 나타낸 그림그래프이고, 오른쪽은 온실 가스의 종류별 비율을 나타낸 원그래프입니다. 온실 가스를 가장 많이 배출한 지역에서는 메탄을 몇 t 배출한 셈입니까?

온실 가스 배출량

유럽 러시아 중국 아프리카 인도 호주 미국 브라질

●10억t ●1억t •1000만t

온실 가스의 종류별 비율

아산화질소 (3%) 기타 (4%) 메탄 이산화탄소 (88%)

● **생각하기**
· 그림그래프에서 온실 가스를 가장 많이 배출한 지역을 찾습니다.
· 원그래프에서 온실 가스 중 메탄이 차지하는 백분율을 알아봅니다.

● **해결하기**
1단계 가장 많은 온실 가스를 배출한 지역의 배출량 알아보기

큰 그림의 수가 가장 많은 지역은 중국으로, 중국이 배출한 온실 가스는 ☐ t입니다.

2단계 온실 가스 중 메탄의 비율 알아보기

온실 가스 중 메탄의 비율은 $100-(88+3+4)=5$ (%)입니다.

3단계 중국의 메탄 배출량 알아보기

(중국에서 배출한 메탄의 양)$=$ ☐ $\times \dfrac{5}{100}=$ ☐ (t)

답 ☐ t

9-1

수학+과학

지구상의 물은 크게 *담수와 *해수로 구분하며, 우리가 일상 생활에서 주로 사용하는 물은 담수 중에서도 지하수와 강과 호수에서 얻은 것입니다. 왼쪽은 지구상의 물의 구성을, 오른쪽은 담수의 공급원을 나타낸 원그래프입니다. 지구상의 물 중 일상 생활에서 주로 사용하는 물은 몇 %입니까?

*담수: 육지에 있는 물   *해수: 바닷물

물의 구성

담수 해수 (97.5%)

담수의 공급원

강과 호수 지하수 (30%) 빙하 (69.6%)

( )

문제풀이 동영상

1 도시별 차량 수를 조사하여 나타낸 그림그래프입니다. ㉠ 도시의 차량이 4700대일 때, 차량이 가장 적은 도시의 차량 수는 몇 대입니까?

(   )

도시별 차량 수

도시	차량 수
㉠ 도시	
㉡ 도시	
㉢ 도시	
㉣ 도시	

2 어느 마을의 쌀 생산량을 그림그래프로 나타내었더니 ⬛⬛⬛⬛◼이었습니다. 두 친구가 위의 그림이 나타내는 단위를 다음과 같이 읽었습니다. 이 마을의 쌀 생산량을 바르게 읽으면 몇 kg입니까? (단, ⬛>◼>▪이고, ⬛는 몇천의 수입니다.)

- 유빈: ⬛이 나타내는 양만 잘못 보고, 전체 양을 1350 kg으로 읽었습니다.
- 상범: ◼이 나타내는 양만 잘못 보고, 전체 양을 3550 kg으로 읽었습니다.

(   )

3 대륙별 인구를 백만의 자리에서 반올림하여 나타낸 그림그래프입니다. 아시아 대륙과 유럽 대륙의 인구의 합은 적어도 몇 명입니까?

대륙별 인구

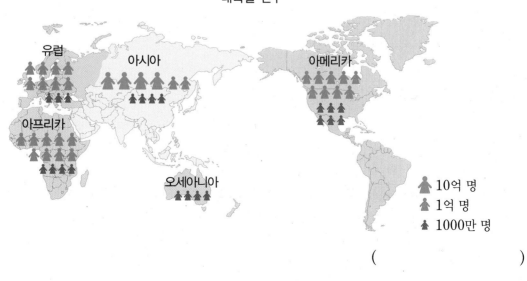

(   )

4 한 빌라에서 층별로 일주일 동안 사용한 물의 양을 나타낸 그림그래프입니다. 이 빌라에서 일주일 동안 사용한 물의 양의 합은 950 L이고, 2층에서는 1층에서보다 일주일 동안 물을 60 L 더 사용했습니다. 그림그래프를 완성하시오.

층별 물 사용량

4층	🌢🌢🌢
3층	🌢🌢🌢 ......
2층	
1층	

🌢 100L
🌢 50L
🌢 10L

5 300명의 학생들에게 중간고사 시험문제의 난이도를 조사하여 나타낸 띠그래프입니다. "어려운 편이다"라고 답한 사람의 절반이 "적당하다"라고 고쳐 답한다면 "적당하다"라고 답한 사람은 모두 몇 명이 됩니까?

중간고사 시험문제의 난이도

쉽다 (15%)	쉬운 편이다 (23%)	적당하다 (38%)		어렵다 (10%)

어려운 편이다(14%) ─

(   )

6 진희네 학교 6학년 학생 340명이 받고 싶은 생일 선물을 조사하여 나타낸 원그래프입니다. 게임기를 받고 싶어하는 학생이 51명이라면 게임기를 받고 싶어하는 학생을 나타낸 부분의 기호를 쓰시오.

(   )

받고 싶은 생일 선물

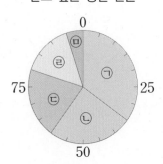

7 민주네 학교 학생 1260명을 대상으로 존경하는 인물을 조사하여 나타낸 원그래프입니다. 세종대왕을 존경하는 학생은 이순신 장군을 존경하는 학생보다 몇 명 더 많습니까?

존경하는 인물

(   )

서술형 8 다희네 학교 6학년 학생들이 좋아하는 음료수를 조사하여 나타낸 원그래프입니다. 콜라를 좋아하는 학생이 55명일 때, 주스를 좋아하는 학생은 몇 명인지 풀이 과정을 쓰고 답을 구하시오.

좋아하는 음료수

풀이

답

수학+사회

STEAM형 9 사망률이 줄어들고 출산율이 감소함에 따라 아동 인구의 비율은 줄어들고 노인 인구의 비율은 늘어나고 있습니다. 다음은 UN이 정한 고령화 사회 분류 기준과 2020년 우리나라의 연령별 인구 구성을 예측하여 나타낸 띠그래프입니다. 65세 이상 인구 비율이 14세 이하 인구 비율의 1.5배일 때, 2020년 우리나라는 UN이 정한 기준 중에서 어디에 속하게 됩니까?

고령화 사회 분류 기준

• 고령화 사회(aging society): 총인구에 대한 65세 이상 인구의 백분율이 7 % 이상
• 고령 사회(aged society): 총인구에 대한 65세 이상 인구의 백분율이 14 % 이상
• 초고령 사회(super—aged society): 총인구에 대한 65세 이상 인구의 백분율이 20 % 이상

2020년 예측되는 연령별 인구 구성

14세 이하	15세 이상 64세 이하 (75%)	65세 이상

(   )

서술형 10

혜윤이네 학교 학생들이 방학 동안 배우고 싶은 분야와 배우고 싶은 악기의 종류를 조사하여 나타낸 그래프입니다. 혜윤이네 학교 학생이 모두 280명일 때, 방학 동안 관악기를 배우고 싶은 학생은 몇 명인지 풀이 과정을 쓰고 답을 구하시오.

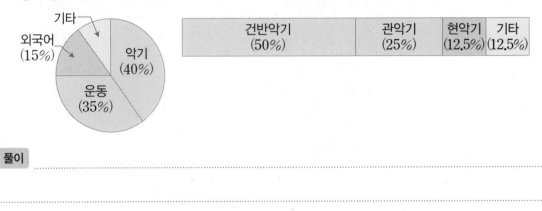

방학 동안 배우고 싶은 분야

방학 동안 배우고 싶은 악기

건반악기 (50%)	관악기 (25%)	현악기 (12.5%)	기타 (12.5%)

풀이

답

수학+사회

STEAM형 11

다음은 음식물 쓰레기에 대한 신문 기사의 일부입니다. 우리나라에서 하루 평균 발생하는 생활폐기물 양이 50000 t이라면 가정 또는 소형 음식점에서 버려지는 음식물 쓰레기의 양은 몇 t입니까?

인류멸망보고서 1편 - 음식물 쓰레기

유엔 식량농업기구(FAO) 보고서에 따르면 매년 세계 음식물의 약 33.3 %는 쓰레기로 배출됩니다. 우리나라는 전체 음식물의 14.3 % 정도가 버려지며 한 해 동안 음식물 쓰레기 처리 비용만 6000억 원 이상 발생합니다. 우리나라 생활폐기물 중 음식물 쓰레기가 30% 정도를 차지하는데, 음식물 쓰레기의 발생 장소는 대부분 가정 또는 소형 음식점으로 나타났습니다.

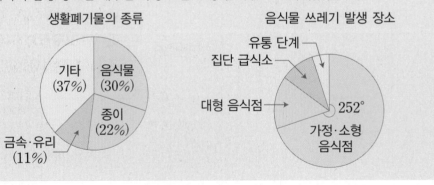

생활폐기물의 종류

음식물 쓰레기 발생 장소

(   )

12 승호네 학교 학생들이 좋아하는 특별 활동을 조사하여 전체 길이가 15 cm인 띠그래프에 나타냈습니다. 영화 감상을 좋아하는 학생이 미술을 좋아하는 학생보다 21명 더 많을 때, 과학 탐구를 좋아하는 학생은 몇 명입니까?

좋아하는 특별 활동

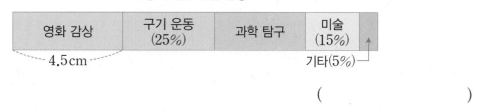

(   )

13 어느 농장에 있는 가축의 수를 조사하여 나타낸 원그래프입니다. 소가 120마리일 때 54마리인 가축은 무엇입니까?

농장의 가축 수

(   )

14 어느 케이블 방송에서 지난해 방영한 장르별 영화 편수를 조사하여 나타낸 띠그래프입니다. 만화 영화는 방영한 영화 전체의 $\frac{1}{5}$이고, 액션 영화는 만화 영화의 1.3배라고 합니다. 방영한 공상 과학 영화가 12편일 때, 가장 많이 방영한 장르의 영화는 몇 편입니까?

장르별 영화 편수

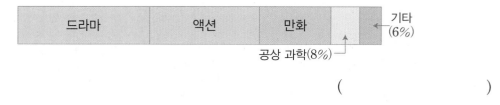

(   )

1 어느 동물 보호 센터에 있는 동물의 수를 조사하여 나타낸 띠그래프입니다. 강아지 수와 고양이 수의 비가 7 : 4일 때, 강아지가 차지하는 백분율은 전체의 몇 %입니까?

종별 동물 수

강아지	고양이	햄스터 (14%)	새 (12%)	기타 (8%)

(   )

2 전체 길이가 20 cm인 띠그래프에서 ㉠은 ㉡보다 3 cm만큼 더 깁니다. ㉠과 ㉡을 써넣어 띠그래프를 완성하시오. (단, 항목은 ㉠, ㉡, ㉢, ㉣ 네 가지입니다.)

```
0   10   20   30   40   50   60   70   80   90  100(%)
|    |    |    |    |    |    |    |    |    |    |
                                        ㉢      ㉣
```

서술형 **3** 과학 올림피아드 대회에 참가한 학년별 학생 수를 나타낸 원그래프입니다. 참가한 학생 중 6학년 또는 5학년인 학생의 백분율은 80 %일 때, 6학년 학생의 백분율은 전체의 몇 %인지 풀이 과정을 쓰고 답을 구하시오.

학년별 학생 수

풀이 ....

....

....

답 ....

**경시
기출
문제 4** 왼쪽은 세 친구의 한 달 용돈의 비율을 조사하여 만든 띠그래프이고, 오른쪽은 이들의 저축 금액의 비율을 조사하여 만든 원그래프입니다. 세 친구의 용돈의 합계는 50000원이고, 저축 금액의 합계는 20000원입니다. 용돈에 대한 저축 금액의 비율이 가장 큰 사람은 누구인지 쓰고, 그 비율을 기약분수로 나타내시오.

한 달 용돈의 비율

다온 (28%)	주혜 (32%)	신우 (40%)

한 달 저축 금액의 비율

( ), ( )

5 좋아하는 운동별 학생 수를 조사하여 원을 40등분한 원그래프로 나타내었더니 눈금 5칸이 20명을 나타내었습니다. 이 원그래프를 전체 길이가 30 cm인 띠그래프로 나타낸다면, 띠그래프에서 9 cm를 차지하는 항목은 몇 명을 나타냅니까?

( )

6 어제 보라의 책꽂이에 있는 책을 분류하여 나타낸 띠그래프입니다. 오늘 동화책 10권을 더 구입하여 책꽂이에 꽂았더니 동화책 수는 학습 만화 수의 2배가 되었습니다. 오늘 보라의 책꽂이에 있는 책은 모두 몇 권입니까?

책의 종류별 권수(어제)

동화책 (35%)	위인전 (30%)	학습 만화 (20%)	기타 (15%)

( )

> 경시
> 기출
> 문제 **7**

해든이네 반 학생들을 대상으로 좋아하는 운동을 조사하여 나타낸 그래프입니다. 해든이네 반 남학생 중 피구를 좋아하는 학생은 48명이고, 여학생 중 피구를 좋아하는 학생은 56명입니다. 여학생이 좋아하는 운동을 전체 길이가 50 cm인 띠그래프에 나타낼 때, 피구를 좋아하는 여학생이 차지하는 길이는 몇 cm입니까?

남학생과 여학생의 비율   남학생이 좋아하는 운동

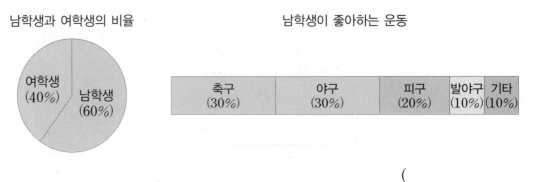

(   )

[8~9] 콩 무게의 40 %, 토마토 무게의 90 %는 각각 수분으로 이루어져 있습니다. 다음은 콩과 토마토에서 각각 수분을 뺀 부분의 영양 성분을 나타낸 원그래프입니다. 물음에 답하시오.

콩의 영양 성분   토마토의 영양 성분

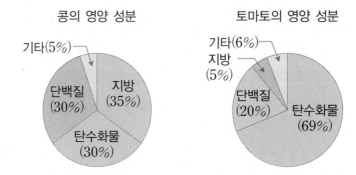

8 수분을 포함한 콩의 전체 영양 성분을 띠그래프로 나타내었더니 탄수화물이 차지하는 길이가 36 mm였습니다. 이 띠그래프에서 수분이 차지하는 길이는 몇 cm입니까?

(   )

9 콩을 200 g 먹었을 때 섭취할 수 있는 단백질의 양과 같은 양의 단백질을 토마토로 섭취하려면 토마토를 몇 kg 먹어야 합니까?

(   )

직육면체의 부피와 겉넓이

공간이 차지하는 크기, 부피

들이와 부피

불지 않은 풍선은 주머니에 넣을 수 있지만 바람을 가득 채운 풍선은 주머니에 넣을 수 없어요. 풍선이 차지하는 공간, 즉 부피가 커졌기 때문입니다. 부피는 들이와 쓰임새가 조금 달라요. 들이는 주로 통이나 그릇 안에 들어가는 액체의 양을 측정할 때 쓰고, 부피는 상자나 주사위처럼 형태가 고정되어 있는 물체의 크기를 나타낼 때 써요.

평면도형의 넓이를 측정할 때는 가로와 세로의 길이가 각각 1 cm인 정사각형을 단위로 사용하죠. 직육면체의 부피를 잴 때는 모든 모서리의 길이가 1 cm인 정육면체를 단위로 해요. 모든 모서리의 길이가 1 cm인 정육면체의 부피는 $1 \times 1 \times 1 = 1 (\text{cm}^3)$입니다. 만약 주어진 직육면체 안에 모든 모서리의 길이가 1 cm인 정육면체 ■개를 빈틈없이 쌓을 수 있으면 그 직육면체의 부피는 ■cm^3입니다.

모서리의 길이와 부피의 관계

고대 그리스 델로스 섬 사람들은 눈금 없는 자와 컴퍼스만을 이용해서 원래 정육면체 부피의 2배인 정육면체를 그리는 방법을 고민했다고 해요. '델로스의 문제'라고 불리는 이 질문은 수학에서 여전히 풀 수 없는 문제로 남아 있답니다.

모서리의 길이를 모두 2배로 그리면 될 것 같지만, 실제로 모든 모서리의 길이를 각각 2배로 하면 원래 정육면체의 부피의 2배보다 부피가 커져요.

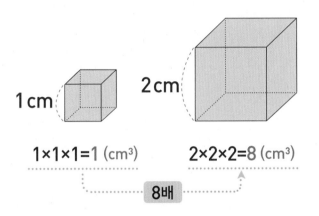

가로, 세로, 높이가 각각 2배가 되기 때문에 2를 세 번 곱한 값인 $2 \times 2 \times 2 = 8$(배)가 되거든요. 만약 모든 모서리의 길이를 각각 3배로 늘인 정육면체의 부피는 원래 정육면체 부피의 몇 배가 될까요? 3을 세 번 곱한 값, 즉 $3 \times 3 \times 3 = 27$(배)가 된답니다.

왕관의 부피를 잰 아르키메데스

그리스의 헤론왕은 아르키메데스에게 어려운 임무를 맡겼어요. 새로 만든 왕관에 흠집을 내지 않고 순금인지 아닌지를 알아내는 것이었죠. 아르키메데스는 이 문제를 고민하다가 공중목욕탕에 갔는데, 욕조에 들어갈 때 욕조 밖으로 물이 넘쳐흐르는 것을 보고 갑자기 "유레카! 유레카!(알았다! 바로 그거야!)"라고 외쳤습니다. 그리고 옷도 걸치지 않은 채 집으로 달려갔다고 해요. 욕조의 물이 몸의 부피만큼 넘쳐흐른 데에서 힌트를 얻었거든요.

그는 같은 무게의 순금과 가짜금의 부피가 미세하게 다르다는 점을 떠올렸어요. 그래서 왕관의 무게와 똑같은 무게의 순금을 준비하고 물속에 놓은 양팔저울의 양쪽에 왕관과 순금 덩어리를 올려놓았습니다. 왕관이 순금이라면 양쪽의 무게와 부피가 같으므로 물속에서도 저울이 평형을 이루었겠지만, 저울은 한쪽으로 기울었습니다. 왕관이 순금이 아니어서 왕관과 순금의 부피가 달랐기 때문이지요.

*아르키메데스의 원리를 활용하면 직육면체뿐만 아니라 돌멩이나 왕관처럼 모양이 일정하지 않은 물체의 부피도 측정할 수 있습니다. 어떤 물체를 물에 넣었을 때 늘어난 물의 부피만큼이 그 물체의 부피와 같을 테니까요.

* 아르키메데스의 원리 : 물체를 물에 담그면, 물속에서 차지하는 부피와 같은 양의 물의 무게만큼 그 물체의 무게가 가벼워진다.

1 직육면체의 부피

① 부피의 단위

어떤 물건이 공간에서 차지하는 크기

한 모서리의 길이가 1 cm인 정육면체의 부피를 1 cm^3라 쓰고, 1세제곱센티미터라고 읽습니다.

② 직육면체의 부피 구하기

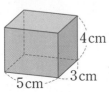

(직육면체의 부피)＝(가로)×(세로)×(높이)
＝(밑면의 넓이)×(높이)

  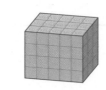

부피가 1 cm^3인 쌓기나무 □개로 만든 입체도형의 부피는 □cm^3입니다.

<u>5개</u>
➡ 5 cm^3

$5×3=\underline{15}$(개)
➡ 15 cm^3

$5×3×4=\underline{60}$(개)
➡ 60 cm^3

③ 정육면체의 부피 구하기

(정육면체의 부피)＝(한 모서리의 길이)×(한 모서리의 길이)×(한 모서리의 길이)

정육면체는 모든 모서리의 길이가 같으므로 한 모서리의 길이를 세 번 곱합니다.

사고력 개념

① 직육면체의 모서리의 길이와 부피의 관계

• 한 모서리의 길이가 2배가 될 때
➡ 부피는 2배가 됩니다.

부피: 2 cm^3 부피: 4 cm^3

• 두 모서리의 길이가 각각 2배가 될 때
➡ 부피는 $2×2=4$(배)가 됩니다.

부피: 2 cm^3 부피: 8 cm^3

• 세 모서리의 길이가 각각 2배가 될 때
➡ 부피는 $2×2×2=8$(배)가 됩니다.

부피: 2 cm^3 부피: 16 cm^3

실전 개념

① 부피를 이용해 직육면체의 높이 구하기

• 왼쪽 직육면체의 부피가 350 cm^3일 때, 직육면체의 높이 구하기
➡ $70×\square=350$이므로 $\square=350÷70=5$ (cm)

밑면의 넓이: 70 cm^2

1 두 상자를 직접 맞대어 부피를 비교하려고 합니다. 맞대어야 하는 두 면에 빗금을 치고, 부피가 더 큰 상자의 기호를 쓰시오.

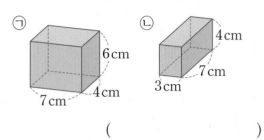

( )

2 부피가 $1\,cm^3$인 쌓기나무로 만든 직육면체와 정육면체입니다. 부피를 구하시오.

(1)

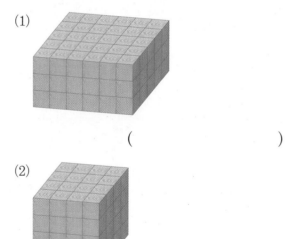

( )

(2)

( )

3 한 면의 넓이가 $49\,cm^2$인 정육면체의 부피를 구하시오.

( )

4 직육면체의 부피가 $672\,cm^3$일 때, ☐ 안에 알맞은 수를 써넣으시오.

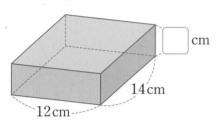

5 다음과 같은 직육면체 모양의 젤리를 잘라서 정육면체 모양으로 만들려고 합니다. 만들 수 있는 가장 큰 정육면체 모양의 부피는 몇 cm^3입니까?

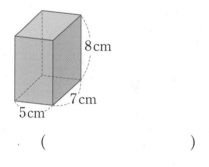

( )

6 한 모서리의 길이가 $9\,cm$인 정육면체 모양의 주사위가 있습니다. 이 주사위의 모든 모서리의 길이를 각각 2배로 늘인다면 주사위의 부피는 처음 부피의 몇 배가 됩니까?

( )

2 부피의 단위

❶ 부피의 큰 단위, m³

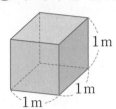

한 모서리의 길이가 1 m인 정육면체의 부피를 1 m³라 쓰고,
1세제곱미터라고 읽습니다.

❷ 1 m³와 1 cm³의 관계

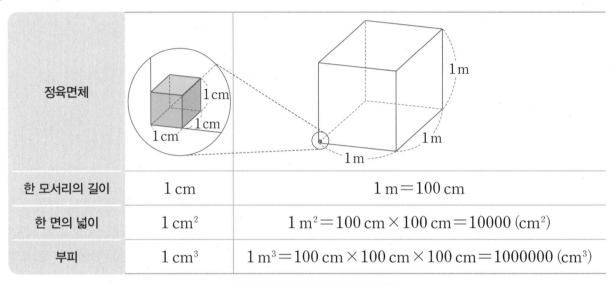

정육면체		
한 모서리의 길이	1 cm	1 m＝100 cm
한 면의 넓이	1 cm²	1 m²＝100 cm × 100 cm ＝ 10000 (cm²)
부피	1 cm³	1 m³＝100 cm × 100 cm × 100 cm ＝ 1000000 (cm³)

$$1\ m^3 = 1000000\ cm^3$$

부피가 1 m³인 정육면체를 쌓는 데 부피가 1 cm³인 쌓기나무가 1000000개 필요합니다.

실전 개념

❶ 상자의 부피가 몇 m³인지 구하기

가로: 50 cm
세로: 40 cm
높이: 180 cm

방법 1 몇 cm³인지 구하여 m³로 나타내기
(부피)＝50 × 40 × 180 ＝ 360000 (cm³) ＝ 0.36 (m³)

방법 2 m로 나타내어 몇 m³인지 구하기
(부피)＝0.5 × 0.4 × 1.8 ＝ 0.36 (m³)

사고력 개념

❶ 물속에 들어 있는 돌의 부피 구하기

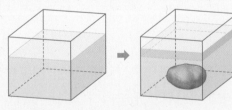

돌을 물에 잠기게 넣었을 때 늘어난 부피만큼이
돌의 부피입니다.

❷ 부피와 들이 사이의 관계

들이가 1 L인 정육면체 모양을 부피가 1 cm³인 정육면체로 채워 보면 <u>1000</u>개가 채워집니다.
→ 10 × 10 × 10 ＝ 1000(개)
따라서 1 L는 1000 cm³와 같습니다.

BASIC TEST

1 다음 중 <u>잘못된</u> 것을 고르시오. (　　　)

① $1000000\,cm^3 = 1\,m^3$

② $1.2\,m^3 = 1200000\,cm^3$

③ $4000000\,m^3 = 4\,cm^3$

④ $720000\,cm^3 = 0.72\,m^3$

⑤ $1.33\,m^3 = 1330000\,cm^3$

2 다음 정육면체의 부피를 구하시오.

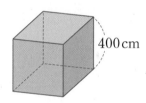

400 cm

방법 1

$\boxed{}\,cm \times \boxed{}\,cm \times \boxed{}\,cm$

$= \boxed{}\,cm^3 = \boxed{}\,m^3$

방법 2

$\boxed{}\,m \times \boxed{}\,m \times \boxed{}\,m = \boxed{}\,m^3$

3 재희의 침대의 부피는 $1.8\,m^3$이고 지수의 침대의 부피는 $2100000\,cm^3$입니다. 두 침대의 부피의 차는 몇 m^3입니까?

(　　　　　　　　)

4 직육면체의 부피가 $0.09\,m^3$일 때, □ 안에 알맞은 수를 써넣으시오.

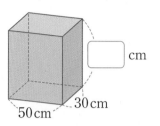

50 cm　30 cm　cm

5 다음 입체도형의 부피는 몇 cm^3입니까?

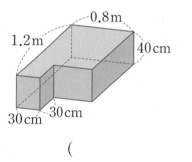

0.8 m　1.2 m　40 cm　30 cm　30 cm

(　　　　　　　　)

6 다음 중 실제 부피에 가장 가까운 것을 골라 ○표 하시오.

(1) 벽돌의 부피

| $10\,cm^3$ | $1000\,cm^3$ | $1\,m^3$ |

(2) 냉장고의 부피

| $160\,m^3$ | $1600\,cm^3$ | $1.6\,m^3$ |

(3) 교실의 부피

| $240\,cm^3$ | $24\,m^3$ | $240\,m^3$ |

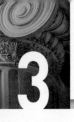

3 직육면체의 겉넓이

❶ 직육면체의 겉넓이 구하기

• 직육면체의 겉넓이: 직육면체의 여섯 면의 넓이의 합 직육면체의 전개도의 넓이를 구하는 것과 같습니다.

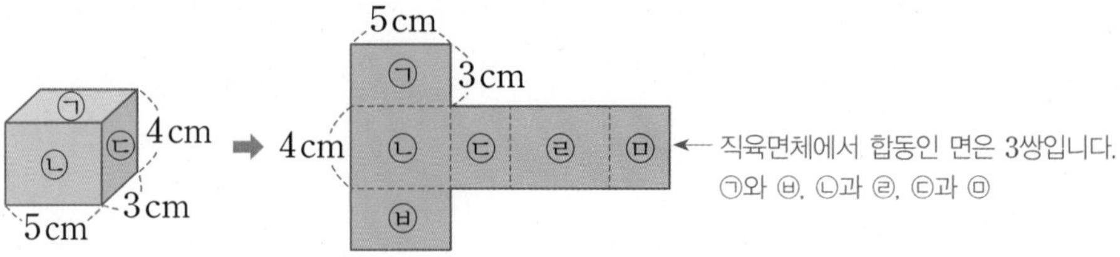

㉠
㉡
㉢
4 cm
5 cm
3 cm
5 cm
3 cm
4 cm
㉠
㉡
㉢
㉣
㉤
㉥
직육면체에서 합동인 면은 3쌍입니다.
㉠와 ㉥, ㉡과 ㉣, ㉢과 ㉤

방법 1 여섯 면의 넓이를 각각 구해 더하기

➡ ㉠+㉡+㉢+㉣+㉤+㉥

$=(5\times3)+(5\times4)+(3\times4)+(5\times4)+(3\times4)+(5\times3)=94\ (cm^2)$

한 꼭짓점에서 만나는 세 면

방법 2 세 면의 넓이(㉠, ㉡, ㉢)를 각각 2배 한 뒤 더하기

➡ ㉠×2+㉡×2+㉢×2$=(5\times3)\times2+(5\times4)\times2+(3\times4)\times2=94\ (cm^2)$

방법 3 세 면의 넓이(㉠, ㉡, ㉢)의 합을 구한 뒤 2배 하기

➡ (㉠+㉡+㉢)×2$=(5\times3+5\times4+3\times4)\times2=94\ (cm^2)$

방법 4 두 밑면의 넓이와 옆면의 넓이를 더하기

➡ ㉠×2+(㉡, ㉢, ㉣, ㉤) 옆면을 하나의 직사각형으로 봅니다.

$=(5\times3)\times2+(5+3+5+3)\times4=94\ (cm^2)$

❷ 정육면체의 겉넓이 구하기

• 정육면체의 겉넓이: 정육면체의 여섯 면의 넓이의 합

정육면체는 여섯 면이 합동이므로 한 면의 넓이를 6배 하여 구합니다.

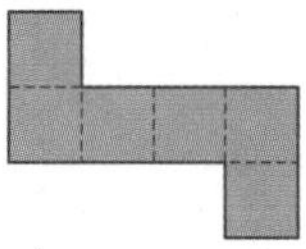

(정육면체의 겉넓이)=(한 모서리의 길이)×(한 모서리의 길이)×6

=(한 면의 넓이)×6

실전 개념

❶ 복잡한 입체도형의 겉넓이 구하기

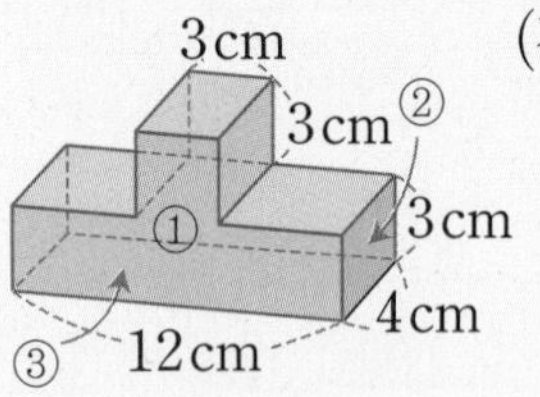

3 cm
3 cm
②
①
3 cm
4 cm
③
12 cm

(겉넓이)=①×2+②×4+③×2

$=(12\times3+3\times3)\times2+(4\times3)\times4+(12\times4)\times2$

$=90+48+96=234\ (cm^2)$

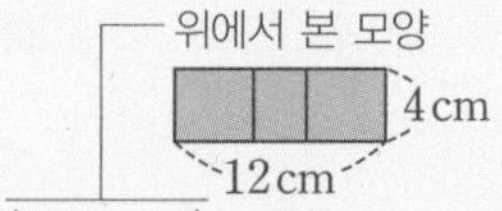

위에서 본 모양
4 cm
12 cm

사고력 개념

❶ 부피가 같은 입체도형은 겉넓이도 같을까?

한 모서리의 길이가 1 cm인 쌓기나무

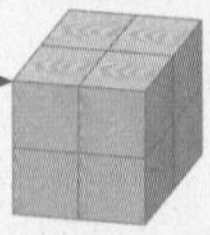

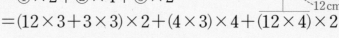

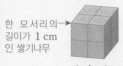

부피: $8\ cm^3$
겉넓이: $24\ cm^2$

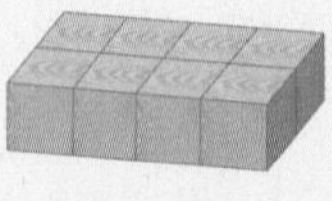

부피: $8\ cm^3$
겉넓이: $28\ cm^2$

➡ 부피가 같아도 겉넓이가 다를 수 있습니다.

❷ 겉넓이가 같은 입체도형은 부피도 같을까?

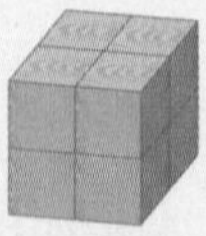

겉넓이: $24\ cm^2$
부피: $8\ cm^3$

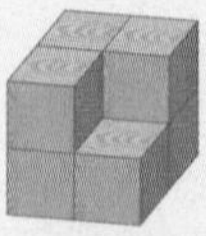

겉넓이: $24\ cm^2$
부피: $7\ cm^3$

➡ 겉넓이가 같아도 부피가 다를 수 있습니다.

1 한 면의 넓이가 $36\,cm^2$인 정육면체의 겉넓이를 구하시오.

(   )

2 다음 전개도로 만든 직육면체의 겉넓이를 구하시오.

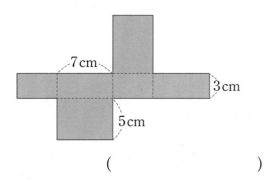

(   )

3 ㉮와 ㉯ 중에서 겉넓이가 더 넓은 입체도형의 기호를 쓰시오.

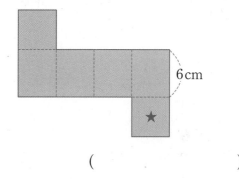

(   )

4 다음 직육면체의 겉넓이가 $100\,cm^2$일 때, □ 안에 알맞은 수를 써넣으시오.

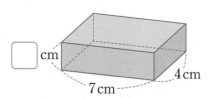

5 ★ 표시된 면은 넓이가 $25\,cm^2$인 정사각형입니다. 이 전개도를 접어 만든 직육면체의 겉넓이를 구하시오.

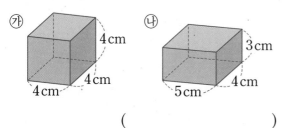

(   )

6 다음 직육면체와 겉넓이가 같은 정육면체의 한 모서리의 길이를 구하시오.

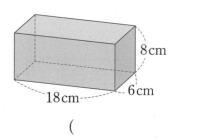

(   )

MATH TOPIC 1

심화유형 1

빈틈없이 상자 채워 넣기

오른쪽 직육면체 모양의 상자 안에 한 모서리의 길이가 5 cm인 쌓기나무를 빈틈없이 쌓으려고 합니다. 쌓기나무를 모두 몇 개 쌓을 수 있습니까?

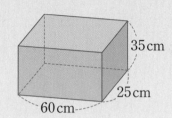

● 생각하기 가로, 세로, 높이에 쌓기나무를 각각 몇 개씩 놓을 수 있는지 알아봅니다.

● 해결하기 **1단계** 가로, 세로, 높이에 놓을 수 있는 쌓기나무 수 구하기

(가로에 놓을 수 있는 쌓기나무 수)$=60÷5=12$(개)

(세로에 놓을 수 있는 쌓기나무 수)$=25÷5=5$(개)

(높이에 쌓을 수 있는 쌓기나무 수)$=35÷5=7$(층)

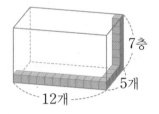

2단계 쌓을 수 있는 쌓기나무의 수 구하기

가로에 12개, 세로에 5개, 높이에 7층을 쌓을 수 있으므로

모두 $12×5×7=420$(개) 쌓을 수 있습니다.

답 420개

1-1 직육면체 모양의 지우개가 있습니다. 오른쪽 정육면체 모양의 상자 안에 지우개를 빈틈없이 쌓으려고 합니다. 지우개를 모두 몇 개 쌓을 수 있습니까?

  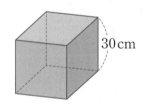

(   )

1-2 오른쪽 직육면체 모양의 상자 안에 한 모서리의 길이가 1 cm인 정육면체 모양의 각설탕을 빈틈없이 채웠습니다. 상자 안에 각설탕을 모두 240개 쌓았다면, 상자의 높이는 몇 cm입니까?

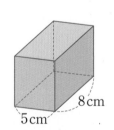

(   )

1-3 오른쪽 직육면체 모양의 컨테이너에 한 모서리의 길이가 40 cm인 정육면체 모양의 상자 500개를 빈틈없이 채워 넣을 수 있습니다. □ 안에 알맞은 수를 써넣으시오.
(단, 컨테이너의 두께는 생각하지 않습니다.)

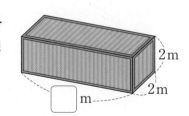

MATH TOPIC 2

심화유형

직육면체의 부피 구하기

쌀기나무로 만든 오른쪽 직육면체의 부피가 640 cm³일 때, 쌓기 나무 한 개의 부피를 구하시오.

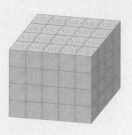

● 생각하기   (쌓기나무 ■개로 쌓은 입체도형의 부피)÷■＝(쌓기나무 한 개의 부피)

● 해결하기   **1단계** 사용된 쌓기나무의 개수 구하기

가로에 5개, 세로에 4개, 높이에 4층을 쌓았으므로
사용된 쌓기나무는 모두 $5 \times 4 \times 4 = 80$(개)입니다.

2단계 쌓기나무 한 개의 부피 구하기

직육면체의 부피가 640 cm³이므로 쌓기나무 한 개의 부피는 $640 \div 80 = 8$ (cm³)입니다.

답 8 cm³

2-1 오른쪽 직육면체의 부피가 288 cm³일 때, □ 안에 알맞은 수를 써넣으시오.

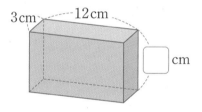

2-2 세 직육면체 중 부피가 가장 큰 것의 기호를 쓰고, 그 직육면체의 부피를 구하시오.

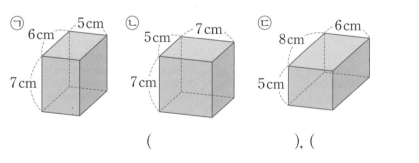

(   ), (   )

2-3 오른쪽 입체도형의 부피를 구하시오.

(   )

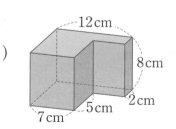

정육면체의 부피 구하기

한 면의 둘레가 24 cm인 정육면체의 부피를 구하시오.

● 생각하기 　정육면체는 가로, 세로, 높이의 길이가 모두 같습니다.

● 해결하기 　**1단계** 정육면체의 한 모서리의 길이 구하기

정육면체의 한 면은 정사각형이므로 한 모서리의 길이는
(한 면의 둘레)÷4=24÷4=6 (cm)입니다.

2단계 정육면체의 부피 구하기
(정육면체의 부피)=(한 모서리의 길이)×(한 모서리의 길이)×(한 모서리의 길이)
=6×6×6=216 (cm³)

답 216 cm³

3-1 　두 정육면체의 부피가 각각 다음과 같을 때, 한 모서리의 길이의 차를 구하시오.

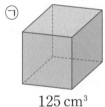 ㉠
 ㉡

125 cm³　　　　　27 cm³

(　　　　　　　　　　)

3-2 　오른쪽 직육면체와 부피가 같은 정육면체의 한 모서리의 길이는 몇 cm입니까?

(　　　　　　　)

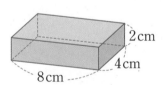
2cm
4cm
8cm

3-3 　오른쪽 정육면체의 모든 모서리의 길이를 각각 2배로 늘였습니다. 늘인 정육면체의 부피는 처음 정육면체의 부피의 몇 배입니까?

(　　　　　　　)

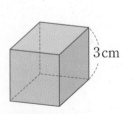
3cm

MATH TOPIC 4

심화유형

직육면체의 겉넓이 구하기

직육면체를 위, 앞, 옆에서 본 모양입니다. 이 직육면체의 겉넓이는 몇 cm²입니까?

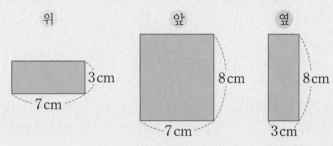

위   앞   옆

3cm
7cm

8cm
7cm

8cm
3cm

● 생각하기   직육면체를 위, 앞, 옆에서 본 세 면은 한 꼭짓점에서 만납니다.

● 해결하기   1단계 위, 앞, 옆에서 본 모양 이용하여 직육면체의 겨냥도 그리기

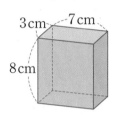

3cm 7cm

8cm

직육면체에서 마주보는 두 면은 서로 합동이므로
위, 앞, 옆에서 본 면이 하나씩 더 있습니다.

2단계 직육면체의 겉넓이 구하기

(직육면체의 겉넓이)=(한 꼭짓점에서 만나는 세 면의 넓이)×2
=(7×3+3×8+7×8)×2=101×2=202 (cm²)

답 202 cm²

4-1   오른쪽 전개도로 만들 수 있는 입체도형의 겉넓이를 구하시오.

(   )

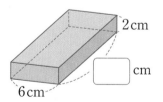

7cm

13cm

9cm

4-2   오른쪽 직육면체의 겉넓이가 216 cm²일 때, □ 안에 알맞은 수를 써넣으시오.

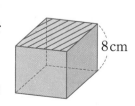

2cm

□ cm

6cm

4-3   오른쪽 직육면체의 빗금 친 면은 정사각형이고, 빗금 친 면의 둘레는 36 cm입니다. 직육면체의 겉넓이는 몇 cm²입니까?

8cm

(   )

MATH TOPIC 5 정육면체의 겉넓이 구하기

심화유형

정육면체를 위, 앞, 옆에서 본 모양이 다음과 같습니다. 이 정육면체의 겉넓이를 구하시오.

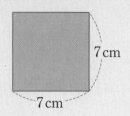

7 cm

7 cm

● 생각하기 (정육면체의 겉넓이)=(한 모서리의 길이)×(한 모서리의 길이)×6=(한 면의 넓이)×6

● 해결하기 **1단계** 정육면체의 한 면의 넓이 구하기

정육면체를 위, 앞, 옆에서 본 모양이 한 변이 7 cm인 정사각형이므로
정육면체의 한 면의 넓이는 $7 \times 7 = 49$ (cm²)입니다.

2단계 정육면체의 겉넓이 구하기

(정육면체의 겉넓이)=(한 면의 넓이)×6=$49 \times 6 = 294$ (cm²)

답 294 cm²

5-1 모든 모서리의 길이의 합이 144 cm인 정육면체의 겉넓이는 몇 cm²입니까?

( )

5-2 오른쪽과 같은 직육면체 모양의 나무토막을 잘라서 만들 수 있는
가장 큰 정육면체의 겉넓이를 구하시오.

( )

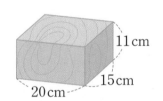

11 cm

15 cm

20 cm

5-3 오른쪽 정육면체의 모든 모서리의 길이를 각각 3배로 늘인다면, 겉넓
이는 몇 배로 늘어나겠습니까?

( )

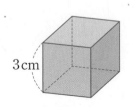

3 cm

MATH TOPIC 6

심화유형

직육면체의 부피 이용하여 겉넓이 구하기

오른쪽 직육면체의 부피가 400 cm^3일 때, 겉넓이는 몇 cm^2인지 구하시오.

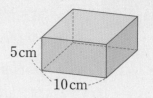

● 생각하기 부피를 구하는 식을 이용하여 모르는 모서리의 길이를 구합니다.

● 해결하기 **1단계** 직육면체의 세로 구하기

직육면체의 세로를 □ cm라 하면 $10 \times \square \times 5 = 400$, $50 \times \square = 400$, $\square = 8$ (cm)입니다.

2단계 직육면체의 겉넓이 구하기

(직육면체의 겉넓이) $= (10 \times 8 + 8 \times 5 + 10 \times 5) \times 2 = 340 \text{ (cm}^2)$

답 340 cm^2

6-1 오른쪽 정육면체의 부피가 8000 cm^3일 때, 겉넓이는 몇 cm^2인지 구하시오.

( )

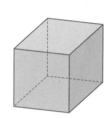

6-2 겉넓이가 726 cm^2인 정육면체의 부피를 구하시오.

( )

6-3 오른쪽 직육면체의 겉넓이가 236 cm^2일 때, 직육면체의 부피를 구하시오.

( )

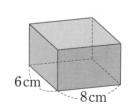

물속에 물체를 넣어 부피 구하기

직육면체 모양의 수조에 물이 30 cm 높이만큼 들어 있습니다. 이 수조에 돌을 넣었더니 물의 높이가 34 cm가 되었습니다. 돌의 부피는 몇 cm³입니까? (단, 수조의 두께는 생각하지 않습니다.)

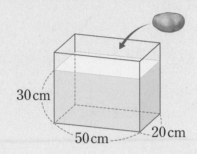

● 생각하기   물이 담긴 수조에 모양이 일정하지 않은 물체를 넣으면 그 부피만큼 전체 부피가 늘어납니다.

● 해결하기   **1단계** 늘어난 물의 높이 구하기

(늘어난 물의 높이)=(돌을 넣은 후 물의 높이)−(처음 들어 있던 물의 높이)
              =34−30=4 (cm)

2단계 돌의 부피 구하기

돌을 넣은 후 늘어난 부피만큼이 돌의 부피와 같습니다.
(돌의 부피)=50×20×4=4000 (cm³)

답 4000 cm³

7-1 직육면체 모양의 수조에 돌을 넣고 물을 가득 채운 후, 돌을 꺼냈더니 오른쪽 그림과 같이 되었습니다. 돌의 부피는 몇 cm³입니까? (단, 수조의 두께는 생각하지 않습니다.)

(   )

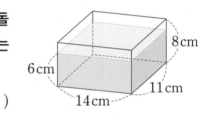

7-2 직육면체 모양의 수조에 물이 10 cm 높이만큼 들어 있습니다. 이 수조에 한 모서리가 9 cm인 정육면체 모양의 쇳덩어리를 넣으면 물의 높이는 몇 cm가 됩니까? (단, 수조의 두께는 생각하지 않습니다.)

(   )

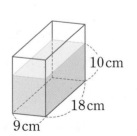

묶은 끈의 길이를 이용하여 부피 구하기

밑면이 정사각형인 직육면체 모양의 상자를 그림과 같이 ㉮, ㉯ 두 가지 방법으로 묶었습니다. 상자를 묶는 데 사용한 끈의 길이가 각각 다음과 같을 때, 상자의 부피를 구하시오. (단, 매듭의 길이는 생각하지 않습니다.)

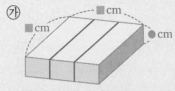

사용한 끈의 길이: 68 cm

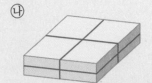

사용한 끈의 길이: 120 cm

● **생각하기** 끈의 길이에서 직육면체의 모서리와 길이가 같은 부분이 몇 군데인지 알아봅니다.

● **해결하기** **1단계** 상자의 가로, 세로, 높이 구하기

정사각형인 밑면의 가로와 세로의 길이를 각각 ■ cm라 하고, 높이를 ● cm라 하면
(㉮에 사용한 끈의 길이)＝■×4＋●×4＝68,
(㉯에 사용한 끈의 길이)＝■×8＋●×4＝120
㉯는 ㉮보다 ■ cm만큼 4군데 더 사용했고, 그 길이는 120−68＝52 (cm)입니다.
➡ ■×4＝52, ■＝13 (cm)
■가 13 cm이므로 13×4＋●×4＝68, 52＋●×4＝68, ●×4＝16, ●＝4 (cm)입니다.

2단계 상자의 부피 구하기

가로와 세로의 길이가 각각 13 cm이고 높이가 4 cm이므로
상자의 부피는 13×13×4＝676 (cm³)입니다.

답 676 cm³

8-1 같은 크기의 직육면체 모양의 상자 세 개를 다음과 같이 끈으로 묶었습니다. ㉮ 모양으로 묶는 데 끈을 28 cm, ㉯ 모양으로 묶는 데 32 cm, ㉰ 모양으로 묶는 데 68 cm 사용했다면 상자의 부피는 몇 cm³입니까? (단, 매듭의 길이는 생각하지 않습니다.)

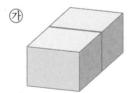

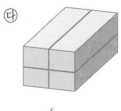

(   )

MATH TOPIC 9

심화유형

직육면체의 부피와 겉넓이를 활용한 교과통합유형

S T E A M형
■ ● ▲

수학+과학

같은 부피의 각설탕과 가루 설탕을 동시에 찬물에 넣어 보면 가루 설탕이 훨씬 빨리 녹습니다. 각설탕에 비해 가루 설탕이 물이 닿는 부분이 많기 때문입니다. 이때 물질의 겉넓이를 표면적이라고 하는데, 표면적이 넓을수록 반응 속도가 빠릅니다. 감자를 두 가지 방법으로 잘라 끓는 물에 넣고 어느 쪽이 더 빨리 익는지 알아보려고 합니다. ㉡과 같이 밑면과 수직으로 자르면 ㉠과 같이 통째로 넣었을 때보다 겉넓이가 몇 cm² 늘어납니까?

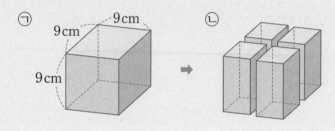

㉠ 9cm 9cm 9cm ㉡

● 생각하기   한번 자를 때 2개의 면이 새로 생깁니다.

● 해결하기   **1단계** 한 번 자를 때 늘어나는 겉넓이 알아보기

정육면체이므로 가로, 세로, 높이 어느 방향으로 잘라도 한 번 자를 때 늘어나는 겉넓이가 같습니다.

자르기 전 정육면체의 한 모서리의 길이가 9 cm이므로

한 번 자를 때, 9×9=☐ (cm²)의 2배인 ☐ cm²만큼 겉넓이가 늘어납니다.

2단계 겉넓이가 몇 cm² 늘어났는지 구하기

㉡처럼 네 조각으로 자르려면 두 번 자른 것입니다. 따라서 ㉡과 같이 자르면 겉넓이가

☐ ×2=☐ (cm²) 늘어납니다.

답 ☐ cm²

9-1

떡집에서 틀에 쌀가루를 넣고 쪄서 다음 직사각형 모양 백설기를 만들었습니다. 선을 따라 밑면과 수직으로 자르면, 자르기 전보다 겉넓이가 몇 cm² 늘어납니까?

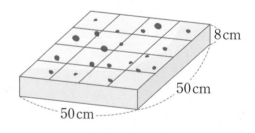

8cm
50cm
50cm

(   )

1 다음은 어떤 직육면체를 위와 앞에서 본 모양입니다. 이 직육면체의 부피와 겉넓이를 각각 구하시오.

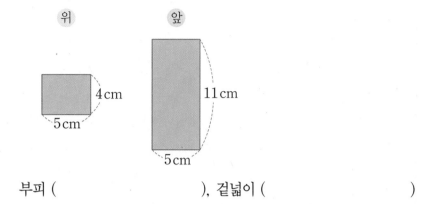

위   앞

4 cm
5 cm

11 cm
5 cm

부피 (   ), 겉넓이 (   )

2 두 도형의 부피가 서로 같을 때, ☐ 안에 알맞은 수를 써넣으시오.

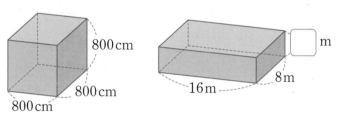

800 cm
800 cm
800 cm

16 m   8 m   ☐ m

3 오른쪽 직육면체의 모든 모서리의 길이를 각각 3배로 늘였습니다. 늘인 직육면체의 부피는 처음 직육면체의 부피의 몇 배입니까?

(   )

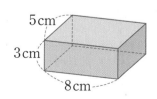

5 cm
3 cm
8 cm

4 오른쪽 입체도형은 쌓기나무 여러 개를 쌓아 만든 것입니다. 이 입체도형의 부피가 $432 \, cm^3$일 때, 쌓기나무 한 개의 모서리의 길이는 몇 cm입니까?

(   )

5 오른쪽 입체도형의 부피를 구하시오.

(   )

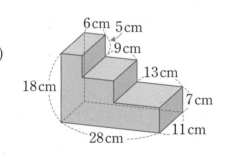

서술형 **6** 가로가 $60 \, cm$, 세로가 $40 \, cm$인 직사각형 모양의 종이가 있습니다. 오른쪽 그림과 같이 네 귀퉁이에서 한 변의 길이가 $8 \, cm$인 정사각형만큼을 오려낸 후 접어서 상자 모양을 만들었습니다. 상자의 부피는 몇 cm^3인지 풀이 과정을 쓰고 답을 구하시오. (단, 종이의 두께는 생각하지 않습니다.)

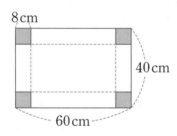

풀이

답

수학＋사회

STEAM형 7

곡식이나 액체, 가루 등의 양을 재는 그릇을 통틀어 되라고 합니다. 오른쪽 되는 직육면체 모양이고 담을 수 있는 부분의 가로, 세로가 각각 $15\,\text{cm}$이며 담을 수 있는 부피는 $1800\,\text{cm}^3$입니다. 이 되를 평평한 바닥에 놓고 $\dfrac{3}{4}$만큼 물을 채웠을 때 물의 높이는 몇 cm입니까?

▲ 되

(   )

서술형 8

오른쪽 입체도형은 한 모서리의 길이가 $3\,\text{cm}$인 쌓기나무 6개를 붙여서 만든 것입니다. 이 입체도형의 겉넓이를 구하는 풀이 과정을 쓰고 답을 구하시오.

풀이 _____

_____

_____

답 _____

9

한 모서리의 길이가 $2\,\text{cm}$인 주사위 64개를 정육면체 모양으로 쌓았습니다. 쌓은 정육면체의 한 모서리의 길이를 구하시오.

(   )

10 쌓기나무 20개를 그림과 같이 쌓아 놓고 모든 겉면에 색을 칠하였습니다. 색칠한 쌓기나무 20개를 각각 떼어 놓았을 때, 색칠된 면의 넓이의 합이 288 cm²였습니다. 색칠되지 않은 면의 넓이의 합은 몇 cm²입니까?

(   )

> 경시
> 기출
> 문제

11 다음 직육면체를 빨간색 선을 따라 작은 직육면체로 자르면, 자르기 전보다 겉넓이가 몇 cm² 늘어납니까?

(   )

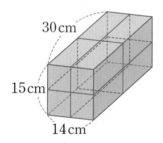

12 다음은 직육면체에서 한 모서리의 길이가 5 cm인 정육면체 모양만큼을 세 번 잘라낸 입체도형입니다. 이 입체도형의 겉넓이는 몇 cm²입니까?

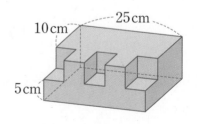

(   )

**경시
기출
문제 13**
밑에 놓인 면이 합동인 두 직육면체 ㉮와 ㉯를 각각 80 cm의 끈으로 그림과 같이 묶을 수 있습니다. ㉮를 묶을 때는 끈이 남지 않고 ㉯를 묶을 때는 끈이 24 cm 남았다면, 직육면체 ㉮의 부피는 몇 cm³입니까? (단, 매듭의 길이는 생각하지 않습니다.)

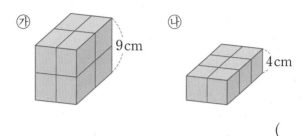

(   )

14
직육면체 모양의 수조에 물을 가득 채우고 그림처럼 수조를 기울였더니 물의 일부가 흘러넘쳤습니다. 남은 물의 부피는 몇 cm³입니까? (단, 수조의 두께는 생각하지 않습니다.)

(   )

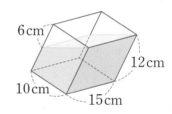

15
한 모서리의 길이가 2 cm인 정육면체 모양의 초콜릿 8개를 하나의 직육면체 모양으로 쌓아서 포장하려고 합니다. 포장지를 가장 적게 사용하려면 쌓은 초콜릿의 겉넓이가 몇 cm²가 되도록 쌓아야 합니까?

(   )

1 오른쪽 그림과 같은 직육면체 모양의 상자 여러 개를 쌓아 정육면체 모양을 만들려고 합니다. 만들 수 있는 가장 작은 정육면체의 부피는 몇 cm^3입니까?

( )

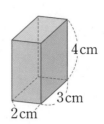

2 정육면체를 그림과 같이 같은 크기의 사각기둥 모양으로 세 방향으로 뚫었습니다. 이 입체도형의 부피는 몇 m^3입니까?

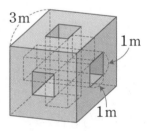

( )

3 그림과 같이 수조의 가운데를 칸막이로 막고 양쪽에 각각 물을 담았습니다. 칸막이를 없앤다면 물의 높이는 몇 cm가 됩니까?

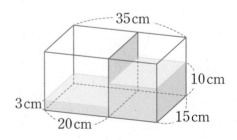

( )

4 오른쪽은 한 모서리의 길이가 1 cm인 쌓기나무 4개를 면끼리 붙여 만든 입체도형입니다. 이 입체도형 2개를 겉넓이가 가장 작게 되도록 붙여서 새로운 입체도형을 만들었습니다. 새로 만든 입체도형과 오른쪽 입체도형의 겉넓이의 차는 몇 cm²입니까?

(   )

5 ㉠은 밑면이 정사각형인 직육면체이고, ㉡은 ㉠과 똑같은 직육면체 2개를 붙여 만든 입체도형입니다. ㉠의 겉넓이는 406 cm²이고 ㉡의 겉넓이는 714 cm²일 때, ㉠ 직육면체의 한 밑면의 넓이는 몇 cm²입니까?

㉠ ㉡

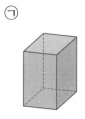
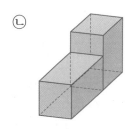

(.   )

6 ㉠, ㉡, ㉢ 세 면의 넓이가 각각 12 cm², 18 cm², 24 cm²인 직육면체의 부피는 몇 cm³입니까?

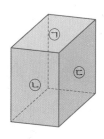

(   )

> 경시
> 기출
> 문제

7 쌓기나무를 쌓아 오른쪽 그림과 같이 바닥과 옆면이 한 층이고 위쪽은 뚫려 있는 정육면체 모양의 입체도형을 만들려고 합니다. 쌓기나무를 300개 가지고 있을 때, 최대한 큰 입체도형을 만들려면 몇 개의 쌓기나무를 사용해야 합니까?

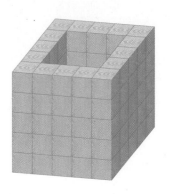

(   )

8 오른쪽 직육면체에서 빗금 친 면의 넓이는 $48\ cm^2$이고 높이는 $8\ cm$입니다. 이 직육면체의 겉넓이가 $352\ cm^2$일 때, 빗금 친 면의 세로는 몇 cm입니까? (단, 모든 모서리의 길이는 자연수이고, 가로는 세로보다 짧습니다.)

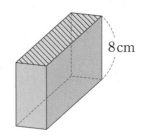

(   )

9 오른쪽 그림과 같은 직육면체 모양의 수조에 $15\ L$의 물이 담겨져 있습니다. 이때 수조 안에 똑같은 크기의 쇠구슬 20개를 넣었더니 $0.2\ L$의 물이 넘쳤습니다. 쇠구슬 1개의 부피는 몇 cm^3입니까? (단, $1000\ cm^3 = 1000\ mL = 1\ L$이고 수조의 두께는 생각하지 않습니다.)

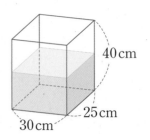

(   )

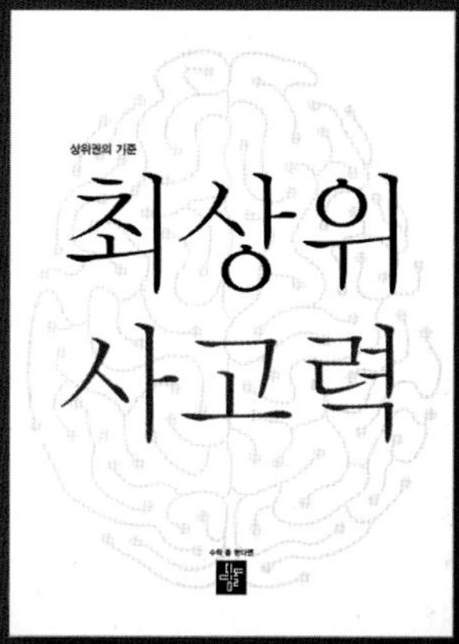

상위권의 기준
최상위
사고력

상위권을 위한
사고력
생각하는 방법도
최상위!

수능까지 연결되는 독해 로드맵

디딤돌 독해력은 수능까지 연결되는 체계적인 라인업을 통하여

수능에서 요구하는 핵심 독해 원리에 대한 이해는 물론,

단계 별로 심화되며 연결되는 학습의 과정을 통해

깊이 있고 종합적인 독해 사고의 능력까지 기를 수 있도록 도와줍니다.

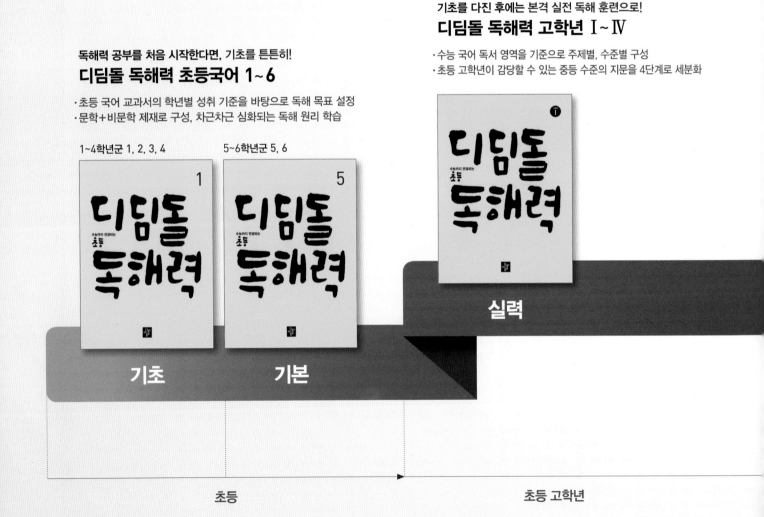

기초를 다진 후에는 본격 실전 독해 훈련으로!
디딤돌 독해력 고학년 I~IV

· 수능 국어 독서 영역을 기준으로 주제별, 수준별 구성
· 초등 고학년이 감당할 수 있는 중등 수준의 지문을 4단계로 세분화

독해력 공부를 처음 시작한다면, 기초를 튼튼히!
디딤돌 독해력 초등국어 1~6

· 초등 국어 교과서의 학년별 성취 기준을 바탕으로 독해 목표 설정
· 문학+비문학 제재로 구성, 차근차근 심화되는 독해 원리 학습

1~4학년군 1, 2, 3, 4   5~6학년군 5, 6

실력

기초   **기본**

초등   초등 고학년

정답과 풀이

상위권의 기준

최상위
수학

상위권의 기준

수학 좀 한다면

디딤돌

SPEED 정답 체크

1 분수의 나눗셈

◉ BASIC TEST

1 (자연수)÷(자연수) 11쪽

1 방법1 $1\dfrac{1}{4}$, $\dfrac{5}{4}$ 방법2 $\dfrac{5}{4}$ **2** $\dfrac{7}{8}$ L

3 $5\dfrac{2}{3}$ cm² **4** ㉠

5 $1÷8$, $7÷8$, $3÷8$에 ◯표 **6** $4\dfrac{4}{5}$

2 (분수)÷(자연수) 13쪽

1 $3/3$, $\dfrac{1}{3}$, $\dfrac{2}{9}$ **2** $\dfrac{5}{17}$ kg **3** $\dfrac{7}{10}$ m²

4 $\dfrac{15}{77}$ L **5** $\dfrac{8}{9}÷5$ **6** $2\dfrac{1}{6}$ cm

MATH TOPIC 14~22쪽

1-1 $3\dfrac{4}{5}÷6 / \dfrac{19}{30}$ **1-2** $8\dfrac{3}{5}÷2 / 4\dfrac{3}{10}$

2-1 $1\dfrac{1}{7}$ m² **2-2** $4\dfrac{2}{3}$ cm² **2-3** $3\dfrac{13}{14}$ cm²

3-1 $13\dfrac{3}{7}$ m **3-2** $4\dfrac{8}{13}$ **3-3** $2\dfrac{7}{9}$ m

4-1 $1\dfrac{5}{6}$, 3 **4-2** $5\dfrac{3}{4}$

5-1 6 **5-2** 5 **5-3** 14

6-1 $\dfrac{1}{126}$ **6-2** $1\dfrac{1}{6}$ **6-3** $6\dfrac{11}{21}$

7-1 8분 45초 **7-2** $\dfrac{2}{21}$ km

8-1 6일 **8-2** 8분

심화**9** $5\dfrac{2}{5} / 5\dfrac{2}{5} / 5\dfrac{2}{5}$, $\dfrac{27}{5}$, $\dfrac{3}{200} / \dfrac{3}{200}$

9-1 $1\dfrac{7}{8}$ kg **9-2** $\dfrac{1}{6}$ kg

✖ LEVEL UP TEST 23~27쪽

1 $\dfrac{1}{153}$ **2** $22\dfrac{1}{2}$ kg **3** $7\dfrac{1}{6}$ cm

4 $\dfrac{3}{4}$ **5** $\dfrac{5}{12}$ kg **6** $5\dfrac{1}{4}$

7 5 **8** $4\dfrac{3}{5}$ cm **9** 24일

10 $\dfrac{1}{45}$ **11** $3\dfrac{12}{35}$ m² **12** $\dfrac{2}{15}$

13 $4\dfrac{1}{2}$ cm² **14** $8\dfrac{2}{5}$ cm **15** 8시간

✖ HIGH LEVEL 28~30쪽

1 ㉣ **2** $6\dfrac{5}{12}$ cm **3** 9분 12초 후

4 $\dfrac{8}{63}$ **5** $\dfrac{1}{28}$ **6** 136개

7 $\dfrac{18}{49}$ m² **8** 10분

2 각기둥과 각뿔

◉ BASIC TEST

1 각기둥 35쪽

1 ㉠, ㉢ **2** 풀이 참조 **3** 47 cm
4 12, 8, 18 **5** 삼각형 **6** 46개

2 각기둥의 전개도 37쪽

1 선분 ㅇㅅ **2** 예

3 (위에서부터) 6, 10   **4** ㉣

5 (예)

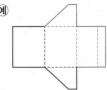

6 ㉢

3 각뿔   39쪽

1 ㉡, ㉢   **2** ㉠, ㉡

3 (위에서부터) 5, 6 / 6, 7 / 10, 12

4 ④   **5** 칠각뿔   **6** 108 cm

MATH TOPIC   40~48쪽

1-1 18개   **1-2** 16개, 10개   **1-3** 십이각형

2-1 19개   **2-2** 30 cm   **2-3** 팔각뿔

3-1 45 cm   **3-2** 60 cm   **3-3** 76 cm

4-1 3가지   **4-2** ㉠, ㉡, ㉣

5-1   **5-2**

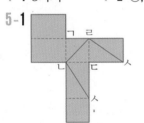

6-1 180 cm   **6-2** 90 cm

7-1 18개   **7-2** 1개   **7-3** 4개

8-1 90 cm   **8-2** 7 cm   **8-3** 120 cm

심화**9** 20 / 20, 60 / 60   **9-1** 179.2 cm

LEVEL UP TEST   49~53쪽

1 14개   **2** 30개   **3** 4개

4 ㉧, ㉦   **5** 8 cm   **6** 22 cm

7 34 cm   **8**

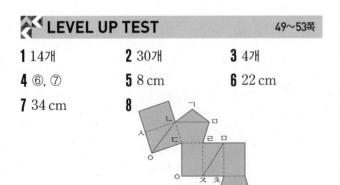

9 16 cm   **10** 88 cm   **11** 7개, 12개, 7개

12 6개   **13** 6 cm   **14** 4가지

15 6개

HIGH LEVEL   54~56쪽

1 435 cm   **2** ㉢

3   **4** 51 cm

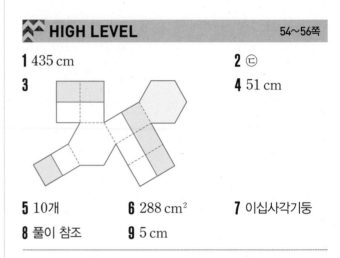

5 10개   **6** 288 cm²   **7** 이십사각기둥

8 풀이 참조   **9** 5 cm

3 소수의 나눗셈

BASIC TEST

1 (소수)÷(자연수) (1)   61쪽

1 (1) 25.1, 2.51   (2) 5.2, 0.52

2 864, 288, 2.88   **3** ㉠, ㉢, ㉡

4 5.13 L   **5** 2.96 cm

6 0.49 kg

2 (소수)÷(자연수) (2)   63쪽

1 (위에서부터) 1060, 265 / 2.65

2
$$\begin{array}{r} 8.06 \\ 5{\overline{\smash{)}\,40.3}} \\ \underline{40} \\ 30 \\ \underline{30} \\ 0 \end{array}$$

3 ㉡, ㉢

4 0.965

5 11.55 cm

6 0.7 mm

3 (자연수)÷(자연수), 몫을 어림하기 65쪽

1 (1) 7.5 / 0.75 (2) 22.5 / 2.25

2 (1) 81÷5＝16.2에 ◯표
　 (2) 8.82÷3＝2.94에 ◯표

3 6.25 cm

4 6.5÷5 / 65÷50 / 65÷10 ◯표

5 3분 45초　　　　　　　　**6** 10

MATH TOPIC 66~73쪽

1-1 10.38　　　**1-2** 3.32　　　**1-3** 33.5

2-1 8 cm　　　**2-2** 25.6 cm　　**2-3** 6.9 cm

3-1 24.4　　　**3-2** 4.375

4-1 10.8 cm²　**4-2** 350 cm²　**4-3** 1.5 cm

5-1 220 cm　　**5-2** 5.15 m

6-1 16.75 km　**6-2** 67.5 m　**6-3** 101 m

7-1 오후 4시 17분 30초　**7-2** 오전 10시 55분

7-3 오후 1시 24분 12초

심화8 20, 10.2 / 11, 87.4 / 87.4, 148580 / 148580

8-1 16240원

LEVEL UP TEST 74~78쪽

1 민아　　　　**2** 1.28　　　　**3** 6.25 cm

4 8　　　　　**5** 1.69 cm²　　**6** 310 m

7 891장　　　**8** 6.25 cm　　**9** 8.54 kg

10 11.25 g　　**11** 5.06 cm²　**12** 5.2 cm

13 837.2 km　**14** 1.25배　　**15** 6분 30초 후

HIGH LEVEL 79~81쪽

1 4.15　　　　**2** 5.27　　　　**3** 49.44 cm²

4 11.2 cm　　**5** 1분 48초　　**6** 0.62 km

7 39.375 m²　**8** 0.905　　　**9** 21분 24초

---

4 비와 비율

◉ BASIC TEST

1 비, 비율 87쪽

1 ㉢

2 (위에서부터) 16, 40, $\frac{16}{40}$($\frac{2}{5}$, 0.4) /

　　6, 8, $\frac{6}{8}$($\frac{3}{4}$, 0.75) /

　　42, 15, $\frac{42}{15}$($2\frac{4}{5}$, 2.8)

3 13 : 20　　　　　　**4** ㉠, ㉣

5 $\frac{3}{4}$　　　　　　　**6** $\frac{5}{8}$

2 비율이 사용되는 경우 89쪽

1 윤하, 수호, 단우　**2** 0.375, 0.25　**3** $\frac{1}{2000}$

4 34150명　　　　**5** 재우　　　　**6** 60 cm

3 백분율, 백분율이 사용되는 경우 91쪽

1 40 %, 62.5 %　**2** 풀이 참조　　**3** 20 %

4 ㉡　　　　　　**5** 48.1 kg　　**6** 달빛 은행

MATH TOPIC 92~98쪽

1-1 0.25　　　**1-2** $\frac{5}{8}$　　　**1-3** $\frac{12}{13}$

2-1 44번　　　**2-2** 244개　　**2-3** 16표

3-1 1380원　　**3-2** 561 cm²　**3-3** 945 g

4-1 ㉮　　　　**4-2** 12.5 %　　**4-3** 16원

5-1 대한 은행, 5 %　　　　　**5-2** 5632원

5-3 257500원

6-1 12 %　　**6-2** 25 %　　**6-3** 10 %

심화7 25, 1500 / 6500 / 1500, 7500 / 6500, 7500

7-1 3000원

✖✖✖ LEVEL UP TEST   99~103쪽

1 ㉢, ㉣, ㉤   **2** 108쪽   **3** 5

4 132명   **5** 242상자   **6** 49

7 25 %   **8** 15000원   **9** 2.16 m

10 1 %   **11** 337969가구   **12** 300 g

13 221명   **14** 20 %   **15** 750 m

✖✖✖ HIGH LEVEL   104~106쪽

1 20, 12   **2** 64.8kg 이상 72.9kg 미만

3 25.4 %   **4** 0.24   **5** 2명

6 2500개   **7** $1\dfrac{1}{3}$ km

8 106000원, 106090원   **9** 32 %

5 여러 가지 그래프

◎ BASIC TEST

1 그림그래프   111쪽

1 ④   **2** ㉣

3 1400, 1300, 700, 2100   **4** 예 1000, 100

5 예
도시별 학생 수

도시	학생 수
가	👤 🙂🙂🙂🙂
나	👤 🙂🙂🙂
다	👤🙂🙂🙂🙂🙂🙂🙂
라	👤👤🙂

예
👤 [1000] 명
🙂 [100] 명

2 띠그래프   113쪽

1 봄   **2** 2배   **3** 36명

4 (위에서부터) 30, 24 / 40, 15, 100

5
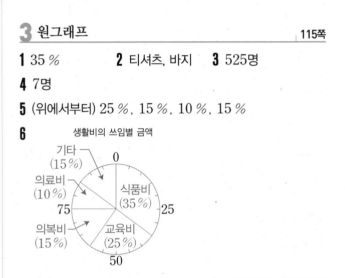
용돈의 쓰임별 금액

| 저축 (35%) | 간식 (30%) | 학용품 (20%) | 기타 (15%) |

6 4.5 cm

3 원그래프   115쪽

1 35 %   **2** 티셔츠, 바지   **3** 525명

4 7명

5 (위에서부터) 25 %, 15 %, 10 %, 15 %

6
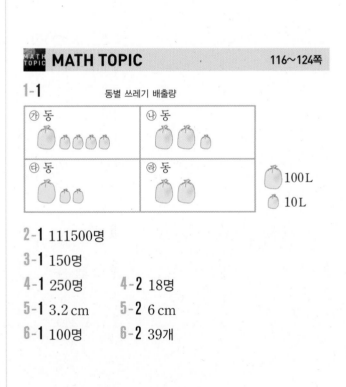
생활비의 쓰임별 금액

ᴹᴬᵀᴴ MATH TOPIC   116~124쪽

1-1
동별 쓰레기 배출량

㉮ 동	㉯ 동
㉰ 동	㉱ 동

🛍️ 100L
🛍️ 10L

2-1 111500명

3-1 150명

4-1 250명   **4-2** 18명

5-1 3.2 cm   **5-2** 6 cm

6-1 100명   **6-2** 39개

7-1

좋아하는 전통놀이

| 0 | 10 | 20 | 30 | 40 | 50 | 60 | 70 | 80 | 90 | 100(%) |

윷놀이(40%) / 제기차기(20%) / 팽이치기(15%) / 딱지치기(15%) / 기타(10%)

8-1 150잔　　**8-2** 240명

심화**9** 90억 / 90억, 4억 5000만 / 4억 5000만

9-1 0.76 %

---

1 3400대　　　　**2** 2350 kg

3 50억 6000만 명

4

4층	🌢🌢🌢
3층	🌢🌢🌢🌢🌢🌢🌢
2층	🌢🌢🌢
1층	🌢🌢

🌢100 L
🌢50 L
🌢10 L

5 135명　　　　**6** ㉣　　　　**7** 63명

8 33명　　　　**9** 고령 사회　　　　**10** 28명

11 10500 t　　　　**12** 35명　　　　**13** 닭

14 60편

---

1 42 %

2

| 0 | 10 | 20 | 30 | 40 | 50 | 60 | 70 | 80 | 90 | 100(%) |

㉠ / ㉡ / ㉢ / ㉣

3 65 %　　　　**4** 주혜, $\frac{1}{2}$　　　　**5** 48명

6 210권　　　　**7** 17.5 cm　　　　**8** 8 cm

9 1.8 kg

---

6 직육면체의 부피와 겉넓이

1 직육면체의 부피　　　　137쪽

1 예

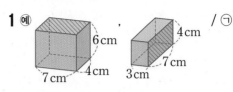

, / ㉠

2 (1) 90 cm³　(2) 64 cm³

3 343 cm³　　　　**4** 4

5 125 cm³　　　　**6** 8배

---

2 부피의 단위　　　　139쪽

1 ③

2 방법1 400, 400, 400 / 64000000, 64

　　방법2 4, 4, 4 / 64

3 0.3 m³　　　**4** 60　　　**5** 324000 cm³

6 (1) 1000 cm³　(2) 1.6 m³　(3) 240 m³에 ○표

---

3 직육면체의 겉넓이　　　　141쪽

1 216 cm²　　　**2** 142 cm²　　　**3** ㉮

4 2　　　　　**5** 170 cm²　　　**6** 10 cm

1-1 4500개　　　**1-2** 6 cm　　　**1-3** 8

2-1 8　　　　**2-2** ㉡, 245 cm³　　**2-3** 472 cm³

3-1 2 cm　　　**3-2** 4 cm　　　**3-3** 8배

4-1 542 cm²　　**4-2** 12　　　**4-3** 450 cm²

5-1 864 cm²　　**5-2** 726 cm²　　**5-3** 9배

6-1 2400 cm²　　**6-2** 1331 cm³　　**6-3** 240 cm³

7-1 308 cm³　　**7-2** 14.5 cm　　**8-1** 480 cm³

심화**9** 81, 162 / 162, 324 / 324　　**9-1** 4800 cm²

LEVEL UP TEST 151~155쪽

1 220 cm³, 238 cm² **2** 4

3 27배 **4** 3 cm **5** 3476 cm³

6 8448 cm³ **7** 6 cm **8** 234 cm²

9 8 cm **10** 432 cm² **11** 2160 cm²

12 1600 cm² **13** 270 cm³ **14** 1350 cm³

15 96 cm²

HIGH LEVEL 156~158쪽

1 1728 cm³ **2** 20 m³ **3** 6 cm

4 6 cm² **5** 49 cm² **6** 72 cm³

7 260개 **8** 12 cm **9** 760 cm³

교내 경시 문제

1. 분수의 나눗셈 1~2쪽

01 $\frac{3}{5}$ m **02** $\frac{1}{7}$ **03** $1\frac{2}{9}$ 배

04 $1\frac{4}{7}$ **05** 5 **06** $1\frac{1}{17}$

07 250상자 **08** 5번 **09** $2\frac{1}{5}$ cm

10 ㉢, ㉣, ㉠, ㉡ **11** 10분 18초 **12** $2\frac{1}{11}$ m

13 $\frac{17}{25}$ **14** $20\frac{2}{9}$ m² **15** $\frac{24}{65}$

16 $1\frac{3}{4}$ cm **17** 오후 7시 40분 30초

18 75개 **19** 18 **20** $3\frac{1}{3}$ cm

2. 각기둥과 각뿔 3~4쪽

01 풀이 참조 **02** 구각기둥 **03** 7개

04 175 cm **05** 11개 **06** 팔각뿔

07 110 cm **08** 448 cm² **09** 십각뿔

10

11 육각형

12 1296 cm² **13** 십오각기둥 **14** 216 cm²

15 3가지 **16** 432 cm² **17** 108 cm

18 팔각뿔, 십이각뿔 **19** 396 cm²

20 18개

3. 소수의 나눗셈 5~6쪽

01 5.25 **02** 11.2 m

03 예 약 10 km, 9.9 km **04** 5.2배

05 소미, 5번 **06** 4.24 cm

07 121번 **08** 35분 12초

09 1.4배 **10** 35.88 cm²

11 5 **12** 1.232 m

13 2.5 **14** 15.35

15 2.81 **16** 5시간 24분

17 1분 36초 후 **18** 53.125 cm²

19 0.95 km **20** 207500원

4. 비와 비율

01 150 : 130
02 0.25
03 ㉡, ㉢, ㉠
04 25 %
05 예

06 840명
07 1512 cm²
08 ㉮ 은행
09 5 kg
10 0.15
11 ㉮ 서점, 275원
12 62.5 %
13 $\dfrac{5}{11}$
14 42.5 %
15 73.1 %
16 256명
17 200 g
18 8 %
19 9
20 2250원

5. 여러 가지 그래프

01 ㉱ 지역
02 $\dfrac{7}{9}$
03 22명
04 3 %
05 2명
06

농장별 사과 수확량

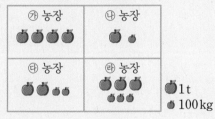

㉮ 1t
🍎 100 kg

07 5100 kg
08 50명
09 8명
10 4명
11 36 %
12 500명
13 36명
14 30명
15 42 g
16 528명
17 0.9
18 144명
19 48 cm
20 156 km²

6. 직육면체의 부피와 겉넓이

01 96
02 ㉢
03 518 cm²
04 0.07 m³
05 6
06 16 cm
07 729 cm³
08 8배
09 294 cm²
10 486 cm²
11 768 cm³
12 450 cm³
13 8 cm
14 348 cm²
15 9.5 cm
16 600 cm²
17 200 cm³
18 3 cm
19 540 cm³
20 176000 cm³

┤ 수능형 사고력을 기르는 1학기 TEST

1회

01 ㉡
02 십각기둥
03 ③
04 2
05 ㉠
06 9.035 g
07 2070원
08 150명
09 2, 3
10 6.5 cm
11 $1\dfrac{7}{20}$ kg
12 ㉡
13 7개
14 5
15 $8\dfrac{2}{5}$ cm
16 $37\dfrac{1}{8}$ cm²
17 544 cm³
18 6800권
19 1692 cm³
20 30 %

2회 15~16쪽

01 (위에서부터) $\dfrac{2}{7}$, $\dfrac{8}{75}$ **02** 18 cm³

03 ㉡ **04** 4개 **05** ㉠

06 $\dfrac{4}{5}$ m **07** 250만 원 **08** 726 cm²

09 0.3배 **10** 4칸 **11** 14.28 cm

12 $\dfrac{4}{5}$ **13** 34 cm **14** 15 cm

15 5일 **16** 3750원 **17** 4939200원

18 $1\dfrac{1}{4}$ km **19** 14.06 cm **20** 400명

정답과 풀이

1 분수의 나눗셈

⊙ BASIC TEST

1 (자연수)÷(자연수) | 11쪽

1 방법1 $1\dfrac{1}{4}$, $\dfrac{5}{4}$ 방법2 $\dfrac{5}{4}$ 2 $\dfrac{7}{8}$ L

3 $5\dfrac{2}{3}$ cm² 4 ㉠

5 $1\div8$, $7\div8$, $3\div8$에 ◯표 6 $4\dfrac{4}{5}$

---

1 방법1 $5\div4=1\cdots1$이고 나머지 1을 4로 나눈 몫은 $\dfrac{1}{4}$입니다. 따라서 $5\div4$의 몫은 $1\dfrac{1}{4}=\dfrac{5}{4}$입니다.

방법2 1을 각각 4로 나눕니다. $5\div4$는 $\dfrac{1}{4}$이 5개이므로 $5\div4$의 몫은 $\dfrac{5}{4}$입니다.

2 (한 사람이 마시는 주스의 양)$=7\div8=\dfrac{7}{8}$ (L)

3 색칠한 부분은 정육각형을 똑같이 6개로 나눈 것 중 하나입니다.

(색칠한 부분의 넓이)
$=34\div6=\dfrac{34}{6}=\dfrac{17}{3}=5\dfrac{2}{3}$ (cm²)

4 ㉠ $8\div10=\dfrac{8}{10}=\dfrac{4}{5}$ (kg)

㉡ $10\div15=\dfrac{10}{15}=\dfrac{2}{3}$ (kg)

$\dfrac{4}{5}(=\dfrac{12}{15})>\dfrac{2}{3}(=\dfrac{10}{15})$이므로 한 사람이 가지는 찰흙의 양이 더 많은 경우는 ㉠입니다.

보충 개념
분모가 다른 분수의 크기를 비교할 때에는 분모를 통분한 후 분자의 크기를 비교합니다.

5 나누어지는 수보다 나누는 수가 크면 몫이 1보다 작습니다. 따라서 몫이 1보다 작은 것을 모두 고르면 $1\div8$, $7\div8$, $3\div8$입니다.

보충 개념
■>▲일 때, ■÷▲>1
■<▲일 때, ■÷▲<1

주의
나누어지는 수와 나누는 수가 같으면 몫이 1입니다.
예 $8\div8=1$

6 어떤 수를 □라 하면 □$\times5=120$에서
□$=120\div5=24$입니다.

따라서 바르게 계산하면 $24\div5=\dfrac{24}{5}=4\dfrac{4}{5}$입니다.

2 (분수)÷(자연수) | 13쪽

1 3 / 3, $\dfrac{1}{3}$, $\dfrac{2}{9}$ 2 $\dfrac{5}{17}$ kg 3 $\dfrac{7}{10}$ m²

4 $\dfrac{15}{77}$ L 5 $\dfrac{8}{9}\div5$ 6 $2\dfrac{1}{6}$ cm

---

1 $\dfrac{2}{3}$를 3으로 나누었습니다.

$\dfrac{2}{3}\div3=\dfrac{2}{3}\times\dfrac{1}{3}=\dfrac{2}{9}$

2 (식빵 1개를 만드는 데 필요한 밀가루의 양)
$=\dfrac{15}{17}\div3=\dfrac{15\div3}{17}=\dfrac{5}{17}$ (kg)

다른 풀이
(식빵 1개를 만드는 데 필요한 밀가루의 양)
$=\dfrac{15}{17}\div3=\dfrac{\overset{5}{\cancel{15}}}{17}\times\dfrac{1}{\cancel{3}}=\dfrac{5}{17}$ (kg)

3 $1\dfrac{3}{4}\times\dfrac{4}{5}\div2=\dfrac{7}{\cancel{4}}\times\dfrac{\overset{1}{\cancel{4}}}{5}\times\dfrac{1}{2}=\dfrac{7}{10}$ (m²)

해결 전략
대분수를 가분수로 고친 후 한꺼번에 계산합니다.

4 2주는 14일입니다.
(하루에 사용한 식용유의 양)
$=2\dfrac{8}{11}\div14=\dfrac{30}{11}\div14=\dfrac{\overset{15}{\cancel{30}}}{11}\times\dfrac{1}{\underset{7}{\cancel{14}}}=\dfrac{15}{77}$ (L)

5 몫이 가장 크려면 가장 큰 진분수를 가장 작은 자연수로 나누어야 하므로 가장 작은 자연수 5를 나누는 수로 정합니다. 나머지 수 카드로 만들 수 있는 진분수는 $\frac{7}{8}$, $\frac{8}{9}$, $\frac{7}{9}$이고 이 중 가장 큰 것은 $\frac{8}{9}$입니다.

따라서 몫이 가장 크게 되는 식은 $\frac{8}{9} \div 5$입니다.

6 정삼각형은 세 변의 길이가 같습니다.

(정삼각형의 한 변의 길이)

$= 26 \div 4 \div 3 = \overset{13}{26} \times \frac{1}{\underset{2}{4}} \times \frac{1}{3} = \frac{13}{6} = 2\frac{1}{6}$ (cm)

MATH TOPIC
14~22쪽

1-1 $3\frac{4}{5} \div 6$ / $\frac{19}{30}$ 　　　**1-2** $8\frac{3}{5} \div 2$ / $4\frac{3}{10}$

2-1 $1\frac{1}{7}$ m² 　　**2-2** $4\frac{2}{3}$ cm² 　　**2-3** $3\frac{13}{14}$ cm²

3-1 $13\frac{3}{7}$ m 　　**3-2** $4\frac{8}{13}$ 　　**3-3** $2\frac{7}{9}$ m

4-1 $1\frac{5}{6}$, 3 　　　**4-2** $5\frac{3}{4}$

5-1 6 　　　　**5-2** 5 　　　　**5-3** 14

6-1 $\frac{1}{126}$ 　　**6-2** $1\frac{1}{6}$ 　　**6-3** $6\frac{11}{21}$

7-1 8분 45초 　　**7-2** $\frac{2}{21}$ km

8-1 6일 　　　**8-2** 8분

심화9 $5\frac{2}{5}$ / $5\frac{2}{5}$ / $5\frac{2}{5}$, $\frac{27}{5}$, $\frac{3}{200}$ / $\frac{3}{200}$

9-1 $1\frac{7}{8}$ kg 　　**9-2** $\frac{1}{6}$ kg

1-1 가장 큰 자연수 6을 나누는 수로 정합니다.

나머지 수 카드로 만들 수 있는 대분수는 $3\frac{4}{5}$, $4\frac{3}{5}$, $5\frac{3}{4}$이므로 이 중 가장 작은 대분수 $3\frac{4}{5}$를 나누어지는 수로 정합니다.

➡ $3\frac{4}{5} \div 6 = \frac{19}{5} \times \frac{1}{6} = \frac{19}{30}$

1-2 가장 작은 자연수 2를 나누는 수로 정합니다.

나머지 수 카드로 만들 수 있는 대분수는 $8\frac{3}{5}$, $5\frac{3}{8}$, $3\frac{5}{8}$이므로 이 중 가장 큰 대분수 $8\frac{3}{5}$을 나누어지는 수로 정합니다.

➡ $8\frac{3}{5} \div 2 = \frac{43}{5} \times \frac{1}{2} = \frac{43}{10} = 4\frac{3}{10}$

2-1 전체 직사각형의 넓이는

$2\frac{6}{7} \times 1\frac{1}{5} = \frac{\overset{4}{20}}{7} \times \frac{6}{\underset{1}{5}} = \frac{24}{7}$ (m²)입니다.

전체 직사각형을 똑같이 18개로 나누었으므로 작은 직사각형 한 개의 넓이는

$\frac{24}{7} \div 18 = \frac{\overset{4}{24}}{7} \times \frac{1}{\underset{3}{18}} = \frac{4}{21}$ (m²)입니다.

색칠한 부분은 작은 직사각형 6개의 넓이와 같으므로 색칠한 부분의 넓이는

$\frac{4}{\underset{7}{21}} \times \overset{2}{6} = \frac{8}{7} = 1\frac{1}{7}$ (m²)입니다.

> **다른 풀이**
> 전체 직사각형의 넓이는
> $2\frac{6}{7} \times 1\frac{1}{5} = \frac{\overset{4}{20}}{7} \times \frac{6}{\underset{1}{5}} = \frac{24}{7}$ (m²)입니다.
> 색칠한 부분은 전체 직사각형을 똑같이 3개로 나눈 것 중 하나의 넓이와 같으므로 색칠한 부분의 넓이는
> $\frac{24}{7} \div 3 = \frac{24 \div 3}{7} = \frac{8}{7} = 1\frac{1}{7}$ (m²)입니다.

2-2 정육각형을 똑같이 24개로 나누었으므로 작은 정삼각형 한 개의 넓이는

$14 \div 24 = \frac{14}{24} = \frac{7}{12}$ (cm²)입니다.

색칠한 부분은 작은 정삼각형 8개의 넓이와 같으므로 색칠한 부분의 넓이는

$\frac{7}{\underset{3}{12}} \times \overset{2}{8} = \frac{14}{3} = 4\frac{2}{3}$ (cm²)입니다.

> **다른 풀이**
> 색칠한 부분의 넓이는
> $14 \div 24 \times 8 = \overset{7}{14} \times \frac{1}{\underset{\underset{3}{12}}{24}} \times \overset{2}{8} = \frac{14}{3} = 4\frac{2}{3}$ (cm²)입니다.

2-3 직사각형 ㄱㄴㄷㄹ을 크기가 같은 삼각형으로 나누면 작은 삼각형 32개로 나누어집니다.

직사각형을 똑같이 32개로 나누었으므로 작은 삼각형 한 개의 넓이는

$$15\frac{5}{7} \div 32 = \frac{\overset{55}{\cancel{110}}}{7} \times \frac{1}{\underset{16}{\cancel{32}}} = \frac{55}{112} \text{ (cm}^2\text{)입니다.}$$

색칠한 부분은 작은 삼각형 8개의 넓이와 같으므로 색칠한 부분의 넓이는

$$\frac{55}{\underset{14}{\cancel{112}}} \times \overset{1}{\cancel{8}} = \frac{55}{14} = 3\frac{13}{14} \text{ (cm}^2\text{)입니다.}$$

다른 풀이

직사각형의 각 변을 이등분한 점을 연결하여 만든 마름모의 넓이는 직사각형의 넓이의 반이므로 마름모의 넓이는

$$15\frac{5}{7} \div 2 = \frac{110 \div 2}{7} = \frac{55}{7} \text{ (cm}^2\text{)입니다. 마름모의 각 변}$$

을 이등분한 점을 연결하여 만든 직사각형의 넓이는 마름모의 넓이의 반입니다. 따라서 색칠한 부분의 넓이도 마름모의 넓이의 반입니다.

➡ (색칠한 부분의 넓이)

$$= \frac{55}{7} \div 2 = \frac{55}{7} \times \frac{1}{2} = \frac{55}{14} = 3\frac{13}{14} \text{ (cm}^2\text{)}$$

3-1 (세로) = (직사각형의 넓이) ÷ (가로)

$$= 8\frac{4}{7} \div 5 = \frac{60}{7} \div 5 = \frac{60 \div 5}{7}$$

$$= \frac{12}{7} = 1\frac{5}{7} \text{ (m)}$$

➡ (꽃밭의 둘레) $= \left(5 + 1\frac{5}{7}\right) \times 2 = 6\frac{5}{7} \times 2$

$$= \frac{47}{7} \times 2 = \frac{94}{7} = 13\frac{3}{7} \text{ (m)}$$

보충 개념

(직사각형의 둘레) = ((가로) + (세로)) × 2

3-2 길이가 13 cm인 변을 밑변으로 하면 높이가 □cm이고, 길이가 5 cm인 변을 밑변으로 하면 높이가 12 cm입니다. 삼각형의 넓이는

$5 \times 12 \div 2 = 30$ (cm²)이고 어느 변을 밑변으로 정해도 넓이는 그대로입니다.

$13 \times \square \div 2 = 30, \ 13 \times \square = 60,$

$$\square = 60 \div 13 = \frac{60}{13} = 4\frac{8}{13} \text{ (cm)}$$

보충 개념

삼각형에서 어느 변을 밑변으로 정하는지에 따라 높이가 달라집니다. 이때 어느 변을 밑변으로 정해도 삼각형의 넓이는 같습니다.

3-3 높이를 □m라 하면

$$\left(4\frac{3}{5} + 7\frac{2}{5}\right) \times \square \div 2 = 16\frac{2}{3} \text{입니다.}$$

$$12 \times \square \div 2 = 16\frac{2}{3},$$

$$12 \times \square = 16\frac{2}{3} \times 2 = \frac{50}{3} \times 2 = \frac{100}{3},$$

$$\square = \frac{100}{3} \div 12 = \frac{\overset{25}{\cancel{100}}}{3} \times \frac{1}{\underset{3}{\cancel{12}}} = \frac{25}{9}$$

$$\square = 2\frac{7}{9} \text{ (m)}$$

보충 개념

(사다리꼴의 넓이) = ((윗변) + (아랫변)) × (높이) ÷ 2

4-1 수직선의 눈금 한 칸은 $\frac{2}{3}$와 $4\frac{1}{6}$ 사이를 똑같이 3으로 나눈 것 중 하나입니다.

(눈금 한 칸의 크기)

$$= \left(4\frac{1}{6} - \frac{2}{3}\right) \div 3 = \left(4\frac{1}{6} - \frac{4}{6}\right) \div 3$$

$$= 3\frac{1}{2} \div 3 = \frac{7}{2} \times \frac{1}{3} = \frac{7}{6} = 1\frac{1}{6}$$

㉠이 나타내는 수는 $\frac{2}{3}$보다 눈금 한 칸만큼 큰 수입니다. ➡ $㉠ = \frac{2}{3} + 1\frac{1}{6} = \frac{4}{6} + 1\frac{1}{6} = 1\frac{5}{6}$

㉡이 나타내는 수는 ㉠보다 눈금 한 칸만큼 큰 수입니다. ➡ $㉡ = 1\frac{5}{6} + 1\frac{1}{6} = 3$

다른 풀이

㉡이 나타내는 수는 $4\frac{1}{6}$보다 눈금 한 칸만큼 작은 수입니다.

➡ $㉡ = 4\frac{1}{6} - 1\frac{1}{6} = 3$

4-2 수직선의 눈금 한 칸은

$4\dfrac{2}{3}$와 $7\dfrac{5}{9}$ 사이를 똑같이 8로 나눈 것 중 하나입니다.

$$\begin{aligned}(눈금\ 한\ 칸의\ 크기)&=\left(7\dfrac{5}{9}-4\dfrac{2}{3}\right)\div 8\\&=\left(7\dfrac{5}{9}-4\dfrac{6}{9}\right)\div 8\\&=2\dfrac{8}{9}\div 8=\dfrac{\overset{13}{\cancel{26}}}{9}\times\dfrac{1}{\underset{4}{\cancel{8}}}=\dfrac{13}{36}\end{aligned}$$

㉠이 나타내는 수는 $4\dfrac{2}{3}$보다 눈금 3칸만큼 큰 수입니다.

$$\begin{aligned}➡㉠&=4\dfrac{2}{3}+\dfrac{13}{\underset{12}{\cancel{36}}}\times\overset{1}{\cancel{3}}=4\dfrac{2}{3}+\dfrac{13}{12}\\&=4\dfrac{8}{12}+\dfrac{13}{12}=4\dfrac{21}{12}=5\dfrac{9}{12}=5\dfrac{3}{4}\end{aligned}$$

5-1 $4\dfrac{1}{2}\times\square\div 27=\dfrac{9}{2}\times\square\times\dfrac{1}{\underset{3}{\cancel{27}}}=\dfrac{1}{6}\times\square$가 자연수가 되려면 $\square$가 분모 6과 약분되어 분모를 1로 만들어야 합니다. 따라서 $\square$는 6의 배수이어야 하므로 $\square$ 안에 알맞은 가장 작은 수는 6입니다.

> **해결 전략**
>
> $\dfrac{■}{●}$가 기약분수일 때, $\dfrac{■}{●}\times★$의 계산 결과가 자연수가 되려면 $★$은 $●$의 배수이어야 합니다.

5-2 $6\dfrac{2}{5}\times\square\div 4=\dfrac{\overset{8}{\cancel{32}}}{5}\times\square\times\dfrac{1}{\underset{1}{\cancel{4}}}=\dfrac{8}{5}\times\square$

$\dfrac{8}{5}\times\square$가 자연수가 되려면 $\square$가 분모 5와 약분되어 분모를 1로 만들어야 합니다.

따라서 $\square$는 5의 배수이어야 하므로 $\square$ 안에 알맞은 가장 작은 수는 5입니다.

5-3 $\dfrac{\square}{6}\div 10\times 4\dfrac{2}{7}=\dfrac{\square}{\underset{1}{\cancel{6}}}\times\dfrac{1}{\underset{2}{\cancel{10}}}\times\dfrac{\overset{5}{\cancel{30}}}{7}$

$\qquad\qquad =\square\times\dfrac{1}{14}$

$\square\times\dfrac{1}{14}$이 자연수가 되려면 $\square$가 분모 14와 약분되어 분모를 1로 만들어야 합니다.

따라서 $\square$는 14의 배수이어야 하므로 $\square$ 안에 알맞은 가장 작은 수는 14입니다.

6-1 $\dfrac{㉠}{㉡}=㉠\div㉡$이므로 $\dfrac{㉠}{㉡}\div㉢=㉠\div㉡\div㉢$으로 나타낼 수 있습니다.

$$\begin{aligned}➡㉠\div㉡\div㉢&=2\dfrac{6}{7}\div 30\div 12\\&=\dfrac{20}{7}\div 30\div 12\\&=\dfrac{\overset{2}{\cancel{20}}}{7}\times\dfrac{1}{\underset{3}{\cancel{30}}}\times\dfrac{1}{\underset{6}{\cancel{12}}}=\dfrac{1}{126}\end{aligned}$$

6-2 $㉮★㉯=\dfrac{㉮+㉯}{㉯}=(㉮+㉯)\div㉯$로 나타낼 수 있습니다.

$6★3=(6+3)\div 3=9\div 3=3$이므로

$\dfrac{1}{2}★(6★3)=\dfrac{1}{2}★3$입니다.

$$\begin{aligned}➡\dfrac{1}{2}★3&=\left(\dfrac{1}{2}+3\right)\div 3=3\dfrac{1}{2}\div 3\\&=\dfrac{7}{2}\div 3=\dfrac{7}{2}\times\dfrac{1}{3}=\dfrac{7}{6}=1\dfrac{1}{6}\end{aligned}$$

6-3 $8⊙\square=(8+1)\times(8-\square)=13\dfrac{2}{7}$이므로

$9\times(8-\square)=13\dfrac{2}{7}$,

$8-\square=13\dfrac{2}{7}\div 9=\dfrac{93}{7}\times\dfrac{1}{\underset{3}{\cancel{9}}}=\dfrac{31}{21}=1\dfrac{10}{21}$,

$\square=8-1\dfrac{10}{21}=6\dfrac{11}{21}$입니다.

7-1 1분은 60초이므로 5분 50초$=5\dfrac{50}{60}$분$=5\dfrac{5}{6}$분입니다. $5\dfrac{5}{6}$분 동안 2 km를 달렸으므로 1 km를 달리는 데 걸리는 시간은

$5\dfrac{5}{6}\div 2=\dfrac{35}{6}\div 2=\dfrac{35}{6}\times\dfrac{1}{2}=\dfrac{35}{12}$(분)입니다.

1 km를 달리는 데 $\dfrac{35}{12}$분이 걸리므로 3 km를 달

리는 데는 $\dfrac{35}{\underset{4}{12}} \times \overset{1}{3} = \dfrac{35}{4} = 8\dfrac{3}{4}$(분)이 걸립니다.

$8\dfrac{3}{4}$분$=8\dfrac{45}{60}$분이므로 3 km를 달리는 데 걸리는

시간은 8분 45초입니다.

7-2 영주가 자전거를 타고 10분에 $1\dfrac{1}{7}$ km씩 갔으므

로 영주가 1시간 동안 간 거리는

$1\dfrac{1}{7} \times 6 = \dfrac{8}{7} \times 6 = \dfrac{48}{7} = 6\dfrac{6}{7}$ (km)입니다.

지훈이가 자전거를 타고 $6\dfrac{6}{7}$ km를 가는 데 1시간

12분$=72$분이 걸렸으므로 지훈이가 1분 동안 간

거리는

$6\dfrac{6}{7} \div 72 = \dfrac{\overset{2}{48}}{7} \times \dfrac{1}{\underset{3}{72}} = \dfrac{2}{21}$ (km)입니다.

보충 개념
1시간=60분이므로 1시간 동안 간 거리는 10분 동안 간
거리의 6배입니다.

8-1 주호 혼자서 전체 일의 $\dfrac{1}{3}$을 하는 데 5일이 걸리므로

(주호가 하루 동안 하는 일의 양)

$= \dfrac{1}{3} \div 5 = \dfrac{1}{3} \times \dfrac{1}{5} = \dfrac{1}{15}$,

예지 혼자서 전체 일의 $\dfrac{1}{2}$을 하는 데 5일이 걸리므로

(예지가 하루 동안 하는 일의 양)

$= \dfrac{1}{2} \div 5 = \dfrac{1}{2} \times \dfrac{1}{5} = \dfrac{1}{10}$입니다.

두 사람이 함께 하루 동안 하는 일의 양은

$\dfrac{1}{15} + \dfrac{1}{10} = \dfrac{2}{30} + \dfrac{3}{30} = \dfrac{5}{30} = \dfrac{1}{6}$이고,

$\dfrac{1}{6} \times 6 = 1$이므로 두 사람이 함께 일을 끝내는 데

에는 6일이 걸립니다.

해결 전략
전체 일의 양을 1로 생각하고, 하루 동안 하는 일의 양을 분
수로 나타냅니다.

8-2 ㉮ 수도만 틀어서 전체의 $\dfrac{7}{8}$을 채우는 데 7분이 걸

리므로

(㉮ 수도로 1분 동안 채울 수 있는 물의 양)

$= \dfrac{7}{8} \div 7 = \dfrac{7 \div 7}{8} = \dfrac{1}{8}$입니다.

㉮ 수도와 ㉯ 수도를 동시에 틀어서 빈 물탱크를 가

득 채우는 데에는 4분이 걸리므로 두 수도로 1분 동

안 채울 수 있는 물의 양은 $1 \div 4 = \dfrac{1}{4}$입니다.

㉯ 수도로 1분 동안 채울 수 있는 물의 양은

$\dfrac{1}{4} - \dfrac{1}{8} = \dfrac{2}{8} - \dfrac{1}{8} = \dfrac{1}{8}$이고 $\dfrac{1}{8} \times 8 = 1$이므로

㉯ 수도만 틀어서 빈 물탱크를 가득 채우는 데에는

8분이 걸립니다.

해결 전략
물탱크 전체의 들이를 1로 생각하고, 1분 동안 받는 물의
양을 분수로 나타냅니다.

9-1 (비누 13개의 무게)

$=$ (비누 13개가 들어 있는 바구니의 무게)

$-$ (빈 바구니의 무게)

$= 9\dfrac{7}{8} - 1\dfrac{3}{4} = \dfrac{79}{8} - \dfrac{7}{4} = \dfrac{79}{8} - \dfrac{14}{8} = \dfrac{65}{8}$ (kg)

비누 13개의 무게가 $\dfrac{65}{8}$ kg이므로 비누 한 개의

무게는 $\dfrac{65}{8} \div 13 = \dfrac{\overset{5}{65}}{8} \times \dfrac{1}{\underset{1}{13}} = \dfrac{5}{8}$ (kg)입니다.

따라서 비누 3개의 무게는

$\dfrac{5}{8} \times 3 = \dfrac{15}{8} = 1\dfrac{7}{8}$ (kg)입니다.

9-2 (인형 15개가 들어 있는 상자 한 개의 무게)

$= 22\dfrac{3}{4} \div 7 = \dfrac{\overset{13}{91}}{4} \times \dfrac{1}{\underset{1}{7}} = \dfrac{13}{4} = 3\dfrac{1}{4}$ (kg)

(인형 15개의 무게)

$=$ (인형 15개가 들어 있는 상자의 무게)

$-$ (빈 상자의 무게)

$= 3\dfrac{1}{4} - \dfrac{3}{4} = 2\dfrac{1}{2}$ (kg)

따라서 인형 1개의 무게는

$2\dfrac{1}{2} \div 15 = \dfrac{\overset{5}{5}}{2} \times \dfrac{1}{\underset{3}{15}} = \dfrac{1}{6}$ (kg)입니다.

✦ LEVEL UP TEST

23~27쪽

1 $\dfrac{1}{153}$ **2** $22\dfrac{1}{2}$ kg **3** $7\dfrac{1}{6}$ cm **4** $\dfrac{3}{4}$ **5** $\dfrac{5}{12}$ kg **6** $5\dfrac{1}{4}$

7 5 **8** $4\dfrac{3}{5}$ cm **9** 24일 **10** $\dfrac{1}{45}$ **11** $3\dfrac{12}{35}$ m² **12** $\dfrac{2}{15}$

13 $4\dfrac{1}{2}$ cm² **14** $8\dfrac{2}{5}$ cm **15** 8시간

서술형

1 접근 》 어떤 수를 먼저 구합니다.

예 어떤 수를 □라 하면 $\square \times 12 = \dfrac{16}{17}$, $\square = \dfrac{16}{17} \div 12 = \dfrac{\overset{4}{\cancel{16}}}{17} \times \dfrac{1}{\underset{3}{\cancel{12}}} = \dfrac{4}{51}$입니다.

주의
어떤 수를 구하고 그 수를 답으로 쓰지 않도록 주의해요.

따라서 바르게 계산하면 $\dfrac{4}{51} \div 12 = \dfrac{\overset{1}{\cancel{4}}}{51} \times \dfrac{1}{\underset{3}{\cancel{12}}} = \dfrac{1}{153}$입니다.

채점 기준	배점
어떤 수를 구할 수 있나요?	3점
바르게 계산한 값을 구할 수 있나요?	2점

---

2 접근 》 쌀을 한 봉지에 몇 kg씩 담았는지 알아봅니다.

쌀을 10봉지에 똑같이 나누어 담았으므로 한 봉지에 담은 쌀은

$37\dfrac{1}{2} \div 10 = \dfrac{\overset{15}{\cancel{75}}}{2} \times \dfrac{1}{\underset{2}{\cancel{10}}} = \dfrac{15}{4}$ (kg)입니다.

해결 전략
전체 쌀의 양을 10으로 나누어 한 봉지에 든 양을 구한 다음 6봉지에 든 양을 구해요.

10봉지 중 4봉지를 사용하였으므로 남은 쌀은 6봉지입니다. 한 봉지에 담은 쌀은

$\dfrac{15}{4}$ kg이므로 남은 쌀은 $\dfrac{15}{\underset{2}{\cancel{4}}} \times \overset{3}{\cancel{6}} = \dfrac{45}{2} = 22\dfrac{1}{2}$ (kg)입니다.

주의
떡을 만드는 데 사용한 쌀의 양을 구하지 않도록 해요.

다른 풀이

쌀을 10봉지에 똑같이 나누어 담아 그중 4봉지의 쌀을 사용하고 6봉지의 쌀이 남았으므로

남은 쌀은 전체 쌀의 $\dfrac{6}{10}$입니다.

➡ (남은 쌀의 양) = $37\dfrac{1}{2} \times \dfrac{6}{10} = \dfrac{\overset{15}{\cancel{75}}}{\underset{1}{\cancel{2}}} \times \dfrac{\overset{3}{\cancel{6}}}{\underset{2}{\cancel{10}}} = \dfrac{45}{2} = 22\dfrac{1}{2}$ (kg)

---

3 접근 》 주어진 길이를 이용하여 마름모의 넓이를 나타내 봅니다.

(마름모의 넓이) = (한 대각선의 길이) × (다른 대각선의 길이) ÷ 2이므로,

(마름모의 넓이) = ㉠ × 2 × 6 × 2 ÷ 2 = 86입니다.

해결 전략
마름모의 넓이 구하는 식을 세워 ㉠의 길이를 구해요.

$\bigcirc \times 12 = 86$, $\bigcirc = 86 \div 12 = \dfrac{86}{12} = \dfrac{43}{6} = 7\dfrac{1}{6}$ (cm)입니다.

다른 풀이

왼쪽 그림에서 마름모의 넓이는 삼각형 ㉮의 넓이의 4배와 같습니다.

(삼각형 ㉮의 넓이)$= 86 \div 4 = \dfrac{86}{4} = \dfrac{43}{2}$ (cm²)

따라서 (삼각형 ㉮의 넓이)$= \bigcirc \times 6 \div 2 = \dfrac{43}{2}$이므로

$\bigcirc = \dfrac{43}{2} \times 2 \div 6 = \dfrac{43}{\underset{1}{2}} \times \overset{1}{2} \times \dfrac{1}{6} = \dfrac{43}{6} = 7\dfrac{1}{6}$ (cm)입니다.

보충 개념
마름모에 두 대각선을 그어 만들어진 4개의 직각삼각형은 합동입니다.

4 접근 » ▲÷■=● ➡ ■=▲÷●

보충 개념
▲÷●=▲×$\dfrac{1}{●}$=$\dfrac{▲}{●}$

$21 \div \bigcirc = 16 \Rightarrow \bigcirc = 21 \div 16 = \dfrac{21}{16}$

$\dfrac{9}{2} \div \bigcirc = 8 \Rightarrow \bigcirc = \dfrac{9}{2} \div 8 = \dfrac{9}{2} \times \dfrac{1}{8} = \dfrac{9}{16}$

따라서 $\bigcirc - \bigcirc = \dfrac{21}{16} - \dfrac{9}{16} = \dfrac{12}{16} = \dfrac{3}{4}$입니다.

5 22쪽 9번의 변형 심화 유형
접근 » 젤리 ■개를 먹고 다시 무게를 재면, 젤리 ■개의 무게만큼이 덜 나갑니다.

(젤리 20개의 무게)
=(젤리 50개가 놓여 있는 접시의 무게) − (나머지 젤리가 놓여 있는 접시의 무게)
$= 11\dfrac{5}{12} - 7\dfrac{1}{4} = 11\dfrac{5}{12} - 7\dfrac{3}{12} = 4\dfrac{1}{6} = \dfrac{25}{6}$ (kg)

젤리 20개의 무게가 $\dfrac{25}{6}$ kg이므로

젤리 한 개의 무게는 $\dfrac{25}{6} \div 20 = \dfrac{\overset{5}{25}}{6} \times \dfrac{1}{\underset{4}{20}} = \dfrac{5}{24}$ (kg)입니다.

따라서 젤리 2개의 무게는 $\dfrac{5}{\underset{12}{24}} \times \overset{1}{2} = \dfrac{5}{12}$ (kg)입니다.

해결 전략
무게의 차를 이용해 먹은 젤리 20개의 무게를 구한 다음 젤리 한 개의 무게를 구해요.

6 17쪽 4번의 변형 심화 유형
접근 » 수직선에서 눈금 한 칸의 크기를 알아봅니다.

수직선의 눈금 한 칸은 $2\dfrac{7}{8}$과 $7\dfrac{1}{4}$ 사이를 똑같이 5로 나눈 것 중 하나입니다.

보충 개념
수직선에서 두 수 사이의 거리는 두 수의 차와 같아요.

(수직선의 눈금 한 칸의 크기)$=(7\frac{1}{4}-2\frac{7}{8})\div 5=(\frac{29}{4}-\frac{23}{8})\div 5$

$=(\frac{58}{8}-\frac{23}{8})\div 5=\frac{35}{8}\div 5=\frac{35\div 5}{8}=\frac{7}{8}$

㉠과 ㉡이 나타내는 수의 차는 눈금 6칸만큼의 크기와 같습니다.

➡ (㉠과 ㉡이 나타내는 수의 차)$=\frac{7}{\underset{4}{8}}\times \overset{3}{6}=\frac{21}{4}=5\frac{1}{4}$

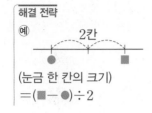

해결 전략

예   2칸

(눈금 한 칸의 크기)
$=(■-●)\div 2$

지도 가이드
수직선에서는 눈금 사이의 간격이 같으므로 나눗셈을 이용하여 눈금 한 칸의 크기를 구할 수 있습니다. 이 문제에서 ㉠과 ㉡ 사이의 거리를 구할 때에는 ㉠과 ㉡이 나타내는 수를 각각 구한 다음 두 수의 차를 구하기 보다는 ㉠과 ㉡ 사이에 있는 눈금의 수를 세어 두 수 사이의 거리를 곱셈으로 구하는 것이 편리합니다.

7
18쪽 5번의 변형 심화 유형
접근 》 분수의 나눗셈을 곱셈으로 바꿔서 식을 정리합니다.

$5\frac{●}{7}\div 4\times 21=\frac{35+●}{7}\div 4\times 21=\frac{35+●}{\underset{1}{7}}\times \frac{1}{4}\times \overset{3}{21}=\frac{(35+●)\times 3}{4}$

계산 결과가 자연수가 되려면 $(35+●)$가 4의 배수이어야 합니다.
$(35+●)$를 4의 배수 $36(=35+\underline{1})$, $40(=35+\underline{5})$, $44(=35+\underline{9})$, …로 만드는 ●는 1, 5, 9, …이고, ●는 7보다 작아야 하므로 ●는 1과 5입니다.
따라서 가장 큰 자연수가 되려면 ●=5입니다.

해결 전략
분모 4와 약분되어 분모를 1로 만드는 수를 찾아요.

주의
$5\frac{●}{7}$에서 분자 ●는 분모 7보다 작아야 해요.

8
접근 》 겹치게 이어 붙이면 길이의 합에서 겹쳐진 길이만큼 줄어듭니다.

종이테이프 21장을 붙이면 $21-1=20$(군데)가 겹쳐집니다.
이어 붙인 종이테이프의 전체 길이는 종이테이프 21장의 길이의 합에서 겹쳐진 부분의 길이의 합을 뺀 것과 같습니다.

(겹쳐진 부분의 길이의 합)$=\frac{3}{\underset{1}{4}}\times \overset{5}{20}=15$ (cm)

종이테이프 한 장의 길이를 □cm라 하면 $□\times 21-15=81\frac{3}{5}$이므로

$□\times 21=81\frac{3}{5}+15$, $□\times 21=96\frac{3}{5}$,

$□=96\frac{3}{5}\div 21=\frac{\overset{23}{483}}{5}\times \frac{1}{\underset{1}{21}}=\frac{23}{5}=4\frac{3}{5}$ (cm)입니다.

따라서 종이테이프 한 장의 길이는 $4\frac{3}{5}$ cm입니다.

보충 개념
종이테이프 ■장을 겹치게 이어 붙이면
$(■-1)$군데가 겹쳐져요.

해결 전략
겹쳐진 부분은 각각 두 번씩 더해지므로 종이테이프 길이의 합에서 겹쳐진 길이의 합을 빼야 전체 길이가 돼요.

9

21쪽 8번의 변형 심화 유형

접근 》 전체 일의 양을 1로 생각하고, 하루 동안 하는 일의 양을 분수로 나타냅니다.

승재와 찬우가 함께 전체 일의 $\frac{1}{3}$을 하는 데 2일이 걸리므로

승재와 찬우가 함께 하루 동안 하는 일의 양은 $\frac{1}{3} \div 2 = \frac{1}{3} \times \frac{1}{2} = \frac{1}{6}$이고,

승재가 혼자서 이 일을 끝내는 데 8일이 걸리므로

승재가 하루 동안 하는 일의 양은 $1 \div 8 = \frac{1}{8}$입니다.

따라서 찬우가 혼자서 하루 동안 하는 일의 양은 $\frac{1}{6} - \frac{1}{8} = \frac{4}{24} - \frac{3}{24} = \frac{1}{24}$이고

$\frac{1}{24} \times 24 = 1$이므로 찬우가 혼자서 이 일을 하면 24일 만에 끝낼 수 있습니다.

해결 전략
- (전체 일의 양)＝1
- (끝내는 데 걸린 날수)＝■일
- (하루 동안 하는 일의 양)
  $= 1 \div ■ = \frac{1}{■}$

보충 개념
하루 동안 하는 일의 양과 일한 날수를 곱하여 1이 되어야 해요.

지도 가이드

일의 양이 수치로 주어지지 않기 때문에, 전체 일의 양을 1로 생각하고 하루 동안 하는 일의 양을 분수로 나타내어야 합니다. 만약에 전체 일을 ■일 동안 했다면 하루에 하는 일의 양은 $1 \div ■ = \frac{1}{■}$로 나타낼 수 있습니다. 즉 $\frac{1}{■} \times ■ = 1$이므로 하루에 전체의 $\frac{1}{■}$만큼의 일을 하는 사람은 이 일을 마치는 데 ■일이 필요합니다. 계산은 간단하지만 '일의 양'이라는 추상적인 개념을 식으로 나타내는 과정이 낯선 문제입니다. 풀이법을 외우기보다는 상황을 먼저 이해하도록 도와주세요.

서술형

10

19쪽 6번의 변형 심화 유형

접근 》 ■ ÷ ● ＝ $\frac{■}{●}$ 이므로 $\frac{■}{●}$를 ■ ÷ ●로 나타낼 수 있습니다.

(예) $㉠ ▲ ㉡ = \frac{㉠}{㉡ \times ㉡} = ㉠ \div (㉡ \times ㉡)$으로 나타낼 수 있습니다.

$3\frac{1}{5} ▲ 2 = 3\frac{1}{5} \div (2 \times 2) = \frac{16}{5} \div 4 = \frac{16 \div 4}{5} = \frac{4}{5}$

➡ $(3\frac{1}{5} ▲ 2) ▲ 6 = \frac{4}{5} ▲ 6 = \frac{4}{5} \div (6 \times 6) = \frac{4}{5} \div 36 = \frac{\overset{1}{4}}{5} \times \frac{1}{\underset{9}{36}} = \frac{1}{45}$

해결 전략
분수를 나눗셈으로 바꾸어 계산해요.

주의
괄호 안을 먼저 계산해요.

채점 기준	배점
$3\frac{1}{5} ▲ 2$의 값을 구할 수 있나요?	2.5점
$(3\frac{1}{5} ▲ 2) ▲ 6$의 값을 구할 수 있나요?	2.5점

11

접근 》 1 m²를 칠하는 데 필요한 페인트의 양만큼씩 덜어낸다고 생각합니다.

(보라색 페인트의 양)＝$3\frac{2}{7} + 3\frac{2}{5} = 3\frac{10}{35} + 3\frac{14}{35} = 6\frac{24}{35}$ (L)

벽 $1\,m^2$을 칠하는 데 페인트가 $2\,L$ 필요하므로 페인트 $6\dfrac{24}{35}\,L$로 칠할 수 있는

벽의 넓이는 $6\dfrac{24}{35} \div 2 = \dfrac{\overset{117}{\cancel{234}}}{35} \times \dfrac{1}{\underset{1}{\cancel{2}}} = \dfrac{117}{35} = 3\dfrac{12}{35}\,(m^2)$입니다.

해결 전략
(칠할 수 있는 벽의 넓이)
＝(전체 페인트의 양)
　÷(벽 $1\,m^2$를 칠하는 데
　　필요한 페인트의 양)

12 접근 ≫ 나누어지는 수가 클수록, 나누는 수가 작을수록 나눗셈의 몫이 커집니다.

(경사도)＝(수직 거리)÷(수평 거리)이므로 수직 거리가 길수록, 수평 거리가 짧을수록 경사도가 큽니다. 두 경사로의 수직 거리를 비교해 보면 ㉮ 건물이 더 길고, 수평 거리를 비교해 보면 ㉮ 건물이 더 짧으므로 ㉮ 건물 경사로의 경사도가 더 큽니다.

➡ (㉮ 건물 경사로의 경사도)＝(수직 거리)÷(수평 거리)

$$=41\dfrac{3}{5} \div 312 = \dfrac{\overset{2}{\cancel{208}}}{5} \times \dfrac{1}{\underset{3}{\cancel{312}}} = \dfrac{2}{15}$$

해결 전략
수직 거리와 수평 거리의 크기를 먼저 비교하여 경사도가 더 큰 쪽을 골라요.

보충 개념
■ ÷ ▲ ＝ ●
클수록　　작을수록 커요
　　　　 작을수록 커요

다른 풀이

(㉮의 경사도)＝$41\dfrac{3}{5} \div 312 = \dfrac{\overset{2}{\cancel{208}}}{5} \times \dfrac{1}{\underset{3}{\cancel{312}}} = \dfrac{2}{15}$

(㉯의 경사도)＝$37 \div 333 = \dfrac{\overset{1}{\cancel{37}}}{\underset{9}{\cancel{333}}} = \dfrac{1}{9}$

$\dfrac{2}{15} > \dfrac{1}{9}$이므로 둘 중 경사도가 더 큰 곳의 경사도는 $\dfrac{2}{15}$입니다.

지도 가이드

경사도를 구하기 전, 나누어지는 수(수직 거리)와 나누는 수(수평 거리)의 크기를 비교하여 몫이 큰 쪽을 찾으면 계산을 한 번만 해도 답을 구할 수 있습니다. 두 경사로의 경사도를 각각 구해서 비교했다면, 두 나눗셈식의 숫자를 비교하여 나누어지는 수, 나누는 수, 몫의 크기 관계를 다시 한 번 설명해 주세요.

13 15쪽 2번의 변형 심화 유형
접근 ≫ 색칠한 부분이 정사각형 몇 개의 넓이와 같은지 알아봅니다.

직사각형을 똑같이 12개로 나누었으므로 작은 정사각형 한 개의 넓이는

$10\dfrac{4}{5} \div 12 = \dfrac{\overset{9}{\cancel{54}}}{5} \times \dfrac{1}{\underset{2}{\cancel{12}}} = \dfrac{9}{10}\,(cm^2)$입니다.

해결 전략
색칠한 부분을 옮겨서 직사각형 모양으로 만들어요.
예

 ➡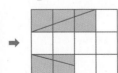

색칠한 부분은 작은 정사각형 5개의 넓이와 같습니다.

따라서 색칠한 부분의 넓이는 $\dfrac{9}{\underset{2}{\cancel{10}}} \times \overset{1}{\cancel{5}} = \dfrac{9}{2} = 4\dfrac{1}{2}\,(cm^2)$입니다.

14 접근 》 가장 작은 직사각형의 가로가 세로의 몇 배인지 생각해 봅니다.

나누어 만든 직사각형 하나의 가로는 세로의 4배이므로 세로를 $\square$ cm라 하면 가로는 $(\square \times 4)$ cm입니다.

직사각형의 가로와 세로의 합은 $5\frac{1}{4} \div 2 = \frac{21}{4} \times \frac{1}{2} = \frac{21}{8} = 2\frac{5}{8}$ (cm)이고 이것은 $\square + \square \times 4 = \square \times 5$이므로 세로의 5배와 같습니다.

(세로)$= 2\frac{5}{8} \div 5 = \frac{21}{8} \times \frac{1}{5} = \frac{21}{40}$ (cm), (가로)$= \frac{21}{\underset{10}{40}} \times \overset{1}{4} = \frac{21}{10} = 2\frac{1}{10}$ (cm)

정사각형의 한 변의 길이는 직사각형의 가로와 같으므로 정사각형의 둘레는 직사각형의 가로의 4배와 같습니다.

➡ (정사각형의 둘레)$= 2\frac{1}{10} \times 4 = \frac{21}{\underset{5}{10}} \times \overset{2}{4} = \frac{42}{5} = 8\frac{2}{5}$ (cm)

해결 전략

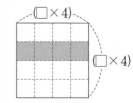

주의
직사각형의 둘레는 가로와 세로의 합의 2배예요.

다른 풀이

나누어 만든 직사각형 하나의 세로를 $\square$ cm라 하면 가로는 $(\square \times 4)$ cm이므로 직사각형의

둘레는 $\square \times 4 + \square + \square \times 4 + \square = 5\frac{1}{4}$에서 $\square \times 10 = 5\frac{1}{4}$, $\square = 5\frac{1}{4} \div 10 = \frac{21}{4} \times \frac{1}{10}$

$= \frac{21}{40}$ (cm)입니다.

정사각형의 한 변의 길이는 직사각형의 가로와 같으므로 $\frac{21}{\underset{10}{40}} \times \overset{1}{4} = \frac{21}{10} = 2\frac{1}{10}$ (cm)입니다.

따라서 정사각형의 둘레는 $2\frac{1}{10} \times 4 = \frac{21}{\underset{5}{10}} \times \overset{2}{4} = \frac{42}{5} = 8\frac{2}{5}$ (cm)입니다.

---

15 21쪽 8번의 변형 심화 유형
접근 》 하루 목표 생산량을 1로 생각하고, 1시간 동안 생산하는 양을 분수로 나타냅니다.

㉮ 기계만 5시간 동안 작동시켜서 하루 목표 생산량의 $\frac{1}{4}$을 만들었으므로 ㉮ 기계로

1시간 동안 하루 목표 생산량의 $\frac{1}{4} \div 5 = \frac{1}{4} \times \frac{1}{5} = \frac{1}{20}$을 만들 수 있습니다.

㉯ 기계만 10시간 동안 작동시켜서 하루 목표 생산량의 $1 - \frac{1}{4} = \frac{3}{4}$을 만들었으므

로 ㉯ 기계로 1시간 동안 하루 목표 생산량의 $\frac{3}{4} \div 10 = \frac{3}{4} \times \frac{1}{10} = \frac{3}{40}$을 만들 수

있습니다.

㉮ 기계와 ㉯ 기계를 동시에 작동시키면 1시간 동안 하루 목표 생산량의 $\frac{1}{20} + \frac{3}{40}$

$= \frac{2}{40} + \frac{3}{40} = \frac{5}{40} = \frac{1}{8}$을 만들 수 있습니다. $\frac{1}{8} \times 8 = 1$이므로 ㉮ 기계와 ㉯ 기

계를 동시에 작동시켜서 하루 목표 생산량만큼을 만들려면 8시간이 걸립니다.

보충 개념
하루 목표 생산량을 1로 볼 때, ㉮ 기계로 하루 목표 생산량의 $\frac{1}{4}$을 만들었으므로 나머지는 전체 1에서 $\frac{1}{4}$을 뺀 $\frac{3}{4}$이에요.

HIGH LEVEL

1 ㉣	**2** $6\dfrac{5}{12}$ cm	**3** 9분 12초 후	**4** $\dfrac{8}{63}$
5 $\dfrac{1}{28}$	**6** 136개	**7** $\dfrac{18}{49}$ m²	**8** 10분

1 접근 ≫ 나눗셈을 곱셈으로 바꾸어 식을 정리해 봅니다.

$$㉠ \ ■ \times \frac{\overset{1}{\cancel{2}}}{7} \div 8 = ■ \times \frac{\overset{1}{\cancel{2}}}{7} \times \frac{1}{\underset{4}{\cancel{8}}} = ■ \times \frac{1}{28}$$

$$㉡ \ ■ \div 20 \times 3 = ■ \times \frac{1}{20} \times 3 = ■ \times \frac{3}{20}$$

$$㉢ \ ■ \times \frac{9}{14} \div 6 = ■ \times \frac{\overset{3}{\cancel{9}}}{14} \times \frac{1}{\underset{2}{\cancel{6}}} = ■ \times \frac{3}{28}$$

$$㉣ \ ■ \div 6 \div 5 = ■ \times \frac{1}{6} \times \frac{1}{5} = ■ \times \frac{1}{30}$$

■에 곱하는 수가 작을수록 계산 결과가 작아집니다. ■에 곱하는 수의 크기를 비교하면 $\dfrac{1}{30} < \dfrac{1}{28} < \dfrac{3}{28} < \dfrac{3}{20}$이므로 계산 결과가 가장 작은 것은 ㉣입니다.

해결 전략
어떤 수에 더 작은 수를 곱할수록 계산 결과가 작아져요.

보충 개념
분자가 같을 때, 분모가 작을수록 큰 수예요.
예 $\dfrac{1}{30} < \dfrac{1}{28}$

서술형
16쪽 3번의 변형 심화 유형

2 접근 ≫ 주어진 삼각형과 평행사변형의 높이는 같습니다.

예 두 직선 ㉮와 ㉯가 서로 평행하므로 삼각형과 평행사변형의 높이는 두 직선 ㉮와 ㉯ 사이의 거리와 같습니다. 두 직선 사이의 거리를 □cm라 하면

$$8 \times □ \div 2 + 9 \times □ = 83\frac{5}{12}, \ 4 \times □ + 9 \times □ = 83\frac{5}{12}, \ 13 \times □ = 83\frac{5}{12},$$

$$□ = 83\frac{5}{12} \div 13 = \frac{\overset{77}{\cancel{1001}}}{12} \times \frac{1}{\underset{1}{\cancel{13}}} = \frac{77}{12} = 6\frac{5}{12} \text{ (cm)입니다.}$$

따라서 두 직선 ㉮와 ㉯ 사이의 거리는 $6\dfrac{5}{12}$ cm입니다.

보충 개념
· (삼각형의 넓이)
 ＝(밑변)×(높이)÷2
· (평행사변형의 넓이)
 ＝(밑변)×(높이)

채점 기준	배점
삼각형과 평행사변형의 넓이를 이용하여 식을 세울 수 있나요?	2점
두 직선 ㉮와 ㉯ 사이의 거리를 구할 수 있나요?	3점

3
20쪽 7번의 변형 심화 문제

접근 » 1분 후 두 자동차 사이의 거리를 생각해 봅니다.

$$(1분\ 후\ 두\ 자동차\ 사이의\ 거리)=1\frac{5}{6}+1\frac{1}{6}=3\,(km)$$

$$(걸린\ 시간)=(두\ 자동차\ 사이의\ 거리)\div(1분\ 후\ 두\ 자동차\ 사이의\ 거리)$$

$$=27\frac{3}{5}\div3=\frac{\overset{46}{\cancel{138}}}{5}\times\frac{1}{\underset{1}{\cancel{3}}}=\frac{46}{5}=9\frac{1}{5}\,(분)$$

따라서 두 자동차 사이의 거리가 $27\frac{3}{5}$ km가 되었을 때는 출발한 지

$9\frac{1}{5}$분$=9\frac{12}{60}$분=9분 12초 후입니다.

해결 전략

(■분 후 두 자동차 사이의 거리)÷(1분 후 두 자동차 사이의 거리)=(걸린 시간)=■분

보충 개념

반대 방향으로 가면 서로 멀어집니다.

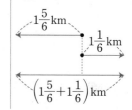

4

접근 » 두 수 ㉠, ㉢을 더해서 16이 되는 경우를 먼저 찾아봅니다.

㉠, ㉢은 2부터 9까지의 자연수이고 ㉠＋㉢=16일 때 ㉠과 ㉢의 값을 찾아봅니다.

➡ (㉠, ㉢)=(7, 9), (9, 7)

㉢이 정해져 있을 때 $\frac{㉡}{㉠}\div㉢$의 몫이 가장 크려면 $\frac{㉡}{㉠}$이 가능한 한 커야 하므로 각

경우에 $\frac{㉡}{㉠}$이 가장 크게 되는 ㉠, ㉡, ㉢의 값을 정하여 계산해 봅니다.

• (㉠, ㉢)=(7, 9) ➡ $\frac{㉡}{㉠}$의 값이 가장 큰 경우는 $\frac{6}{7}$이므로

$$\frac{㉡}{㉠}\div㉢=\frac{6}{7}\div9=\frac{\overset{2}{\cancel{6}}}{7}\times\frac{1}{\underset{3}{\cancel{9}}}=\frac{2}{21}$$

• (㉠, ㉢)=(9, 7) ➡ $\frac{㉡}{㉠}$의 값이 가장 큰 경우는 $\frac{8}{9}$이므로

$$\frac{㉡}{㉠}\div㉢=\frac{8}{9}\div7=\frac{8}{9}\times\frac{1}{7}=\frac{8}{63}$$

$\frac{2}{21}<\frac{8}{63}$이므로 $\frac{㉡}{㉠}\div㉢$의 값이 될 수 있는 기약분수 중 가장 큰 수는 $\frac{8}{63}$입니다.

주의

㉠과 ㉢은 서로 다른 수이므로 8＋8=16이어도 ㉠=8, ㉢=8인 경우는 생각하지 않아요.

보충 개념

■÷▲에서 ■가 클수록, ▲가 작을수록 몫이 커져요.

해결 전략

나누는 수 ㉢을 정하고, ㉠을 분모로 하는 진분수 중 가장 큰 진분수를 만들어 몫을 구해요.

5 접근》 주어진 분수의 분모를 연속하는 두 자연수의 곱으로 나타낼 수 있습니다.

주어진 분모를 연속한 두 자연수의 곱으로 나타내면
$20=4\times5$, $30=5\times6$, $42=6\times7$, $\cdots$, $132=11\times12$, $156=12\times13$, $182=13\times14$입니다.

$(\dfrac{1}{20}+\dfrac{1}{30}+\dfrac{1}{42}+\cdots+\dfrac{1}{132}+\dfrac{1}{156}+\dfrac{1}{182})\div5$

$=(\dfrac{1}{4\times5}+\dfrac{1}{5\times6}+\dfrac{1}{6\times7}+\cdots+\dfrac{1}{11\times12}+\dfrac{1}{12\times13}+\dfrac{1}{13\times14})\div5$

$=(\dfrac{1}{4}-\dfrac{1}{5}+\dfrac{1}{5}-\dfrac{1}{6}+\dfrac{1}{6}-\dfrac{1}{7}+\cdots$

$\qquad+\dfrac{1}{11}-\dfrac{1}{12}+\dfrac{1}{12}-\dfrac{1}{13}+\dfrac{1}{13}-\dfrac{1}{14})\div5$

$=(\dfrac{1}{4}-\dfrac{1}{14})\div5=(\dfrac{7}{28}-\dfrac{2}{28})\div5=\dfrac{5\div5}{28}=\dfrac{1}{28}$

해결 전략
분모를 연속하는 두 자연수의 곱으로 나타내어 분수의 뺄셈 식으로 바꾼 다음 식을 간단히 정리해요.

주의
맨 앞의 분수와 맨 뒤의 분수는 지워지지 않아요.

지도 가이드
길고 복잡한 계산이지만, 규칙을 찾으면 간단한 분수의 나눗셈식으로 정리할 수 있습니다. 먼저 분모를 연속하는 두 자연수의 곱으로 나타낼 수 있도록 도와주세요. 그 다음 주어진 조건을 적용하여 식을 뺄셈 형태로 바꾸면 자연스럽게 문제의 실마리를 찾을 수 있습니다. 어려워 한다면 생략된 부분의 분수도 추가로 설명해 주세요.

6 21쪽 8번의 변형 심화 유형
접근》 두 상자에 담은 전체 사과의 양의 합을 1로 생각합니다.

전체 사과의 양을 1이라고 하고 ㉮ 상자에 담을 수 있는 사과의 양을 □, ㉯ 상자에 담을 수 있는 사과의 양을 △라 하면 $□+△=\dfrac{1}{48}$이고, $□\times36+△\times70=1$입니다.

$□\times36+△\times36=(□+△)\times36=\dfrac{1}{\overset{}{48}}\times\overset{3}{36}=\dfrac{3}{4}$이므로

$□\times36+△\times70=□\times36+△\times36+△\times34=\dfrac{3}{4}+△\times34=1$이고,

$△\times34=1-\dfrac{3}{4}=\dfrac{1}{4}$, $△=\dfrac{1}{4}\div34=\dfrac{1}{4}\times\dfrac{1}{34}=\dfrac{1}{136}$입니다.

㉯ 상자에 담을 수 있는 사과의 양이 전체의 $\dfrac{1}{136}$이고, $\dfrac{1}{136}\times136=1$이므로 전체 사과를 ㉯ 상자에만 담으려면 ㉯ 상자는 모두 136개 필요합니다.

보충 개념
$(□+△)\times36$
$=□\times36+△\times36$

해결 전략
전체 사과 양이 1이므로 ㉯ 상자 하나에 담는 양과 ㉯ 상자의 개수의 곱이 1이 되어야 해요.

7 접근》 겹쳐지지 않은 부분은 겹쳐진 부분의 몇 배인지 생각해 봅니다.

 왼쪽 그림과 같이 도형을 ㉮, ㉯, ㉰ 세 부분으로 나누면 $㉮=㉰\times7$, $㉯=㉰\times6$이고, $㉮+㉯+㉰=5\dfrac{1}{7}$입니다.

따라서 ㉮＋㉯＋㉰＝㉯×7＋㉯＋㉯×6＝㉯×14＝$5\frac{1}{7}$이므로

$$㉯＝5\frac{1}{7}÷14＝\frac{\overset{18}{36}}{7}×\frac{1}{\underset{7}{14}}＝\frac{18}{49}(m^2)입니다.$$

다른 풀이

겹쳐진 부분의 넓이를 □m^2라 하면

(겹쳐진 도형의 전체 넓이)＝(사각형의 넓이)＋(원의 넓이)－(겹쳐진 부분의 넓이)

$$＝□×8＋□×7－□＝□×14＝5\frac{1}{7}$$

➡ $□＝5\frac{1}{7}÷14＝\frac{\overset{18}{36}}{7}×\frac{1}{\underset{7}{14}}＝\frac{18}{49}(m^2)$

---

8 21쪽 8번의 변형 심화 유형

접근 ≫ 물탱크를 가득 채우는 물의 양을 1로 생각합니다.

30분 만에 물탱크가 가득 차므로 1분 동안 받는 물의 양은 $1÷30＝\frac{1}{30}$입니다.

예정 시간보다 4분 늦게 물탱크가 가득 찼으므로 샌 물의 양은 4분 동안 받은 양인

$\frac{1}{\underset{15}{30}}×\overset{2}{4}＝\frac{2}{15}$이고, 물이 16분 동안 새어 나갔으므로 1분 동안 샌 물의 양은

$$\frac{2}{15}÷16＝\frac{\overset{1}{2}}{15}×\frac{1}{\underset{8}{16}}＝\frac{1}{120}입니다.$$

(물이 새는 1분 동안 받는 물의 양)＝(1분 동안 받는 물의 양)－(1분 동안 샌 물의 양)

$$＝\frac{1}{30}－\frac{1}{120}＝\frac{4}{120}－\frac{1}{120}＝\frac{3}{120}＝\frac{1}{40}$$이고, $\frac{1}{40}×40＝1$이므로 물이 새는 곳을 막지 않았을 때 물탱크를 가득 채우려면 40분이 걸립니다.

따라서 처음 예정 시간보다 40－30＝10(분) 더 걸립니다.

다른 풀이

수도로 1분 동안 받는 물의 양을 1이라 하면 30분 동안 물탱크를 가득 채운 물의 양은 30입니다. 새는 곳을 막은 뒤 30－16＋4＝18(분) 동안 물을 더 받았으므로 이때 받은 물의 양은 18입니다.

(새는 곳을 막기 전 16분 동안 받은 물의 양)

＝(물탱크를 가득 채운 물의 양)－(새는 곳을 막고 18분 동안 받은 물의 양)＝30－18＝12

이므로 새는 곳을 막기 전 16분 동안 받은 물의 양은 1분 동안 $12÷16＝\frac{12}{16}＝\frac{3}{4}$씩 받은 것과 같습니다.

1분 동안 받은 물의 양이 $\frac{3}{4}$이므로 4분 동안 받은 물의 양은 3입니다. 4분 동안 물을 3만큼 받으므로 30만큼의 물을 받으려면 40분이 걸립니다. 따라서 예정 시간보다 40－30＝10(분) 더 걸립니다.

2 각기둥과 각뿔

◎ BASIC TEST

1 각기둥   35쪽

1 ㉠, ㉢	**2** 풀이 참조	**3** 47 cm
4 12, 8, 18	**5** 삼각형	**6** 46개

1 ㉢ 밑면의 모양은 삼각형, 사각형, 오각형 등으로 여러 가지가 될 수 있습니다.

㉣ 두 밑면은 서로 평행합니다.

㉤ 두 밑면은 서로 합동이지만 옆면은 모두 직사각형일 뿐 합동이 아닐 수도 있습니다.

2 ⒠ 주어진 도형은 변의 수가 5개이므로 오각형입니다. 따라서 밑면의 모양이 오각형인 각기둥의 이름은 오각기둥입니다.

> **보충 개념**
> 밑면의 모양에 따라 각기둥의 이름이 결정됩니다.

3 모서리는 면과 면이 만나는 선분이므로 모든 모서리의 길이의 합은
$(5+5+3) \times 2 + (7 \times 3) = 26 + 21 = 47$ (cm)
입니다.

4 밑면의 모양이 육각형이므로 육각기둥입니다.
(각기둥의 꼭짓점의 수)
$=$ (한 밑면의 변의 수) $\times 2 = 6 \times 2 = 12$(개)
(각기둥의 면의 수)
$=$ (한 밑면의 변의 수) $+ 2 = 6 + 2 = 8$(개)
(각기둥의 모서리의 수)
$=$ (한 밑면의 변의 수) $\times 3 = 6 \times 3 = 18$(개)

5 옆면의 모양이 모두 직사각형이므로 각기둥이고,
(각기둥의 면의 수)
$=$ (한 밑면의 변의 수) $+ 2 = 5$(개)이므로
(한 밑면의 변의 수) $= 5 - 2 = 3$(개)입니다.
따라서 이 입체도형의 밑면의 모양은 삼각형입니다.

> **보충 개념**
> 밑면의 모양이 삼각형인 각기둥이므로 이 입체도형은 삼각기둥입니다.

6 ㉮: (각기둥의 모서리의 수)
$=$ (한 밑면의 변의 수) $\times 3 = 10 \times 3 = 30$(개)
㉯: (각기둥의 꼭짓점의 수)
$=$ (한 밑면의 변의 수) $\times 2 = 8 \times 2 = 16$(개)
➡ ㉮ $+$ ㉯ $= 30 + 16 = 46$(개)

2 각기둥의 전개도   37쪽

1 선분 ㅇㅅ	**2** ⒠ 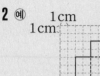

3 (위에서부터) 6, 10	**4** ㉣
5 ⒠ 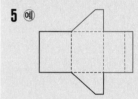	**6** ㉢

1 전개도를 접었을 때의 모양을 생각해 보면 점 ㅁ과 점 ㅅ이 만나게 되고, 점 ㄹ과 점 ㅇ이 만나게 되므로 선분 ㄹㅁ과 맞닿는 선분은 선분 ㅇㅅ입니다.

2 맞닿는 모서리의 길이는 같게, 두 밑면은 서로 합동으로 그립니다.

> **보충 개념**
> 전개도는 모서리를 자르는 방법에 따라 여러 가지 모양으로 그릴 수 있습니다.

3 삼각기둥의 높이가 11 cm이므로 밑면의 가장 짧은 변의 길이는 $(23 - 11) \div 2 = 6$ (cm)이고, 밑면의 가장 긴 변의 길이는 $16 - 6 = 10$ (cm)입니다.

4 오각기둥의 옆면은 5개입니다.
㉣은 옆면이 4개이므로 접어서 오각기둥을 만들 수 없습니다.

5 밑면의 각 변의 길이에 유의하여 옆면이 4개가 되도록 점선 부분에 이어서 그립니다.

6 ⓒ에 나머지 한 면을 그리면 접었을 때 두 면이 서로 겹쳐집니다.

3 각뿔
39쪽

1 ⓛ, ⓒ	**2** ⓥ, ⓛ
3 (위에서부터) 5, 6 / 6, 7 / 10, 12	
4 ④	**5** 칠각뿔 **6** 108 cm

1 ⓛ은 모서리이고 ⓒ은 꼭짓점입니다.

2 ⓒ 옆면과 밑면은 수직으로 만나지 않습니다.
ⓔ 각뿔의 높이는 각뿔의 꼭짓점에서 밑면에 수직인 선분의 길이입니다.

3 (각뿔의 옆면의 수)=(밑면의 변의 수)
(각뿔의 꼭짓점의 수)=(밑면의 변의 수)+1
(각뿔의 모서리의 수)=(밑면의 변의 수)×2

각뿔	오각뿔	육각뿔
옆면의 수(개)	5	6
꼭짓점의 수(개)	5+1=6	6+1=7
모서리의 수(개)	5×2=10	6×2=12

4 ④ (모서리의 수)=(밑면의 변의 수)×2이고
(꼭짓점의 수)=(밑면의 변의 수)+1이므로
(모서리의 수)>(꼭짓점의 수)입니다.

> **다른 풀이**
> 사각뿔을 예로 하여 알아봅니다.
> ① (옆면의 수)=(밑면의 변의 수)=4
> ② (면의 수)=(꼭짓점의 수)=4+1=5
> ③ (꼭짓점의 수)=5>(밑면의 변의 수)=4
> ④ (모서리의 수)=8>(꼭짓점의 수)=5
> ⑤ (옆면의 수)=4<(꼭짓점의 수)=5
> ➡ 옳지 않은 것은 ④입니다.

5 옆면의 모양이 삼각형이므로 각뿔입니다.
(각뿔의 모서리의 수)=(밑면의 변의 수)×2=14
이므로 (밑면의 변의 수)=14÷2=7(개)입니다.
따라서 밑면의 모양이 칠각형인 각뿔이므로 칠각뿔
입니다.

6 정육각뿔은 밑면의 모양이 정육각형이고, 옆면의 모양이 합동인 삼각형 6개로 이루어져 있습니다. 따라서 모든 모서리의 길이의 합은
(8×6)+(10×6)=48+60=108 (cm)입니다.

MATH TOPIC
40~48쪽

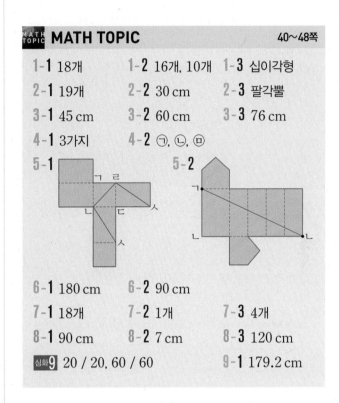

1-1 18개	**1-2** 16개, 10개	**1-3** 십이각형
2-1 19개	**2-2** 30 cm	**2-3** 팔각뿔
3-1 45 cm	**3-2** 60 cm	**3-3** 76 cm
4-1 3가지	**4-2** ⓥ, ⓛ, ⓜ	
5-1	**5-2**	
6-1 180 cm	**6-2** 90 cm	
7-1 18개	**7-2** 1개	**7-3** 4개
8-1 90 cm	**8-2** 7 cm	**8-3** 120 cm
심화**9** 20 / 20, 60 / 60		**9-1** 179.2 cm

1-1 밑면이 2개이고 옆면의 모양이 직사각형이므로 각기둥입니다.
(각기둥의 꼭짓점의 수)
=(한 밑면의 변의 수)×2=12이므로
(한 밑면의 변의 수)=12÷2=6(개)입니다.
따라서 주어진 입체도형은 육각기둥이므로
모서리의 수는
(한 밑면의 변의 수)×3=6×3=18(개)입니다.

1-2 옆면의 수는 한 밑면의 변의 수와 같으므로 옆면이 8개인 각기둥은 팔각기둥입니다.
팔각기둥의 꼭짓점의 수는
(한 밑면의 변의 수)×2=8×2=16(개)이고,
면의 수는
(한 밑면의 변의 수)+2=8+2=10(개)입니다.

1-3 각기둥은 밑면과 옆면이 수직으로 만나므로 옆면과 옆면이 만나는 모서리의 길이가 높이와 같습니다.
즉 설명하는 입체도형은 각기둥입니다.
각기둥의 한 밑면의 변의 수를 □개라 하면
면의 수는 (□＋2)개, 모서리의 수는 (□×3)개,
꼭짓점의 수는 (□×2)개이므로 모두 더하면
(□＋2)＋(□×3)＋(□×2)＝74,
□＋2＋□＋□＋□＋□＋□＝74,
□×6＋2＝74, □×6＝72,
□＝72÷6＝12(개)입니다.
따라서 한 밑면의 변의 수가 12개이므로 밑면은 십이각형입니다.

2-1 옆면의 모양이 모두 삼각형이므로 이 입체도형은 각뿔이고, 옆면이 6개이므로 육각뿔입니다.
(각뿔의 꼭짓점의 수)＝(밑면의 변의 수)＋1이므로 육각뿔의 꼭짓점의 수는 6＋1＝7(개)이고,
(각뿔의 모서리의 수)＝(밑면의 변의 수)×2이므로 육각뿔의 모서리의 수는 6×2＝12(개)입니다.
따라서 육각뿔의 꼭짓점의 수와 모서리의 수의 합은 7＋12＝19(개)입니다.

2-2 옆면의 모양이 모두 삼각형이므로 이 입체도형은 각뿔이고, 밑면의 모양이 삼각형이므로 삼각뿔입니다.
(각뿔의 모서리의 수)＝(밑면의 변의 수)×2이므로 삼각뿔의 모서리의 수는 3×2＝6(개)입니다.
한 모서리의 길이는 5 cm이므로 삼각뿔의 모든 모서리의 길이의 합은 5×6＝30 (cm)입니다.

> **보충 개념**
> 정삼각뿔은 모든 면이 합동이므로 모든 면이 밑면이 될 수 있습니다.

2-3 밑면의 변의 수를 □개라 하면
(모든 모서리의 길이의 합)
＝(6×□)＋(9×□)＝120,
15×□＝120, □＝120÷15＝8(개)입니다.
따라서 밑면의 변의 수가 8개인 각뿔은 팔각뿔입니다.

> **보충 개념**
> 밑면의 각 변의 길이가 모두 6 cm로 같으므로 밑면은 정팔각형입니다.

3-1 정오각형의 한 변의 길이가 2 cm이므로 한 밑면의 둘레는 2×5＝10 (cm)입니다.
주어진 오각기둥의 높이가 5 cm이므로 모든 모서리의 길이의 합은
(10×2)＋(5×5)＝20＋25＝45 (cm)입니다.

3-2

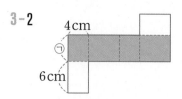

색칠한 부분의 가로는 4＋6＋4＋6＝20 (cm)이고 넓이는 100 cm²이므로 세로를 ㉠ cm라 하면 20×㉠＝100, ㉠＝5 (cm)입니다.
따라서 사각기둥의 모든 모서리의 길이의 합은
(4＋6＋4＋6)×2＋(5×4)＝40＋20
＝60 (cm)입니다.

> **주의**
> 전개도의 둘레를 구하지 않도록 합니다.

3-3

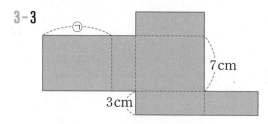

전개도의 둘레에는 길이가 7 cm인 선분이 4개, 3 cm인 선분이 6개, ㉠과 길이가 같은 선분이 4개 있습니다. 전개도의 둘레의 길이는
(7×4)＋(3×6)＋(㉠×4)＝82,
28＋18＋(㉠×4)＝82, 46＋(㉠×4)＝82,
㉠×4＝36, ㉠＝9 (cm)입니다.

따라서 주어진 사각기둥의 밑면을
로 보면 사각기둥의 모든 모서리의 길이의 합은
(7＋3＋7＋3)×2＋(9×4)
＝40＋36＝76 (cm)입니다.

> **다른 풀이 1**
>
>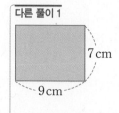
>
> 왼쪽에 그린 면을 주어진 사각기둥의 밑면으로 보면 모든 모서리의 길이의 합은
> (9＋7＋9＋7)×2＋(3×4)
> ＝76 (cm)입니다.

왼쪽에 그린 면을 주어진 사각기둥의 밑면으로 보면 모든 모서리의 길이의 합은

$(9+3+9+3) \times 2 + (7 \times 4) = 76$ (cm)입니다.

4-1 삼각기둥은 삼각형 모양 밑면이 2개, 직사각형 모양 옆면이 3개 있습니다. 주어진 전개도에는 밑면이 1개, 옆면이 3개이므로 밑면 하나를 더 그려야 합니다.

삼각형 모양의 밑면을 맞닿는 모서리의 길이가 같도록 그려 보면 다음과 같습니다.

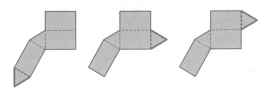

따라서 전개도를 완성할 수 있는 방법은 모두 3가지입니다.

4-2 사각뿔은 사각형 모양의 밑면이 1개, 삼각형 모양의 옆면이 4개 있습니다.

주어진 전개도에는 옆면이 하나 부족하므로 옆면을 그려 넣을 수 있는 곳을 찾아봅니다.

 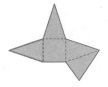

따라서 나머지 한 면을 그려 넣을 수 있는 곳은 ㉠, ㉡, ㉲입니다.

5-1 선이 지나는 꼭짓점인 점 ㄴ, 점 ㄹ, 점 ㅅ을 전개도에 표시합니다. 점 ㄴ과 점 ㄹ, 점 ㄴ과 점 ㅅ, 점 ㄹ과 점 ㅅ을 각각 선분으로 연결합니다.

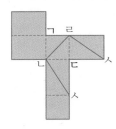

5-2 점 ㄱ에서부터 점 ㄴ까지 옆면 5개를 지나가도록 선분을 긋습니다.

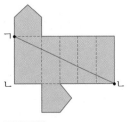

보충 개념
입체도형에서 면 위의 두 점을 잇는 가장 짧은 거리는 전개도 위의 두 점을 잇는 선분의 길이와 같습니다.

6-1

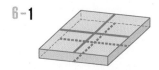

40 cm인 모서리와 길이가 같은 부분
➡ 4군데

5 cm인 모서리와 길이가 같은 부분
➡ 4군데

따라서 필요한 리본의 길이는

$(40 \times 4) + (5 \times 4) = 160 + 20 = 180$ (cm)입니다.

해결 전략
상자의 가로, 세로, 높이의 길이가 각각 40 cm, 40 cm, 5 cm이므로 40 cm, 5 cm인 모서리와 길이가 같은 부분이 각각 몇 군데인지 알아봅니다.

6-2 두 군데에 붙일 색 테이프의 길이의 합이 40 cm이므로 한 군데에 붙일 색 테이프의 길이는 20 cm입니다. 20 cm는 한 밑면의 둘레와 같고 오각기둥의 높이는 10 cm이므로 오각기둥의 모든 모서리의 길이의 합은

$(20 \times 2) + (10 \times 5) = 40 + 50 = 90$ (cm)입니다.

7-1 색칠한 면을 따라 자르면 밑면의 모양이 오각형과 사각형으로 나누어지므로 오각기둥과 사각기둥이 생깁니다.

(오각기둥의 꼭짓점의 수) $= 5 \times 2 = 10$(개)

(사각기둥의 꼭짓점의 수) $= 4 \times 2 = 8$(개)

➡ (두 각기둥의 꼭짓점 수의 합)
   $= 10 + 8 = 18$(개)

다른 풀이
육각기둥의 꼭짓점은 12개이고 자른 후에 새로 늘어난 꼭짓점이 6개이므로 두 각기둥의 꼭짓점의 수의 합은 18개입니다.

7-2 자르기 전 사각기둥의 면의 수는 6개입니다. 색칠한 부분만큼 잘라내고 남은 입체도형은 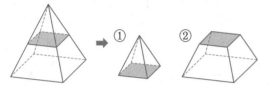 이므로 면의 수는 7개입니다.

따라서 원래 면의 수보다 $7-6=1$(개) 더 많습니다.

7-3 밑면과 평행하게 자르면 다음 그림과 같이 두 개의 입체도형이 생깁니다.

①의 모서리의 수: $4 \times 2 = 8$(개)

②의 모서리의 수: $4 \times 3 = 12$(개)

➡ (①과 ②의 모서리의 수의 차)$=12-8=4$(개)

> **보충 개념**
> 각뿔의 윗부분을 밑면에 평행하게 잘라 내고 남은 입체도형의 면의 수, 모서리의 수, 꼭짓점의 수는 각기둥의 면의 수, 모서리의 수, 꼭짓점의 수와 각각 같습니다.

8-1 밑면의 모양이 정육각형이므로 전개도를 접으면 육각뿔이 됩니다. 정육각형은 6개의 변의 길이가 모두 같으므로 주어진 육각뿔의 모든 모서리의 길이의 합은

$(6 \times 6)+(9 \times 6)=36+54=90$ (cm)입니다.

8-2 밑면의 모양이 정오각형이므로 전개도를 접으면 오각뿔이 됩니다.

정오각형은 5개의 변의 길이가 모두 같으므로 주어진 오각뿔의 모든 모서리의 길이의 합은

$(4 \times 5)+(\bigcirc \times 5)=55$ (cm)이므로

$20+\bigcirc \times 5=55$, $\bigcirc \times 5=35$, $\bigcirc=7$ (cm)입니다.

8-3 주어진 각뿔에서 옆면의 모서리의 길이가 모두 10 cm이므로 옆면의 모서리를 모두 잘라 만든 육각뿔의 전개도는 오른쪽과 같습니다.

전개도의 둘레는 길이가 10 cm인 선분 12개로 이루어져 있으므로 $10 \times 12 = 120$ (cm)입니다.

> **보충 개념**
> 각뿔의 옆면은 모두 이등변삼각형입니다.

9-1 서로 맞닿는 모서리의 길이는 같으므로 전개도의 모든 변의 길이는 다음과 같습니다.

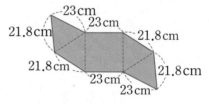

➡ (전개도의 둘레)
$=21.8 \times 4+23 \times 4=87.2+92$
$\quad\quad\quad\quad\quad\quad\quad\quad\quad\quad =179.2$ (cm)

LEVEL UP TEST
49~53쪽

1 14개	**2** 30개	**3** 4개	**4** ⑥, ⑦	**5** 8 cm	**6** 22 cm
7 34 cm	**8**		**9** 16 cm	**10** 88 cm	**11** 7개, 12개, 7개
12 6개	**13** 6 cm	**14** 4가지	**15** 6개		

1

41쪽 2번의 변형 심화 유형

접근 ≫ 주어진 설명을 읽고 어떤 입체도형인지 먼저 알아봅니다.

각뿔은 밑면이 1개이고, 옆면이 모두 한 점(각뿔의 꼭짓점)에 만나므로 각뿔입니다.
각뿔의 밑면의 변의 수를 □개라 하면
(면의 수)+(모서리의 수)+(꼭짓점의 수)=(□+1)+(□×2)+(□+1)=30,
□+1+□+□+□+1=30, □×4+2=30, □×4=28, □=7(개)입니다.
따라서 밑면의 변의 수가 7개이므로 칠각뿔이고 칠각뿔의 모서리의 수는
7×2=14(개)입니다.

> **해결 전략**
> 각뿔에서 밑면의 변의 수를
> □개라 하면
> • (면의 수)=(□+1)(개)
> • (모서리의 수)=(□×2)(개)
> • (꼭짓점의 수)=(□+1)(개)

2

접근 ≫ 구멍 안에 4개의 면이 생깁니다.

면과 면이 만나는 선분은 모서리입니다. 사각기둥 모양으로 구멍을 뚫으면 모서리의
수가 사각기둥의 모서리의 수만큼 늘어납니다.
육각기둥의 모서리의 수는 6×3=18(개)이고 사각기둥의 모서리의 수는
4×3=12(개)입니다.
따라서 입체도형에서 면과 면이 만나는 선분은 모두 18+12=30(개)입니다.

> **보충 개념**
> 구멍을 뚫으면 한 밑면에 모
> 서리가 각각 4개씩 생기고,
> 구멍 안쪽에는 모서리가 4개
> 생겨요.

3

43쪽 4번의 변형 심화 유형

접근 ≫ 전개도에 밑면과 옆면이 모두 있는지 먼저 살펴봅니다.

삼각기둥은 삼각형 모양의 밑면이 2개이고, 직사각형 모양의 옆면이 3개 있습니다.

따라서 는 삼각기둥의 전개도가 아닙니다.
옆면 2개 └ 옆면 4개

또 는 겹치는 면이 생기거나 두 밑면이 평행하지 않으므로 접어서

삼각기둥을 만들 수 없습니다.
따라서 삼각기둥 모양이 될 수 없는 것은 4개입니다.

> **해결 전략**
> 밑면과 옆면의 개수가 맞지
> 않거나, 접어서 겹치는 면이
> 생기는 전개도를 골라냅니다.

> **주의**
> 밑면이 2개, 옆면이 3개 있어
> 도 겹치는 면이 생길 수 있어
> 요.

4

접근 ≫ 접었을 때 만나는 점을 생각해 봅니다.

빗금 친 두 면을 밑면으로 생각하여 전개도를 접어 사각기둥을 만들어 봅니다.

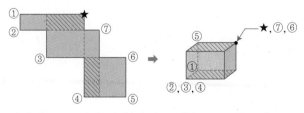

따라서 ★ 표시한 점과 만나는 점을 모두 찾으면 ⑥, ⑦입니다.

> **보충 개념**
> 각기둥의 전개도를 접었을 때
> 맞닿는 부분의 길이는 같고
> 두 밑면은 합동이에요.

5
40쪽 1번의 변형 심화 유형
접근 ≫ 칠각기둥에서 높이와 길이가 같은 모서리는 7개입니다.

(각기둥의 모든 모서리의 길이의 합)
＝(한 밑면의 둘레)×2＋(높이)×(한 밑면의 변의 수)이므로
(한 밑면의 둘레)×2＋9×7＝175, (한 밑면의 둘레)×2＋63＝175,
(한 밑면의 둘레)×2＝112, (한 밑면의 둘레)＝112÷2＝56 (cm)입니다.
따라서 정칠각형의 둘레가 56 cm이므로 밑면의 한 변의 길이는
56÷7＝8 (cm)입니다.

> **보충 개념**
> 밑면의 모양이 정칠각형이므로 밑면의 한 변의 길이는 모두 같아요.

6
서술형
접근 ≫ 길이가 주어진 선분과 맞닿는 선분의 길이를 생각해 봅니다.

예 (면 ㉠의 넓이)＝(선분 ㄱㅎ)×(선분 ㄱㄴ)＝4×(선분 ㄱㄴ)＝36이므로
(선분 ㄱㄴ)＝9 cm입니다.
(면 ㉯의 넓이)＝(선분 ㅎㅋ)×(선분 ㅎㄷ)＝(선분 ㅎㅋ)×9＝63이므로
(선분 ㅎㅋ)＝7 cm입니다.
(선분 ㅋㅊ)＝(선분 ㄱㅎ)＝4 cm, (선분 ㅊㅈ)＝(선분 ㅎㅋ)＝7 cm이므로
(선분 ㄱㅈ)＝4＋7＋4＋7＝22 (cm)입니다.

> **보충 개념**
> (선분 ㄱㅎ)＝(선분 ㅍㅎ)
> ＝(선분 ㅌㅋ)＝(선분 ㅋㅊ)
> ＝4 cm

채점 기준	배점
직사각형의 넓이를 이용하여 선분 ㄱㄴ과 선분 ㅎㅋ의 길이를 구할 수 있나요?	3점
선분 ㄱㅈ의 길이를 구할 수 있나요?	2점

7
42쪽 3번의 변형 심화 유형
접근 ≫ 전개도를 접으면 선분 ㄱㄹ이 각기둥의 높이가 됩니다.

주어진 전개도를 접으면 밑면이 정육각형인 육각기둥이 됩니다. 육각기둥의 높이
를 □cm라 하면 모든 모서리의 길이의 합은 (3×6)×2＋(□×6)＝84이므로
36＋(□×6)＝84, □×6＝48, □＝8 (cm)입니다.
(선분 ㄱㄹ)＝(선분 ㄴㄷ)＝8 cm이고 (선분 ㄱㄴ)＝(선분 ㄹㄷ)＝3×3＝9 (cm)
이므로 사각형 ㄱㄴㄷㄹ의 둘레는 8＋9＋8＋9＝34 (cm)입니다.

> **해결 전략**
> 모서리의 길이의 합과 밑면의 둘레를 이용하여 각기둥의 높이를 구하면, 사각형 ㄱㄴㄷㄹ의 둘레를 구할 수 있어요.

8
44쪽 5번의 변형 심화 유형
접근 ≫ 그은 직선이 지나는 꼭짓점을 전개도에서 모두 찾아봅니다.

선이 지나는 꼭짓점인 점 ㄴ, 점 ㅁ, 점 ㅇ, 점 ㅈ을 전개도에
표시합니다.
점 ㄴ과 점 ㅁ, 점 ㄴ과 점 ㅇ, 점 ㅁ과 점 ㅈ을 각각 선분으
로 연결합니다.

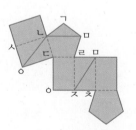

> **주의**
> 전개도에서는 떨어져 있어도, 접었을 때 만나는 점은 모두 같은 기호로 표시해요.

9

접근 » **먼저 사각기둥의 모든 모서리의 길이의 합이 몇 cm인지 알아봅니다.**

사각기둥의 꼭짓점은 8개이고 꼭짓점마다 철사가 2 cm씩 쓰였으므로 꼭짓점에서 연결하는 데 쓰인 철사의 길이는 모두 $2 \times 8 = 16$ (cm)입니다. 철사가 모두 168 cm 쓰였으므로 사각기둥의 모든 모서리의 길이의 합은 $168 - 16 = 152$ (cm)입니다.

밑면의 한 변의 길이는 11 cm이므로 높이를 $\square$ cm라 하면

$(11 \times 4) \times 2 + (\square \times 4) = 152$, $88 + (\square \times 4) = 152$, $\square \times 4 = 64$,

$\square = 64 \div 4 = 16$ (cm)입니다.

주의

연결한 꼭짓점 부분에 쓰인 철사의 길이를 빼고 생각해야 해요.

10

접근 » **어느 모서리를 자르는가에 따라 전개도의 모양과 둘레가 달라집니다.**

둘레가 가장 짧도록 전개도를 그리면 오른쪽과 같습니다.

전개도의 둘레에서 8 cm인 부분은 8군데이고, 12 cm인 부분은 2군데입니다. 따라서 전개도의 둘레는

$(8 \times 8) + (12 \times 2) = 64 + 24 = 88$ (cm)입니다.

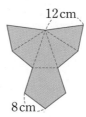

해결 전략

전개도의 둘레에 길이가 12 cm인 모서리가 최대한 적게 오도록 해야 전개도의 둘레가 짧아지므로, 길이가 8 cm인 모서리를 잘라서 전개도를 그려야 해요.

11

접근 » **전개도를 접어서 각각 어떤 도형이 만들어지는지 알아봅니다.**

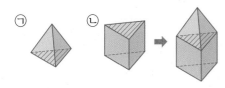

㉠을 접어 만든 입체도형은 삼각뿔이고 ㉡을 접어 만든 입체도형은 삼각기둥이므로 ㉠과 ㉡의 빗금 친 부분을 만나게 붙이면 오른쪽과 같은 모양이 됩니다.

따라서 붙여 만든 입체도형의 면의 수는 7개, 모서리의 수는 12개, 꼭짓점의 수는 7개입니다.

주의

빗금 친 두 면끼리 만나게 붙이면 빗금 친 면은 없어져요.

다른 풀이

삼각뿔의 면의 수는 4개, 모서리의 수는 6개, 꼭짓점의 수는 4개이고, 삼각기둥의 면의 수는 5개, 모서리의 수는 9개, 꼭짓점의 수는 6개입니다. 두 면을 붙인 입체도형은 붙이기 전보다 면의 수는 2개, 모서리의 수는 3개, 꼭짓점의 수는 3개 줄어듭니다.

따라서 붙여 만든 입체도형의 면의 수는 $4 + 5 - 2 = 7$(개), 모서리의 수는 $6 + 9 - 3 = 12$(개), 꼭짓점의 수는 $4 + 6 - 3 = 7$(개)입니다.

12 46쪽 7번의 변형 심화 유형

접근 » **잘라서 생긴 두 입체도형의 겨냥도를 그려 봅니다.**

면 ㄱㄴㄷ을 따라 자르면 오른쪽 그림과 같은 두 개의 입체도형이 생깁니다. ①의 모서리의 수는 12개이고 ②는 삼각뿔이므로 모서리의 수는 $3 \times 2 = 6$(개)입니다. 따라서 두 입체도형의 모서리의 수의 차는 $12 - 6 = 6$(개)입니다.

보충 개념

주어진 삼각뿔 모양만큼 자르면 ①의 면의 수는 1개 늘어나고, 모서리의 수는 변함이 없어요.

다른 풀이

두 입체도형에서 공통인 모서리 ㄱㄴ, ㄴㄷ, ㄱㄷ을 제외한 모서리의 수의 차를 구합니다.

➡ (두 입체도형의 모서리의 수의 차)＝9－3＝6(개)

13 접근 » 전개도를 접었을 때의 겨냥도를 그려 봅니다.

사각기둥의 전개도를 접어 사각기둥을 만들면 오른쪽과 같습니다.
이 사각기둥의 높이는 6 cm이므로 두 점 사이의 거리는 6 cm입니다.

주의
전개도에서 두 점 사이의 거리를 구하지 않도록 해요.

지도 가이드

2차원의 전개도만 보고 3차원의 입체도형을 한 번에 상상하는 건 쉽지 않습니다. 머릿속으로 맞닿는 선분을 하나씩 붙여나가며 모든 면이 연결된 입체도형으로 만드는 훈련이 필요합니다. 접었을 때 만나게 되는 꼭짓점끼리 선으로 연결하면 실수를 줄일 수 있습니다. 먼저 가장 가까이 있는 점 중 만나는 두 점을 연결하면(①), 연결한 두 점과 이웃하는 다른 두 점끼리도 만나는 것을 쉽게 알 수 있습니다.(②)

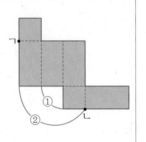

14 43쪽 4번의 변형 심화 유형

접근 » 전개도에서 밑면과 옆면의 개수를 확인해 봅니다.

오각기둥은 밑면이 2개, 옆면이 5개 있습니다. 주어진 전개도에는 밑면이 2개, 옆면이 4개이므로 옆면 하나를 더 그려야 합니다.
옆면을 맞닿는 모서리의 길이가 같게 그려 보면 다음과 같습니다.

   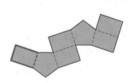

따라서 전개도를 완성할 수 있는 방법은 모두 4가지입니다.

해결 전략
주어진 전개도의 둘레를 따라 옆면 1개가 놓일 수 있는 위치를 찾아봐요.

15

경시
기출
문제

접근 » 꼭짓점 한 군데를 자를 때마다 새로운 꼭짓점, 모서리, 면이 생깁니다.

자른 꼭짓점에 3개의 면이 모여 있으므로 한 번 자를 때 꼭짓점의 수는 1개 줄어들고, 3개 늘어납니다. 즉 한 번 자를 때 꼭짓점이 2개씩 늘어납니다. 따라서 세 꼭짓점을 잘라내면 잘라내고 남은 입체도형의 꼭짓점의 수는 잘라내기 전보다 2×3＝6(개) 더 많습니다.

다른 풀이

잘라내고 남은 입체도형의 꼭짓점의 수는 12개이고, 자르기 전 삼각기둥의 꼭짓점의 수는 6개이므로 그 차는 12－6＝6(개)입니다.

해결 전략
꼭짓점 부분을 잘라낼 때 꼭짓점이 몇 개씩 생기는지를 따져 봐요.

없어지는 꼭짓점: 1개
생기는 꼭짓점: 3개

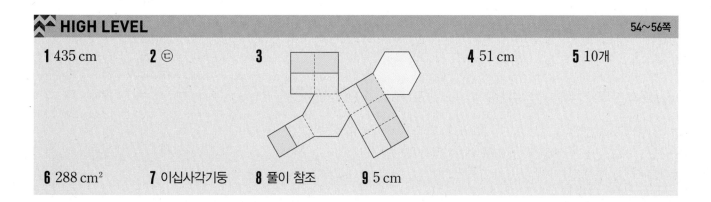

1 435 cm	2 ⓒ	3	4 51 cm	5 10개
6 288 cm²	7 이십사각기둥	8 풀이 참조	9 5 cm	

서술형

1 접근 ≫ 먼저 어떤 입체도형인지 알아봅니다.

⟮예⟯ 옆면의 모양이 모두 직사각형인 입체도형은 각기둥입니다.

(각기둥의 꼭짓점의 수)=(한 밑면의 변의 수)×2=30이므로

(한 밑면의 변의 수)=30÷2=15(개)입니다.

따라서 이 입체도형은 십오각기둥이고, 밑면의 한 변의 길이는 모두 9 cm이므로 모든 모서리의 길이의 합을 구하면

$(9 \times 15) \times 2 + (11 \times 15) = 270 + 165 = 435$ (cm)입니다.

> **보충 개념**
> 밑면의 모양이 정다각형이고 옆면의 가로가 9 cm이므로 밑면의 한 변의 길이는 모두 9 cm예요.

채점 기준	배점
어떤 입체도형인지 알 수 있나요?	2점
모든 모서리의 길이의 합을 구할 수 있나요?	3점

2 접근 ≫ 사각뿔의 모서리가 모두 보일 때, 여러 방향에서 본 모양을 생각해 봅니다.

㉠, ㉡, ㉣은 밑면의 모양이 정사각형인 사각뿔을 각각 화살표 방향에서 본 모양을 그린 것입니다.

ⓒ은 밑면의 모양이 정삼각형인 삼각뿔을 위에서 본 모양이므로 잘못 그렸습니다.

> **주의**
> 철사로 만든 사각뿔은 바라보는 방향에서 뒤쪽에 있는 모서리도 보여요.

> **지도 가이드**
> 옆면의 모양이 삼각형인 것만 보고 답을 ㉡으로 생각할 수 있습니다. 각뿔의 옆면은 삼각형 모양이고 각뿔의 이름은 밑면의 모양에 따라 결정된다는 것을 알려주세요. 정사각뿔의 밑면은 정사각형이므로 위에서 내려다 보면 ㉡과 같은 형태가 보입니다.

3 44쪽 5번의 변형 심화 유형

접근 ≫ 물에 닿은 부분이 전개도에서 어느 부분인지 생각해 봅니다.

통의 절반만큼 물을 채웠으므로 육각형 모양의 한 밑면 전체와 모든 옆면의 절반만큼이 물감으로 칠해집니다. 따라서 옆면을 반으로 나눴을 때, 물감을 칠한 밑면 쪽 절반을 색칠합니다.

> **해결 전략**
> 전개도에서 물이 닿은 한 밑면과, 그 면의 각 변과 맞닿은 옆면을 찾아봐요.

4

접근 》 **밑면의 모양이 삼각형이고, 옆면의 모양이 직사각형인 입체도형을 생각해 봅니다.**

㉮ 모양 2장과 ㉯ 모양 2장, ㉰ 모양 1장을 모두 사용하여 오른쪽 그림과 같이 ㉮를 밑면으로 하고 높이가 5 cm인 삼각기둥을 만들 수 있습니다.

따라서 모든 모서리의 길이의 합은

$(8+5+5)\times2+(5\times3)=36+15=51$ (cm)입니다.

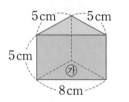

> **지도 가이드**
> 주어진 종이를 모두 사용하여 만든 입체도형을 곧바로 떠올리기는 어렵습니다. 5장의 종이를 직접 오려서 붙여볼 수 없다면, 길이가 같은 부분끼리 맞닿도록 전개도를 그려 보는 것도 좋은 방법입니다.

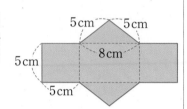

5

45쪽 7번의 변형 심화 유형

접근 》 **잘라서 생긴 두 입체도형의 겨냥도를 그려 봅니다.**

각뿔을 밑면과 평행하게 자르면 각뿔 하나와, 두 밑면의 크기가 다르고 옆면의 모양이 사다리꼴인 각뿔대 하나로 나누어집니다. 둘 중 면의 수가 더 많은 것은 각뿔대입니다. 각뿔대의 밑면의 변의 수를 □개라 하면 각뿔대의 모서리의 개수가 15개이므로 □×3=15, □=5(개)로, 각뿔의 밑면의 모양은 오각형입니다.

따라서 나머지 입체도형은 오각뿔이므로 모서리의 수는 $5\times2=10$(개)입니다.

> **지도 가이드**
> 각뿔을 밑면과 평행하게 자르면 다음과 같이 각뿔대가 만들어집니다.
>
>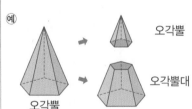
>
> 각뿔대는 중등에서 본격적인 학습을 하게 되므로 용어를 사용하지 않더라도 각뿔대의 모양을 살펴보고 □각뿔대와 □각기둥의 면의 수, 모서리의 수, 꼭짓점의 수가 각각 같음을 알 수 있게 지도해 주세요.

6

접근 》 **주어진 각기둥의 한 밑면의 둘레를 구해 봅니다.**

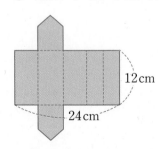

각기둥의 모든 모서리의 길이의 합이 108 cm이므로
(한 밑면의 둘레)×2+12×5=108,
(한 밑면의 둘레)×2+60=108,
(한 밑면의 둘레)×2=48,
(한 밑면의 둘레)=24 cm입니다.
각기둥의 옆면의 넓이는 $24\times12=288$ (cm²)입니다.
따라서 필요한 포장지의 넓이는 적어도 288 cm²입니다.

7 접근 ≫ 한 바퀴는 360°입니다.

한 바퀴는 360°이고 360°÷15°=24입니다. 즉 밑면의 한 각의 크기가 15°인 삼각기둥을 오른쪽 그림과 같이 한 바퀴 이어 붙이려면 24개의 삼각기둥이 필요합니다.

따라서 24개의 삼각기둥을 이어 붙이면 밑면은 이십사각형이 되므로 만들어진 입체도형은 이십사각기둥입니다.

해결 전략
한 바퀴를 이어 붙이려면 삼각기둥이 몇 개 필요한지 알아봐요.

8 접근 ≫ 잘랐을 때 6개의 면이 어떻게 연결되어 있는지 그려 봅니다.

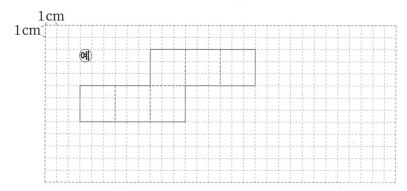

해결 전략
한 모서리씩 잘라가며, 펼쳤을 때의 모양을 차례로 생각해 봐요.

빨간색 모서리를 따라 자르면 다음과 같이 펼쳐집니다.

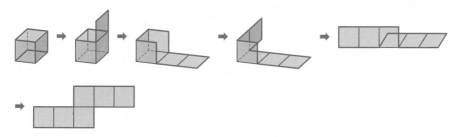

9 44쪽 5번의 변형 심화 유형
접근 ≫ 주어진 삼각기둥의 옆면을 직사각형 모양의 전개도로 나타내 봅니다.

연결한 선의 길이가 가장 짧을 경우의 옆면의 전개도에 선을 나타내면 오른쪽과 같습니다.

선분 ㄷㄱ의 길이 10 cm는 선분 ㄱㄱ의 길이 30 cm를 삼등분한 것 중의 하나이고, 사각형 ㄷㅂㄹㄱ은 사각형 ㄱㄹㄹㄱ을 삼등분한 것 중의 하나와 같습니다.

따라서 선분 ㅅㅂ은 높이 15 cm의 $\frac{1}{3}$인 5 cm입니다.

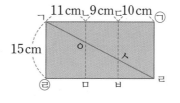

해결 전략
입체도형의 겉면을 따라 두 점을 잇는 가장 짧은 거리는 전개도 위의 두 점을 잇는 선분의 길이와 같아요.

보충 개념

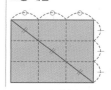

3 소수의 나눗셈

⊙ BASIC TEST

1 (소수)÷(자연수) (1) 61쪽

1 (1) 25.1, 2.51 (2) 5.2, 0.52
2 864, 288, 2.88   **3** ㉠, ㉢, ㉡
4 5.13 L   **5** 2.96 cm
6 0.49 kg

1 나누는 수가 같을 때, 나누어지는 수가 $\frac{1}{10}$배가 되면 몫도 $\frac{1}{10}$배가 되고, 나누어지는 수가 $\frac{1}{100}$배가 되면 몫도 $\frac{1}{100}$배가 됩니다.

2 ■의 $\frac{1}{100}$배가 8.64이므로 ■는 864입니다.

864÷3＝288이고, 나누어지는 수 864가 $\frac{1}{100}$배가 되면 몫 288도 $\frac{1}{100}$배가 됩니다.

➡ 8.64÷3＝2.88

따라서 ■＝864, ▲＝288, ★＝2.88입니다.

3
㉠
$$\begin{array}{r} 4.5 \\ 7\overline{)31.5} \\ 28 \\ \hline 35 \\ 35 \\ \hline 0 \end{array}$$
㉡
$$\begin{array}{r} 0.46 \\ 13\overline{)5.98} \\ 52 \\ \hline 78 \\ 78 \\ \hline 0 \end{array}$$
㉢
$$\begin{array}{r} 4.25 \\ 5\overline{)21.25} \\ 20 \\ \hline 12 \\ 10 \\ \hline 25 \\ 25 \\ \hline 0 \end{array}$$

➡ 4.5＞4.25＞0.46이므로 몫이 큰 것부터 차례대로 기호를 쓰면 ㉠, ㉢, ㉡입니다.

4 15분 동안 76.95 L의 물이 나오므로 1분 동안 나오는 물의 양은 76.95÷15＝5.13 (L)입니다.

5 평행사변형의 밑변이 4 cm, 높이가 □cm이므로 넓이는 4×□＝11.84입니다.

따라서 □＝11.84÷4＝2.96 (cm)입니다.

> **보충 개념**
> (평행사변형의 넓이)＝(밑변)×(높이)이므로
> (높이)＝(넓이)÷(밑변)입니다.

6 200 g＝0.2 kg이므로 밥을 짓고 남은 쌀은 6.08－0.2＝5.88 (kg)입니다.

남은 쌀을 12개의 봉투에 나누어 담았으므로 봉투 하나에 담은 쌀의 양은 5.88÷12＝0.49 (kg)입니다.

> **보충 개념**
> 1 g＝0.001 kg이므로 200 g＝0.2 kg입니다.

2 (소수)÷(자연수) (2) 63쪽

1 (위에서부터) 1060, 265 / 2.65
2
$$\begin{array}{r} 8.06 \\ 5\overline{)40.3} \\ 40 \\ \hline 30 \\ 30 \\ \hline 0 \end{array}$$
3 ㉡, ㉢
4 0.965
5 11.55 cm
6 0.7 mm

1 106÷4는 나누어떨어지지 않으므로 1060÷4로 계산합니다.

> **보충 개념**
> 나누는 수가 같을 때, 나누어지는 수가 $\frac{1}{100}$배가 되면 몫도 $\frac{1}{100}$배가 됩니다.

2 나누어떨어지지 않는 경우 몫에 0을 쓴 다음 소수의 오른쪽 끝자리에 0이 계속 있는 것으로 생각하고 0을 내려 계산합니다.

3
㉠
$$\begin{array}{r} 2.23 \\ 14\overline{)31.22} \\ 28 \\ \hline 32 \\ 28 \\ \hline 42 \\ 42 \\ \hline 0 \end{array}$$
㉡
$$\begin{array}{r} 0.095 \\ 8\overline{)0.760} \\ 72 \\ \hline 40 \\ 40 \\ \hline 0 \end{array}$$
㉢
$$\begin{array}{r} 6.02 \\ 15\overline{)90.30} \\ 90 \\ \hline 30 \\ 30 \\ \hline 0 \end{array}$$
㉣
$$\begin{array}{r} 17.8 \\ 3\overline{)53.4} \\ 3 \\ \hline 23 \\ 21 \\ \hline 24 \\ 24 \\ \hline 0 \end{array}$$

4 (어떤 수)×4=3.86

➡ (어떤 수)=3.86÷4=0.965

$$
\begin{array}{r}
0.9\,6\,5 \\
4\,\overline{)\,3.8\,6\,0} \\
\underline{3\,6} \\
2\,6 \\
\underline{2\,4} \\
2\,0 \\
\underline{2\,0} \\
0
\end{array}
$$

5 끈을 3번 자르면 모두 4도막이 됩니다.
따라서 끈 한 도막의 길이는
46.2÷4=11.55 (cm)입니다.

보충 개념
끈을 ■번 자르면 (■+1)도막이 됩니다.

6 1시간은 60분이므로 1분 동안 탄 양초의 길이는
4.2÷60=0.07 (cm)=0.7 (mm)입니다.

보충 개념
1 cm=10 mm이므로 0.07 cm=0.7 mm입니다.

---

3 (자연수)÷(자연수), 몫을 어림하기　65쪽

1 (1) 7.5 / 0.75　(2) 22.5 / 2.25
2 (1) 81÷5=16.2에 ◯표
　(2) 8.82÷3=2.94에 ◯표
3 6.25 cm
4 6.5÷5 / 65÷50 / 65÷10 ◯표
5 3분 45초　　　　　**6** 10

1 나누는 수가 같을 때, 나누어지는 수가 $\frac{1}{10}$배가 되면 몫도 $\frac{1}{10}$배가 되고, 나누어지는 수가 $\frac{1}{100}$배가 되면 몫도 $\frac{1}{100}$배가 됩니다.

2 (1) 80÷5=16이므로 81÷5의 몫은 16으로 어림할 수 있습니다. 주어진 몫 중 16과 가장 가까운 값은 16.2입니다.
　(2) 9÷3=3이므로 8.82÷3의 몫은 3으로 어림할 수 있습니다. 주어진 몫 중 3과 가장 가까운 값은

2.94입니다.

3 도형의 둘레는 정삼각형의 한 변의 길이의 8배와 같습니다. 도형의 둘레가 50 cm이므로 정삼각형의 한 변의 길이는 50÷8=6.25 (cm)입니다.

4 나누어지는 수가 나누는 수보다 크면 몫이 1보다 큽니다. 따라서 몫이 1보다 큰 식은 6.5÷5, 65÷50, 65÷10입니다.

보충 개념
6.5÷5=1.3
65÷50=1.3
65÷10=6.5

5 채연이의 시계는 12일 동안 45분 늦어지므로 하루에 45÷12=3.75(분)씩 늦어집니다.

➡ 3.75분=$3\frac{75}{100}$분=$3\frac{3}{4}$분=$3\frac{45}{60}$분
　　=3분 45초

보충 개념
1분=60초이므로 $\frac{■}{60}$분은 ■초입니다.

6 12÷5=2.4이고 282÷40=7.05입니다.
2.4<□<7.05이므로 □ 안에 들어갈 수 있는 자연수는 3, 4, 5, 6, 7입니다. 가장 작은 자연수는 3이고, 가장 큰 자연수는 7이므로 두 수의 합은 3+7=10입니다.

MATH TOPIC　66~73쪽

1-1 10.38　**1-2** 3.32　**1-3** 33.5
2-1 8 cm　**2-2** 25.6 cm　**2-3** 6.9 cm
3-1 24.4　**3-2** 4.375
4-1 10.8 cm²　**4-2** 350 cm²　**4-3** 1.5 cm
5-1 220 cm　**5-2** 5.15 m
6-1 16.75 km　**6-2** 67.5 m　**6-3** 101 m
7-1 오후 4시 17분 30초　**7-2** 오전 10시 55분
7-3 오후 1시 24분 12초
심화**8** 20, 10.2 / 11, 87.4 / 87.4, 148580 / 148580
8-1 16240원

1-1 어떤 수를 □라 하면 □×4=166.08이므로
□=166.08÷4=41.52입니다.
어떤 수는 41.52이므로 바르게 계산한 몫은
41.52÷4=10.38입니다.

1-2 어떤 수를 □라 하면 16.6+□=21.6이므로
□=21.6−16.6=5입니다.
어떤 수는 5이므로 바르게 계산한 몫은
16.6÷5=3.32입니다.

1-3 어떤 수를 □라 하면 □÷21=19…3이므로
□=21×19+3=402입니다.
어떤 수는 402이므로 바르게 계산한 몫은
402÷12=33.5입니다.

2-1 모눈 한 칸의 길이를 단위길이로 생각합니다.
빨간색 직사각형의 둘레는 모눈 한 칸의 길이의 12
배와 같으므로 모눈 한 칸의 길이는
9.6÷12=0.8 (cm)입니다.
보라색 직사각형의 둘레는 모눈 한 칸의 길이의 10
배이므로 보라색 직사각형의 둘레는
0.8×10=8 (cm)입니다.

2-2 정사각형의 한 변의 길이의 반만큼을 단위길이로
생각합니다.
전체 도형의 둘레는 단위길이의 20배와 같으므로
단위길이는 64÷20=3.2 (cm)입니다.
정사각형 한 개의 둘레는 단위길이의 8배이므로 정
사각형의 둘레는 3.2×8=25.6 (cm)입니다.

2-3 선분 ㄱㄴ은 원의 반지름의 6배와 같으므로 원의
반지름은 20.7÷6=3.45 (cm)입니다.
원의 지름은 반지름의 2배이므로 원의 지름은
3.45×2=6.9 (cm)입니다.

3-1 나누어지는 수가 클수록, 나누는 수가 작을수록 나
눗셈의 몫이 커집니다.
나누는 수는 가장 작은 수이어야 하므로 4입니다.
나누어지는 수는 나머지 수 7, 9, 6으로 만들 수 있
는 가장 큰 소수 한 자리 수이어야 하므로 97.6입
니다.

따라서 가장 큰 몫은 97.6÷4=24.4입니다.

3-2 나누는 수는 가장 큰 수이어야 하므로 8입니다.
나누어지는 수는 가장 작은 두 자리 수이어야 하므
로 35입니다.
따라서 가장 작은 몫은 35÷8=4.375입니다.

4-1 가장 큰 직사각형의 세로는
26.8÷2−8=13.4−8=5.4 (cm)이므로
가장 큰 직사각형의 넓이는 8×5.4=43.2 (cm²)
입니다.
색칠한 부분의 넓이는 가장 큰 직사각형의 넓이를
4등분 한 것 중 하나이므로
43.2÷4=10.8 (cm²)입니다.

> **다른 풀이**
> (가장 큰 직사각형의 세로)=26.8÷2−8
> =13.4−8=5.4 (cm)
> (색칠한 부분의 가로)=8÷2=4 (cm)
> (색칠한 부분의 세로)=5.4÷2=2.7 (cm)
> ➡ (색칠한 부분의 넓이)=4×2.7=10.8 (cm²)

4-2 삼각형 ㄱㄴㄷ의 밑변을 32 cm, 높이를 □cm라
하면, 삼각형 ㄱㄴㄷ의 넓이는
32×□÷2=200,
□=200×2÷32=12.5 (cm)입니다.
따라서 사다리꼴 ㄱㄴㄷㄹ의 넓이는
(24+32)×12.5÷2=350 (cm²)입니다.

> **보충 개념**
> (사다리꼴의 넓이)=((윗변)+(아랫변))×(높이)÷2

> **다른 풀이**
> 삼각형 ㄱㄴㄷ과 삼각형 ㄱㄷㄹ의 높이가 같고 밑변이
> 각각 32 cm, 24 cm이므로
> (삼각형 ㄱㄷㄹ의 넓이)
> =(삼각형 ㄱㄴㄷ의 넓이)×$\frac{24}{32}$
> =$\overset{50}{200}×\frac{3}{\underset{1}{4}}$=150 (cm²)입니다.
> ➡ (사다리꼴 ㄱㄴㄷㄹ의 넓이)=200+150=350 (cm²)

4-3 (처음 직사각형의 넓이)=15×23.4=351 (cm²)
새로 그린 직사각형의 넓이는 처음 직사각형과 같
아야 하고, 세로는 23.4+2.6=26 (cm)입니다.
(새로 그린 직사각형의 넓이)=(가로)×26=351,

(가로)$=351 \div 26 = 13.5$ (cm)

따라서 가로는 처음 직사각형보다

$15 - 13.5 = 1.5$ (cm) 짧게 그려야 합니다.

5-1 양초 30개를 같은 간격으로 놓으면 양초 사이의 간격은 $30 - 1 = 29$(군데) 생깁니다.

따라서 양초 사이의 간격은

$63.8 \div 29 = 2.2$ (m)입니다.

$1 \text{ m} = 100 \text{ cm}$이므로 $2.2 \text{ m} = 220 \text{ cm}$입니다.

5-2 연못의 둘레에 깃발 40개를 같은 간격으로 꽂으면 깃발과 깃발 사이의 간격은 40군데 생깁니다.

따라서 깃발과 깃발 사이의 간격은

$206 \div 40 = 5.15$ (m)입니다.

> **주의**
>
> 맞닿은 길의 둘레에 깃발 ■개를 꽂으면 깃발 사이의 간격은 ■군데입니다.
>
>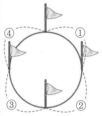
>
> 깃발 4개를 꽂으면 간격이 4군데 생깁니다.

6-1 한 시간에 67 km를 가므로 30분 동안에는

$67 \div 2 = 33.5$ (km)만큼 갑니다.

33.5 km를 자전거로 2시간 만에 가려면 자전거로 한 시간에 $33.5 \div 2 = 16.75$ (km)를 가야 합니다.

6-2 1분에 90 m씩 걷는 빠르기로 공원 산책로를 한 바퀴 도는 데

$10분 30초 = 10\dfrac{30}{60}분 = 10\dfrac{1}{2}분 = 10.5분$

이 걸렸으므로 공원 산책로의 거리는

$90 \times 10.5 = 945$ (m)입니다.

선규가 945 m를 걷는 데 14분이 걸렸으므로 선규가 1분 동안 걷는 거리는 $945 \div 14 = 67.5$ (m)입니다.

> **보충 개념**
>
> 1분은 60초이므로 ■분 ▲초를 대분수로 나타내면
>
> $■\dfrac{▲}{60}$분입니다.

6-3 하랑이는 3분 동안 482.4 m씩 걸으므로 하랑이가 1분 동안 걷는 거리는 $482.4 \div 3 = 160.8$ (m)입니다.

수아는 5분 동안 753.5 m씩 걸으므로 수아가 1분 동안 걷는 거리는 $753.5 \div 5 = 150.7$ (m)입니다.

하랑이는 1분 동안 160.8 m씩 걸으므로 10분 동안 $160.8 \times 10 = 1608$ (m)를 걷고, 수아는 1분 동안 150.7 m씩 걸으므로 10분 동안 $150.7 \times 10 = 1507$ (m)를 걷습니다.

따라서 출발한 지 10분 후에 두 사람 사이의 거리는 $1608 - 1507 = 101$ (m)입니다.

> **다른 풀이**
>
> (하랑이가 1분 동안 걷는 거리)$=482.4 \div 3 = 160.8$ (m),
> (수아가 1분 동안 걷는 거리)$=753.5 \div 5 = 150.7$ (m)
> 이므로 출발한 지 1분 후에 두 사람 사이의 거리는
> $160.8 - 150.7 = 10.1$ (m)입니다.
> 따라서 출발한 지 10분 후에 두 사람 사이의 거리는
> $10.1 \times 10 = 101$ (m)입니다.

7-1 일주일(7일) 동안 24.5분씩 빨라지므로 하루에 $24.5 \div 7 = 3.5$ (분)씩 빨라집니다.

하루에 3.5분씩 빨라지므로 5일 동안은

$3.5 \times 5 = 17.5$ (분) 빨라집니다.

5일 동안 17.5분=17분 30초 빨라지므로 5일 뒤 오후 4시에 이 시계가 가리키는 시각은 오후 4시 17분 30초입니다.

> **보충 개념**
>
> 빨라지는 시계는 정확한 시각에서 빨라진 시간만큼 더 지난 시각을 가리킵니다.

7-2 16일 동안 20분씩 느려지므로 하루에

$20 \div 16 = 1.25$ (분)씩 느려집니다.

월요일 오전 11시부터 그 주 금요일 오전 11시까지는 4일입니다. 하루에 1.25분씩 느려지므로 4일 동안은 $1.25 \times 4 = 5$ (분) 느려집니다.

따라서 그 주 금요일 오전 11시에 이 시계가 가리키는 시각은 오전 10시 55분입니다.

> **보충 개념**
>
> 느려지는 시계는 정확한 시각에서 느려진 시간만큼 덜 간 시각을 가리킵니다.

7-3 30일 동안 33분씩 빨라지므로 하루에

$33 \div 30 = 1.1$ (분)씩 빨라집니다.

10월 1일 오후 1시부터 10월 23일 오후 1시까지는 22일입니다.

하루에 1.1분씩 빨라지므로 22일 동안은

$1.1 \times 22 = 24.2$ (분) 빨라집니다.

22일 동안

$24.2분 = 24\dfrac{2}{10}분 = 24\dfrac{12}{60}분 = 24분 12초$

빨라지므로 10월 23일 오후 1시에 이 시계가 가리키는 시각은 오후 1시 24분 12초입니다.

8-1 (할머니 댁까지의 왕복 거리)

$= 60.9 \times 2 = 121.8 \,(\text{km})$

은효네 자동차는 1 L의 휘발유로 12 km를 갈 수 있으므로 이 자동차로 121.8 km를 가는 데 필요한 휘발유의 양은 $121.8 \div 12 = 10.15 \,(\text{L})$입니다.

휘발유가 1 L당 1600원이므로 필요한 휘발유 10.15 L의 값은 $10.15 \times 1600 = 16240 \,(\text{원})$입니다.

> **보충 개념**
> (필요한 휘발유의 양)=(전체 거리)÷(1 L의 휘발유로 갈 수 있는 거리)

✚ LEVEL UP TEST

74~78쪽

1 민아	**2** 1.28	**3** 6.25 cm	**4** 8	**5** 1.69 cm²
6 310 m				
7 891장	**8** 6.25 cm	**9** 8.54 kg	**10** 11.25 g	**11** 5.06 cm²
12 5.2 cm				
13 837.2 km	**14** 1.25배	**15** 6분 30초 후		

1 접근 ≫ **두 사람의 1분당 통화 요금을 각각 알아봅니다.**

(희찬이의 1분당 휴대폰 통화 요금)$= 2841 \div 20 = 142.05$(원)

(민아의 1분당 휴대폰 통화 요금)$= 2133 \div 15 = 142.2$(원)

142.05<142.2이므로 민아의 1분당 휴대폰 통화 요금이 더 비쌉니다.

따라서 똑같은 시간 동안 통화했을 때 요금이 더 많이 나오는 사람은 민아입니다.

> **주의**
> 1분당 통화 요금을 구했기 때문에 '30분'이라는 통화 시간은 굳이 따지지 않아도 돼요.

서술형 2 68쪽 3번의 변형 심화 유형

접근 ≫ **㉠과 ㉡에 들어갈 수 있는 자연수의 범위부터 생각해 봅니다.**

⑩ ㉠이 될 수 있는 자연수는 32, 33, 34, 35, 36, 37, 38, 39, 40이고, ㉡이 될 수 있는 자연수는 18, 19, 20, 21, 22, 23, 24, 25입니다.

㉠÷㉡의 몫이 가장 작으려면 나누어지는 수 ㉠은 가장 작아야 하고, 나누는 수 ㉡은 가장 커야 합니다.

따라서 ㉠÷㉡의 몫이 가장 작은 경우는 ㉠=32, ㉡=25인 경우입니다.

➡ $32 \div 25 = 1.28$

> **보충 개념**
> 나누어지는 수가 작을수록, 나누는 수가 클수록 나눗셈의 몫이 작아집니다.

채점 기준	배점
㉠÷㉡의 몫이 가장 작은 경우를 식으로 나타낼 수 있나요?	3점
㉠÷㉡의 가장 작은 몫을 구할 수 있나요?	2점

3 접근 » 양초가 1분 동안 몇 cm씩 타는지 알아봅니다.

양초가 4분 동안 2.5 cm씩 타므로 1분 동안은 $2.5 \div 4 = 0.625$ (cm)씩 탑니다.
양초가 1분 동안 0.625 cm씩 타므로 14분 동안은 $0.625 \times 14 = 8.75$ (cm)만큼
탑니다.
따라서 불을 붙인 지 14분 후에 타고 남은 양초의 길이는 $15 - 8.75 = 6.25$ (cm)
입니다.

보충 개념
(양초가 1분 동안 타는 길이)
=(양초가 ■분 동안 타는
   길이)÷■

4 접근 » 소수점 아래에서 나누어떨어지지 않으면 0을 계속 내려 계산합니다.

```
        0.4 8 1 4 8 1 4 ……
27 ) 1 3.0 0 0 0 0 0 0
        1 0 8
          2 2 0
          2 1 6
            4 0
            2 7
          1 3 0
          1 0 8
            2 2 0
            2 1 6
              4 0
              2 7
              1 3
               ⋮
```

$13 \div 27$의 몫을 구해 보면 0.481481……로 소수
점 아래에 숫자 4, 8, 1이 반복됩니다.
$20 \div 3 = 6 \cdots 2$이므로 소수 20번째 자리 숫자는
반복되는 숫자 중 두 번째 숫자인 8입니다.

보충 개념
몫이 나누어떨어지지 않는 경
우에는 몫을 분수로 나타내는
것이 정확해요.
예 $13 \div 27 = \dfrac{13}{27}$

5 접근 » 정육면체의 모서리의 길이는 모두 같습니다.

정육면체의 모서리는 12개이고 모서리의 길이는 모두 같으므로 처음 정육면체의 한
모서리의 길이는 $62.4 \div 12 = 5.2$ (cm)입니다.
각 모서리의 길이를 $\dfrac{1}{4}$로 줄인 정육면체의 한 모서리의 길이는 $5.2 \div 4 = 1.3$ (cm)
입니다. 따라서 줄인 정육면체의 한 면의 넓이는 $1.3 \times 1.3 = 1.69$ (cm²)입니다.

해결 전략
처음 정육면체의 한 모서리의
길이를 구하여, 줄인 정육면
체의 한 모서리의 길이를 구
해요.

6 70쪽 5번의 변형 심화 유형
접근 » 가로등 사이의 간격이 몇 군데인지 알아봅니다.

50개의 가로등을 도로의 양쪽에 설치하므로 한쪽에 $50 \div 2 = 25$ (개)씩 설치하게 됩
니다. 가로등 25개를 같은 간격으로 설치하면 가로등 사이의 간격은
$25 - 1 = 24$ (군데) 생깁니다. 따라서 가로등 사이의 간격은 $7.44 \div 24 = 0.31$ (km)
입니다. 1 km = 1000 m이므로 0.31 km = 310 m입니다.

보충 개념
■개를 나란히 놓으면 간격은
(■−1)군데 생겨요.

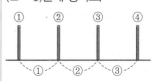

7 접근 » 가로와 세로에 각각 장판을 몇 장씩 놓아야 하는지 알아봅니다.

장판의 한 변이 2 m이므로 강당의 가로에는 장판이 $65 \div 2 = 32.5$(장) ➡ 33장씩
필요하고, 강당의 세로에는 장판이 $54 \div 2 = 27$(장)씩 필요합니다.
따라서 장판은 적어도 $33 \times 27 = 891$(장) 필요합니다.

지도 가이드
실생활에서 (자연수)÷(자연수)의 나눗셈을 할 때는 몫이 자연수로 나누어떨어지지 않는 경우
가 더 많습니다. 이 문제의 경우에는 몫이 소수일 때 몫의 일의 자리 미만을 올림하였지만 문제
의 상황에 따라 몫의 일의 자리 미만을 버림해야 하는 경우도 있습니다. 따라서 구한 몫을 주어
진 상황에 맞게 해석하는 연습이 필요합니다.

8 67쪽 2번의 변형 심화 유형
접근 » 도형의 둘레가 정사각형 한 변의 몇 배인지 살펴봅니다.

도형의 변의 일부를 그림과 같이 옮겨서 직사각형 모양으로 나타내 봅니다.

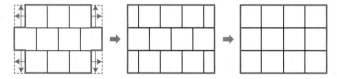

전체 도형의 둘레는 정사각형의 한 변의 길이의 14배와 같습니다.
따라서 정사각형의 한 변의 길이는 $87.5 \div 14 = 6.25$ (cm)입니다.

지도 가이드
도형의 둘레가 단위길이의 몇 배인지를 이용하여 해결하는 문제로, 이 문제에서는 정사각형의
한 변의 길이를 단위길이로 생각했습니다. 둘레 중 단위길이로 셀 수 없는 부분에서는 변의 일
부를 옮기는 과정이 필요합니다. 단위길이가 잘린 부분을 옮겨서 직사각형 모양을 만들 수 있
도록 유도해 주세요. 변의 일부를 평행이동하면 도형의 모양은 바뀌지만 둘레의 길이는 변하지
않습니다.

9 접근 » 책 5권을 꺼내고 다시 무게를 재면, 책 5권의 무게만큼이 덜 나갑니다.

(책 5권의 무게)
$=$(책 21권이 들어 있는 상자의 무게)$-$(책 5권을 꺼낸 후 다시 잰 무게)
$=24.22-18.62=5.6$ (kg)
책 5권의 무게가 5.6 kg이므로 책 한 권의 무게는 $5.6 \div 5 = 1.12$ (kg)입니다.
책 21권의 무게는 $1.12 \times 21 = 23.52$ (kg)이므로 빈 상자의 무게는
$24.22-23.52=0.7$ (kg)입니다.
따라서 책 7권이 들어 있는 상자의 무게는
$1.12 \times 7+0.7=7.84+0.7=8.54$ (kg)입니다.

10 접근 ≫ 먼저 금 한 냥의 무게가 몇 kg인지 알아봅니다.

금 5냥의 무게가 187.5 g이므로 금 한 냥의 무게는 $187.5 \div 5 = 37.5$ (g)입니다.
금 10돈의 무게가 금 한 냥의 무게인 37.5 g과 같으므로 금 한 돈의 무게는
$37.5 \div 10 = 3.75$ (g)입니다.
따라서 금 3돈으로 만든 팔찌의 무게는 $3.75 \times 3 = 11.25$ (g)입니다.

다른 풀이
금 한 냥의 무게가 금 10돈의 무게와 같으므로 금 5냥의 무게는 금 50돈의 무게와 같습니다.
금 50돈(=5냥)의 무게가 187.5 g이므로 금 한 돈의 무게는 $187.5 \div 50 = 3.75$ (g)입니다.
따라서 금 3돈으로 만든 팔찌의 무게는 $3.75 \times 3 = 11.25$ (g)입니다.

해결 전략
(한 돈의 무게)
=(한 냥의 무게)÷10

11 접근 ≫ 정사각형의 넓이를 □cm²로 하여 식을 만들어 봅니다.

(정사각형의 넓이)=(한 변)×(한 변)=□cm²이라 하면 새로 그린 직사각형의 넓이
는 (한 변)×0.8×(한 변)×5=(한 변)×(한 변)×4=□×4로 나타낼 수 있습니
다. 새로 그린 직사각형의 넓이가 정사각형의 넓이보다 15.18 cm²만큼 늘었으므로
□×4=□+15.18이고, □+□+□+□=□+15.18, □+□+□=15.18
이므로 □×3=15.18, □=15.18÷3=5.06 (cm²)입니다.

다른 풀이
정사각형의 한 변을 □cm라 하면 새로 그린 직사각형의 넓이는
□×0.8×□×5=□×□×4로 나타낼 수 있습니다.
새로 그린 직사각형의 넓이가 정사각형의 넓이보다 15.18 cm²만큼 늘었으므로
□×□×4=□×□+15.18입니다. □×□는 정사각형의 넓이이므로
(정사각형의 넓이)×4=(정사각형의 넓이)+15.18, (정사각형의 넓이)×3=15.18이므로
(정사각형의 넓이)=15.18÷3=5.06 (cm²)입니다.

보충 개념
양쪽에서 같은 수를 빼도 등
식은 성립해요.
▨+■+■+■=▨+●
➡ ■+■+■=●

서술형 12 접근 ≫ 변 ㄹㅁ은 평행사변형의 높이이면서 삼각형의 높이입니다.

예 평행사변형 ㄱㄴㄷㄹ의 밑변이 13 cm이고 넓이가 182 cm²이므로
(평행사변형 ㄱㄴㄷㄹ의 넓이)=13×(높이)=182, (높이)=182÷13=14 (cm)
입니다.

삼각형 ㄹㄷㅁ의 넓이는 평행사변형 ㄱㄴㄷㄹ의 넓이의 $\frac{1}{5}$이므로
$182 \div 5 = 36.4$ (cm²)입니다.
평행사변형 ㄱㄴㄷㄹ과 삼각형 ㄹㄷㅁ의 높이가 14 cm로 같으므로
(삼각형 ㄹㄷㅁ의 넓이)=(선분 ㄷㅁ)×14÷2=36.4,
(선분 ㄷㅁ)=36.4×2÷14=5.2 (cm)입니다.

해결 전략
구한 평행사변형의 높이를 삼
각형의 높이로 생각하여 삼각
형의 밑변을 구해요.

채점 기준	배점
평행사변형 ㄱㄴㄷㄹ의 높이를 구할 수 있나요?	1점
삼각형 ㄹㄷㅁ의 넓이를 구할 수 있나요?	2점
선분 ㄷㅁ의 길이를 구할 수 있나요?	2점

예 평행사변형 ㄱㄴㄷㄹ과 삼각형 ㄹㄷㅁ의 높이가 같고 삼각형 ㄹㄷㅁ의 넓이가 평행사변형 ㄱㄴㄷㄹ의 넓이의 $\frac{1}{5}$이므로 선분 ㄷㅁ의 길이를 □ cm라 하면

$$13 \times (높이) \times \frac{1}{5} = □ \times (높이) \div 2,\ 13 \times \frac{1}{5} = □ \div 2,\ □ = \frac{13}{5} \times 2 = \frac{26}{5} = \frac{52}{10} = 5.2\,(\text{cm})$$

입니다.

13 73쪽 8번의 변형 심화 유형

접근 ≫ (■ L의 연료로 간 거리)÷(1 L의 연료로 간 거리)=■

A 자동차는 연료 1 L로 12 km를 갈 수 있으므로 966 km를 가는 데 필요한 연료의 양은 966÷12=80.5 (L)입니다.

B 자동차는 연료 1 L로 20.8 km를 갈 수 있으므로 80.5÷2=40.25 (L)의 연료로 40.25×20.8=837.2 (km)를 갈 수 있습니다.

보충 개념
A 자동차로 966 km를 가는 데 필요한 연료의 양을 구한 다음, B 자동차가 그 절반의 연료로 갈 수 있는 거리를 구해요.

지도 가이드
몇 km를 가는 데 필요한 연료의 양(L)을 구하는 문제입니다. 수치가 크고 여러 가지 단위가 나오면 어렵게 생각하는 경우가 많으니, 먼저 몫이 나누어떨어지는 간단한 수치로 바꾸어 질문해 주세요. "연료 1 L로 12 km를 갈 수 있는 자동차로 24 km을 가려면 연료가 몇 L 필요하지?" 라는 질문에 "2 L"라고 대답하면, 24÷12=2라는 나눗셈식을 어떻게 세웠는지 거꾸로 생각해 보도록 시간을 주세요. 전체 간 거리에서 1 L의 연료로 갈 수 있는 거리만큼을 덜어내면 덜어낸 횟수가 연료의 양이 되는 개념입니다.

14 접근 ≫ 전체 도형이 작은 직사각형 몇 개로 이루어졌는지 세어 봅니다.

작은 직사각형의 가로는 18÷4=4.5 (cm)이므로 작은 직사각형의 넓이는 4.5×3=13.5 (cm²)입니다. 전체 도형의 넓이는 작은 직사각형 10개의 넓이와 같으므로 13.5×10=135 (cm²)이고, 삼각형 ㄱㄴㄷ의 넓이는 작은 직사각형 8개의 넓이와 같으므로 13.5×8=108 (cm²)입니다.

따라서 전체 도형의 넓이는 삼각형 ㄱㄴㄷ의 넓이의 135÷108=1.25(배)입니다.

해결 전략
색칠된 부분을 옮겨서 직사각형으로 만들어요.

작은 직사각형 8개

다른 풀이 1
작은 직사각형의 가로는 18÷4=4.5 (cm)이므로 작은 직사각형의 넓이는 4.5×3=13.5 (cm²)입니다. 전체 도형의 넓이는 작은 직사각형 10개의 넓이와 같으므로 13.5×10=135 (cm²)이고, 삼각형 ㄱㄴㄷ의 넓이는 18×12÷2=108 (cm²)입니다.
따라서 전체 도형의 넓이는 삼각형 ㄱㄴㄷ의 넓이의 135÷108=1.25(배)입니다.

다른 풀이 2
전체 도형의 넓이는 작은 직사각형 10개의 넓이와 같고, 삼각형 ㄱㄴㄷ의 넓이는 작은 직사각형 8개의 넓이와 같습니다.
따라서 전체 도형의 넓이는 삼각형 ㄱㄴㄷ의 넓이의 10÷8=1.25(배)입니다.

71쪽 6번의 변형 심화 유형
15 접근 ≫ 출발한 지 1분 후, 두 사람 사이의 거리를 생각해 봅니다.

지환이는 2분 동안 $400.4\,\mathrm{m}$를 걸으므로 지환이가 1분 동안 걷는 거리는

$400.4 \div 2 = 200.2\,(\mathrm{m})$이고, 다혜는 3분 동안 $347.4\,\mathrm{m}$를 걸으므로 다혜가 1분

동안 걷는 거리는 $347.4 \div 3 = 115.8\,(\mathrm{m})$입니다.

두 사람이 같은 지점에서 동시에 출발하여 반대 방향으로 걸으면 1분이 지날 때마다

$200.2 + 115.8 = 316\,(\mathrm{m})$씩 멀어집니다.

산책로의 둘레가 $2\,\mathrm{km}\,54\,\mathrm{m} = 2054\,\mathrm{m}$이므로 두 사람은 출발한 지

$2054 \div 316 = 6.5\,(\text{분}) = 6\frac{5}{10}\,(\text{분}) = 6\frac{30}{60}\,(\text{분}) = 6\text{분}\ 30\text{초}$ 후에 만나게 됩니다.

해결 전략
두 사람이 걸은 거리의 합이 산책로의 둘레와 같아지는 때를 구해요.

주의
서로 반대 방향으로 걸으면 거리가 멀어지지만, 원 모양의 산책로의 경우에는 한 점에서 만나게 돼요.

⌃⌃ HIGH LEVEL
79~81쪽

1 4.15	**2** 5.27	**3** $49.44\,\mathrm{cm^2}$	**4** 11.2 cm	**5** 1분 48초	**6** 0.62 km
7 $39.375\,\mathrm{m^2}$	**8** 0.905	**9** 21분 24초			

---

1 접근 ≫ $\dfrac{▲}{■} = ▲ \div ■$

만들 수 있는 가장 큰 대분수는 $5\frac{3}{4}$이고, 가장 작은 대분수는 $1\frac{3}{5}$입니다.

$3 \div 4 = 0.75$이므로 $5\frac{3}{4} = 5.75$이고, $3 \div 5 = 0.6$이므로 $1\frac{3}{5} = 1.6$입니다.

따라서 두 수의 차는 $5.75 - 1.6 = 4.15$입니다.

보충 개념
가장 큰 수 5를 자연수 자리에 놓고, 나머지 수 4, 3, 1로 가장 큰 진분수를 만들어요.

해결 전략
대분수에서 진분수 부분을 소수로 바꾸어 나타내요.
$\dfrac{▲}{●} = ▲ \div ●$

다른 풀이

만들 수 있는 가장 큰 대분수는 $5\frac{3}{4}$이고, 가장 작은 대분수는 $1\frac{3}{5}$입니다.

$5\frac{3}{4} = \frac{23}{4}$ ➡ $23 \div 4 = 5.75$이고, $1\frac{3}{5} = \frac{8}{5}$ ➡ $8 \div 5 = 1.6$입니다.

따라서 두 수의 차는 $5.75 - 1.6 = 4.15$입니다.

---

2 접근 ≫ ■를 ▲에 대한 식으로 나타내 봅니다.

$■ \div ▲ = 12$이므로 $■ = 12 \times ▲$입니다. $■ + ▲ = 68.51$에서

$12 \times ▲ + ▲ = 68.51$, $13 \times ▲ = 68.51$, $▲ = 68.51 \div 13 = 5.27$입니다.

보충 개념
$12 \times ▲ = ▲ \times 12$이므로 ▲를 12번 더한 수예요.

3 69쪽 4번의 변형 심화 유형

접근 ≫ 정육각형을 똑같은 모양 여러 개로 나누어 봅니다.

정육각형은 그림과 같이 정삼각형 6개로 나눌 수 있고, 정삼각형은 다시 작은 정삼각형 4개로 나눌 수 있습니다. 즉 정육각형은 작은 정삼각형 24개로 나눌 수 있습니다.

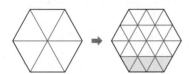

색칠한 부분의 넓이는 작은 정삼각형 5개의 넓이와 같으므로 작은 정삼각형 하나의 넓이는 $10.3 \div 5 = 2.06 \,(\text{cm}^2)$입니다.

전체 정육각형의 넓이는 작은 정삼각형 24개의 넓이와 같으므로

전체 정육각형의 넓이는 $2.06 \times 24 = 49.44 \,(\text{cm}^2)$입니다.

> **해결 전략**
> 각 변의 이등분점을 이용하여 정육각형을 작은 정삼각형 여러 개로 나누고, 색칠한 부분이 작은 정삼각형 몇 개로 이루어졌는지 알아봐요.

4 67쪽 2번의 변형 심화 유형

접근 ≫ 사다리꼴이 모눈 몇 칸으로 이루어졌는지 세어 봅니다.

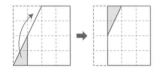

사다리꼴의 넓이는 모눈 한 칸의 넓이의 12배와 같으므로 모눈 한 칸의 넓이는 $23.52 \div 12 = 1.96 \,(\text{cm}^2)$입니다.

모눈 한 칸은 정사각형이므로 모눈 한 칸의

길이를 □ cm라 하면 $\square \times \square = 1.96 \,(\text{cm}^2)$이고 $1.4 \times 1.4 = 1.96$이므로

모눈 한 칸의 길이는 1.4 cm입니다. 빨간색 선은 모눈 한 칸의 길이의 8배이므로

$1.4 \times 8 = 11.2 \,(\text{cm})$입니다.

> **해결 전략**
> 모눈 한 칸의 넓이를 구한 다음 모눈 한 칸의 길이를 구해요.

> **보충 개념**
> $14 \times 14 = 196$이므로
> $\square \times \square = 1.96$이 되는 □는 1.4예요.

5 71쪽 6번의 변형 심화 유형

접근 ≫ 기차가 터널을 완전히 통과하려면 얼마나 움직여야 하는지 생각해 봅니다.

기차가 터널을 완전히 통과하려면 (터널의 길이)＋(기차의 길이)만큼 달려야 합니다.

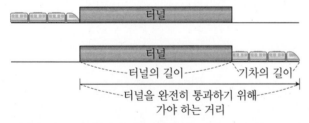

기차가 터널을 통과하기 위해서는 $1200 + 240 = 1440 \,(\text{m})$를 가야 합니다.

기차가 1분에 800 m씩 가므로 기차가 1440 m를 가는 데 걸리는 시간은

$1440 \div 800 = 1.8$(분)입니다.

따라서 기차가 터널을 완전히 통과하는 데 1.8분$= 1\dfrac{8}{10}$분$= 1\dfrac{48}{60}$분$= 1$분 48초가

걸립니다.

> **주의**
> 기차의 꼬리 부분까지 터널을 빠져나와야 터널을 완전히 통과한 것이에요.

6

73쪽 8번의 변형 심화 유형

접근 ≫ 휘발유로 간 거리를 먼저 구합니다.

집
(전기로 간 거리)
＝24.8 km

(휘발유로 간 거리)
＝95.2 km

고모 댁

해결 전략
휘발유로 간 거리 ➡ 전기로 간 거리 ➡ 전기로 1분 동안 간 거리 순서로 구해요.

(1 L의 휘발유로 갈 수 있는 거리)＝40.8÷6＝6.8 (km)

(14 L의 휘발유로 간 거리)＝14×6.8＝95.2 (km)

(전기를 사용하여 간 거리)＝120－95.2＝24.8 (km)

(전기를 사용하여 간 시간)＝1시간 50분－1시간 10분＝40분

(전기를 사용하여 1분 동안 간 거리)＝24.8÷40＝0.62 (km)

7

접근 ≫ 규칙을 생각하여 색칠된 부분의 넓이를 식으로 나타내 봅니다.

(첫 번째 모양의 색칠된 부분의 넓이)＝(정사각형의 넓이)÷4

(두 번째 모양의 색칠된 부분의 넓이)

＝(정사각형의 넓이÷4)＋(정사각형의 넓이÷4÷4)

(세 번째 모양의 색칠된 부분의 넓이)

＝(정사각형의 넓이÷4)＋(정사각형의 넓이÷4÷4)＋(정사각형의 넓이÷4÷4÷4)

＝(120÷4)＋(120÷4÷4)＋(120÷4÷4÷4)

＝30＋7.5＋1.875＝39.375 (m²)

주의
이전에 색칠한 부분의 넓이도 빠뜨리지 않고 더해요.

8

접근 ≫ (소수)＝(자연수 부분)＋(소수 부분)

소수는 자연수 부분과 소수 부분의 합으로 나타낼 수 있습니다.

➡ (어떤 소수)＝●＋▲

7×●＋7×▲는 ●를 7번 더한 값과 ▲를 7번 더한 값의 합이므로 ●와 ▲의 합을 7번 더한 것과 같습니다. ➡ 7×●＋7×▲＝(●＋▲)×7

7×●＋7×▲＝(●＋▲)×7＝25.34이므로 ●＋▲＝25.34÷7＝3.62입니다.

어떤 소수는 3.62이므로 3.62를 4로 나눈 몫은 3.62÷4＝0.905입니다.

해결 전략
식을 변형하여 (●＋▲)에 대한 식으로 나타내요.

9

접근 ≫ 점 ㅇ의 움직임에 따라 선분 ㄴㅇ이 지나간 부분의 넓이가 변합니다.

점 ㅇ이 점 ㄹ에 왔을 때, 선분 ㄴㅇ이 지나간 부분의 넓이는 직사각형의 넓이의 $\frac{1}{2}$

입니다. 선분 ㄴㅇ이 지나간 부분의 넓이가 직사각형의 넓이의 $\frac{3}{4}$이 되는 때는 점 ㅇ

이 변 ㄷㄹ의 중간 지점에 왔을 때입니다.

(선분 ㄴㅇ이 지나간 부분
의 넓이)

$=$(직사각형의 넓이)$\times\dfrac{1}{2}$

 (선분 ㄴㅇ이 지나간 부분
의 넓이)

$=$(직사각형의 넓이)$\times\dfrac{3}{4}$

점 ㅇ이 점 ㄱ에서 점 ㄹ을 지나 변 ㄷㄹ의 중간 지점까지 움직인 거리는
$136.4+(240.8\div2)=136.4+120.4=256.8\,(cm)$입니다.

점 ㅇ이 1분에 $12\,cm$씩 움직이므로 $256.8\,cm$를 움직이는 데 걸리는 시간은
$256.8\div12=21.4\,(분)$입니다.

➡ 21.4분$=21\dfrac{4}{10}$분$=21\dfrac{24}{60}$분$=21$분 24초

해결 전략

점 ㅇ이 직사각형의 꼭짓점에 있을 때 선분 ㄴㅇ이 지나간 부분의 넓이를 생각해 봐요.

직사각형
넓이의 반

직사각형
전체 넓이

➡ 직사각형 넓이의 $\dfrac{3}{4}$이 되려면, 점 ㅇ이 점 ㄹ과 점 ㄷ 사이에 있어야 해요.

연필 없이 생각 톡 ❗　　　82쪽

정답: ③

4 비와 비율

1 비, 비율
87쪽

1 ㉡

2 (위에서부터) 16, 40, $\frac{16}{40}$($\frac{2}{5}$, 0.4) /

6, 8, $\frac{6}{8}$($\frac{3}{4}$, 0.75) /

42, 15, $\frac{42}{15}$($2\frac{4}{5}$, 2.8)

3 13 : 20　　　　**4** ㉠, ㉣

5 $\frac{3}{4}$　　　　　　**6** $\frac{5}{8}$

1 전체에 대한 색칠한 부분의 비가 3 : 8이므로 8칸 중 3칸이 색칠되어야 합니다. ㉡은 8칸 중 4칸이 색칠되어 있습니다.

2 비를 나타낼 때 기호 :의 오른쪽에 기준량, 왼쪽에 비교하는 양을 둡니다.

(비율)$=\dfrac{(비교하는 양)}{(기준량)}$이고, 분수 또는 소수로 나타낼 수 있습니다.

3 전체 읽은 책의 수는 20권이고, 그중 위인전의 수는 20−7=13(권)이므로 전체 읽은 책 수에 대한 위인전 수의 비는 13 : 20입니다.

4 모두 분수로 나타내면 ㉠ $\frac{5}{4}=1\frac{1}{4}$, ㉡ $\frac{98}{100}$,

㉢ $\frac{7}{12}$, ㉣ $1.5=1\frac{1}{2}$입니다.

따라서 분수로 나타냈을 때 1보다 큰 것은 ㉠, ㉣입니다.

5 (면 ㉮의 넓이)$=20\times10=200$ (cm²)

(면 ㉯의 넓이)$=15\times10=150$ (cm²)

(면 ㉯의 넓이) : (면 ㉮의 넓이)$=150 : 200$

➡ $\dfrac{150}{200}=\dfrac{3}{4}$

6 여학생 수에 대한 남학생 수의 비율이 $1.6=\dfrac{16}{10}$이므로 비로 나타내면 16 : 10입니다. 따라서 남학생 수에 대한 여학생 수의 비는 10 : 16이므로 비율을 기약분수로 나타내면 $\dfrac{10}{16}=\dfrac{5}{8}$입니다.

2 비율이 사용되는 경우
89쪽

1 윤하, 수호, 단우　**2** 0.375, 0.25　**3** $\dfrac{1}{2000}$

4 34150명　　　**5** 재우　　**6** 60 cm

1 걸린 시간에 대한 간 거리의 비율을 각각 구합니다.

단우: $\dfrac{150}{30}=5$, 윤하: $\dfrac{560}{70}=8$, 수호: $\dfrac{34}{6}=5\dfrac{2}{3}$

따라서 걸린 시간에 대한 간 거리의 비율이 큰 사람부터 차례대로 이름을 쓰면 윤하, 수호, 단우입니다.

2 A 선수의 타율은 $\dfrac{15}{40}=\dfrac{3}{8}$으로

소수로 나타내면 $3\div8=0.375$입니다.

B 선수의 타율은 $\dfrac{9}{36}=\dfrac{1}{4}$로

소수로 나타내면 $1\div4=0.25$입니다.

3 100 m＝10000 cm입니다. 실제 거리 10000 cm를 지도에서 5 cm로 나타냈으므로

$$(축척)=\frac{(지도에서\ 거리)}{(실제\ 거리)}=\frac{5}{10000}=\frac{1}{2000}$$

입니다.

> **다른 풀이**
> 5 cm＝0.05 m입니다.
> 실제 거리 100 m를 지도에서 0.05 m로 나타냈으므로
> $(축척)=\dfrac{(지도에서\ 거리)}{(실제\ 거리)}=(지도에서\ 거리)\div(실제\ 거리)$
> $=0.05\div100=0.0005=\dfrac{5}{10000}=\dfrac{1}{2000}$
> 입니다.

4 넓이에 대한 인구의 비율이 31이고 넓이가

1050 km²이므로 $\dfrac{(인구)}{1050}=31$,

(인구)＝31×1050＝32550(명)입니다.
따라서 A 도시의 인구가 지금보다 1600명 늘어나면
모두 32550＋1600＝34150(명)이 됩니다.

5 흰색 페인트 양에 대한 검은색 페인트 양의 비율이 클수록 만들어진 회색이 어둡습니다. 두 사람의 흰색 페인트 양에 대한 검은색 페인트 양의 비율을 구

하면 $\dfrac{40}{50}=\dfrac{4}{5}$, $\dfrac{65}{75}=\dfrac{13}{15}$이고 $\dfrac{4}{5}<\dfrac{13}{15}$이므로

재우가 만든 회색이 더 어둡습니다.

6 같은 시각에 막대의 길이에 대한 그림자 길이의 비율은 서로 같습니다. 2 m＝200 cm이므로
왼쪽 막대의 길이에 대한 그림자 길이의 비율은

$\dfrac{80}{200}=\dfrac{2}{5}$입니다.

오른쪽 막대의 길이는 1.5 m＝150 cm이고

$\dfrac{2}{5}=\dfrac{60}{150}$이므로 그림자의 길이는 60 cm입니다.

3 백분율, 백분율이 사용되는 경우　91쪽

| **1** 40 %, 62.5 % | **2** 풀이 참조 | **3** 20 % |
| **4** ㉡ | **5** 48.1 kg | **6** 달빛 은행 |

1 ⑴ 전체 50칸 중 20칸에 색칠했으므로

$\dfrac{20}{50}\times100=40$ (%)입니다.

⑵ 전체 8칸 중 5칸에 색칠했으므로

$\dfrac{5}{8}\times100=62.5$ (%)입니다.

2

기약분수	소수	백분율
$\dfrac{7}{20}$	0.35	35 %
$\dfrac{1}{25}$	0.04	4 %
$\dfrac{41}{50}$	0.82	82 %
$\dfrac{1}{8}$	0.125	12.5 %

$\dfrac{7}{20}=\dfrac{35}{100}=0.35$, $0.35\times100=35$ (%)

$0.04=\dfrac{4}{100}=\dfrac{1}{25}$, $0.04\times100=4$ (%)

$82\,\%\ ➡\ 0.82=\dfrac{82}{100}=\dfrac{41}{50}$

$\dfrac{1}{8}=\dfrac{125}{1000}=0.125$, $0.125\times100=12.5$ (%)

3 (할인 금액)＝6000－4800＝1200(원)

$(할인율)=\dfrac{(할인\ 금액)}{(원래\ 가격)}=\dfrac{1200}{6000}=\dfrac{1}{5}$

➡ $\dfrac{1}{5}\times100=20$ (%)

4 (㉠ 소금물의 진하기)$=\dfrac{(소금\ 양)}{(소금물\ 양)}=\dfrac{50}{250}=\dfrac{1}{5}$

➡ $\dfrac{1}{5}\times100=20$ (%)

(㉡ 소금물의 진하기)$=\dfrac{(소금\ 양)}{(소금물\ 양)}=\dfrac{40}{120+40}$

$=\dfrac{40}{160}=\dfrac{1}{4}$

➡ $\dfrac{1}{4}\times100=25$ (%)

따라서 ㉡ 소금물이 더 진합니다.

5 65 %를 비율로 나타내면 0.65입니다.
(현수의 몸무게)＝74×0.65＝48.1 (kg)

6 $(이자율)=\dfrac{(이자)}{(예금한\ 금액)}$이므로

(이자)=(예금한 금액)×(이자율)입니다.
(햇살 은행에서 받을 이자)=36000×0.07
$\qquad$ =2520(원)
(달빛 은행에서 받을 이자)=51000×0.05
$\qquad$ =2550(원)
따라서 달빛 은행에서 더 많은 이자를 받습니다.

주의
이자율은 비율(분수와 소수)로 바꾸어 곱해야 합니다.

MATH TOPIC
92~98쪽

1-1 0.25 **1-2** $\frac{5}{8}$ **1-3** $\frac{12}{13}$

2-1 44번 **2-2** 244개 **2-3** 16표

3-1 1380원 **3-2** 561 cm² **3-3** 945 g

4-1 ㉮ **4-2** 12.5 % **4-3** 16원

5-1 대한 은행, 5 % **5-2** 5632원

5-3 257500원

6-1 12 % **6-2** 25 % **6-3** 10 %

심화7 25, 1500 / 6500 / 1500, 7500 / 6500, 7500

7-1 3000원

1-1 전체 과일 수는 4+5+7=16(개)이므로 전체 과일 수에 대한 사과 수의 비는 4 : 16입니다.
비율을 소수로 나타내면
$4:16 \Rightarrow \frac{4}{16}=\frac{1}{4}=\frac{25}{100}=0.25$입니다.

1-2
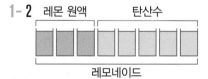
레몬 원액 탄산수
레모네이드

탄산수 양에 대한 레몬 원액 양의 비가 3 : 5이므로 레모네이드 양에 대한 탄산수 양의 비는 5 : 8입니다.
비율을 기약분수로 나타내면 $5:8 \Rightarrow \frac{5}{8}$입니다.

1-3 (㉮의 모든 모서리의 길이의 합)
$=(5\times4)\times2+3\times4=40+12=52 (cm)$

(㉯의 모든 모서리의 길이의 합)=4×12
$\qquad$ =48 (cm)
㉮의 모든 모서리의 길이의 합에 대한 ㉯의 모든 모서리의 길이의 합의 비는 48 : 52이고, 비율을 기약분수로 나타내면 $48:52 \Rightarrow \frac{48}{52}=\frac{12}{13}$입니다.

2-1 450타수 중에서 안타를 99개 쳤으므로 이 선수의 (타율)$=\frac{(안타\ 수)}{(전체\ 타수)}=\frac{99}{450}=\frac{11}{50}$입니다.
이 선수가 200타수를 $\frac{11}{50}$의 타율로 쳤으므로 200타수의 $\frac{11}{50}$만큼이 안타가 됩니다. 따라서 200타수를 치면 안타를 $200\times\frac{11}{50}=44$(번) 치게 됩니다.

2-2 오늘 생산된 물건 중 불량품의 개수는
$250\times\frac{3}{125}=6$(개)입니다. 따라서 판매할 수 있는 물건은 250-6=244(개)입니다.

다른 풀이
불량품의 비율이 $\frac{3}{125}$이므로 판매할 수 있는 물건의 비율은 $1-\frac{3}{125}=\frac{122}{125}$입니다.
따라서 판매할 수 있는 물건은 $250\times\frac{122}{125}=244$(개)입니다.

2-3 세 명의 후보가 각각 전체의 46 %, 28 %, 24 % 만큼 득표하였으므로 무효표는 전체의
100-46-28-24=2 (%)입니다.
800명이 투표에 참여했고 전체 표수에 대한 무효표의 비율이 2 % ⇒ 0.02이므로 800표의 0.02만큼이 무효표입니다. 따라서 이 선거에서 무효표는 800×0.02=16(표)입니다.

3-1 현재 지하철 요금이 1200원이고 다음 달에는 15 % ⇒ 0.15만큼 인상되므로 인상되는 금액은 1200×0.15=180(원)입니다.
180원이 인상되므로 다음 달의 지하철 요금은 1200+180=1380(원)이 됩니다.

$100+15=115$ (%) ➡ 1.15이므로 다음 달의 지하철 요금은 $1200 \times 1.15 = 1380$ (원)이 됩니다.

3-2 직사각형의 가로는 10 % ➡ 0.1만큼 늘이고, 세로는 15 % ➡ 0.15만큼 줄입니다.

(늘어난 가로)$= 30 + 30 \times 0.1$
$\qquad\qquad\quad = 30 + 3 = 33$ (cm),

(줄어든 세로)$= 20 - 20 \times 0.15$
$\qquad\qquad\quad = 20 - 3 = 17$ (cm)

따라서 새로 그린 직사각형의 넓이는
$33 \times 17 = 561$ (cm²)입니다.

3-3 (6월 몸무게)
$\quad = $ (5월 몸무게)$+$(5월 몸무게)$\times 0.4$
$\quad = 500 + 500 \times 0.4 = 500 + 200 = 700$ (g)

(7월 몸무게)
$\quad = $ (6월 몸무게)$+$(6월 몸무게)$\times 0.35$
$\quad = 700 + 700 \times 0.35 = 700 + 245 = 945$ (g)

따라서 7월에 연희네 강아지의 몸무게는 945 g입니다.

4-1 (㉮ 악기 가게의 할인 금액)$= 7200 - 5400$
$\qquad\qquad\qquad\qquad\qquad = 1800$ (원),

(㉮ 악기 가게의 할인율)

$= \dfrac{(할인\ 금액)}{(원래\ 가격)} = \dfrac{1800}{7200} = \dfrac{1}{4}$

$\qquad\qquad\qquad \Rightarrow \dfrac{1}{4} \times 100 = 25$ (%)

(㉯ 악기 가게의 할인 금액)$= 9000 - 7200$
$\qquad\qquad\qquad\qquad\qquad = 1800$ (원)

(㉯ 악기 가게의 할인율)

$= \dfrac{(할인\ 금액)}{(원래\ 가격)} = \dfrac{1800}{9000} = \dfrac{1}{5}$

$\qquad\qquad\qquad \Rightarrow \dfrac{1}{5} \times 100 = 20$ (%)

따라서 할인율이 더 높은 가게는 ㉮입니다.

4-2 (지난주 캐러멜 한 개의 가격)$= 4000 \div 5$
$\qquad\qquad\qquad\qquad\qquad = 800$ (원)

(이번 주 캐러멜 한 개의 가격)$= 4900 \div 7$
$\qquad\qquad\qquad\qquad\qquad = 700$ (원)

캐러멜 한 개의 가격이 $800 - 700 = 100$ (원) 할인되었으므로 이번 주에 캐러멜 한 개의 할인율은

$\dfrac{(할인\ 금액)}{(원래\ 가격)} = \dfrac{100}{800} = \dfrac{1}{8}$

$\qquad \Rightarrow \dfrac{1}{8} \times 100 = 12.5$ (%)입니다.

4-3 (빵 한 개의 정가)$=$(원가)$+$(이익)

$\quad = 400 + (400 \times \dfrac{30}{100}) = 400 + 120 = 520$ (원)

(할인된 판매 가격)$=$(정가)$-$(할인 금액)

$\quad = 520 - (520 \times \dfrac{20}{100}) = 520 - 104 = 416$ (원)

(빵 한 개를 팔아 얻는 이익)$=$
(할인된 판매 가격)$-$(원가)$= 416 - 400 = 16$ (원)

5-1 대한 은행: 이자가 $50400 - 48000 = 2400$ (원)

이므로 이자율은 $\dfrac{2400}{48000} = \dfrac{1}{20}$

$\quad \Rightarrow \dfrac{1}{20} \times 100 = 5$ (%)입니다.

가야 은행: 이자가 $78000 - 75000 = 3000$ (원)

이므로 이자율은 $\dfrac{3000}{75000} = \dfrac{1}{25}$

$\quad \Rightarrow \dfrac{1}{25} \times 100 = 4$ (%)입니다.

따라서 대한 은행의 이자율이 5 %로 더 높습니다.

5-2 이자율이 6.8 % ➡ 0.068이므로 1년 후에 찾는 돈은 $24000 + 24000 \times 0.068$
$= 24000 + 1632 = 25632$ (원)입니다.

따라서 20000원짜리 책가방을 산다면 남는 돈은
$25632 - 20000 = 5632$ (원)입니다.

5-3 160000원을 1년 동안 예금하여 붙은 이자는
$164800 - 160000 = 4800$ (원)입니다.

(이자율)$= \dfrac{(이자)}{(예금한\ 금액)} = \dfrac{4800}{160000} = \dfrac{3}{100}$

따라서 250000원을 1년 동안 예금할 때의 이자는
$250000 \times \dfrac{3}{100} = 7500$ (원)이므로 1년 후에 찾을 수 있는 돈은 모두
$250000 + 7500 = 257500$ (원)입니다.

(이자)$=$(예금한 금액)$\times$(이자율)

6-1 소금물 180 g 중 소금의 양이 24 g이므로 물의 양은 180−24=156 (g)입니다. 여기에 물을 20 g 더 부으면 물의 양은 156+20=176 (g)이 됩니다. 따라서 새로 만든 소금물의 진하기는

$$\frac{(소금\ 양)}{(소금물\ 양)}=\frac{(소금\ 양)}{(물\ 양)+(소금양)}=\frac{24}{176+24}$$
$$=\frac{24}{200}=\frac{12}{100}=12\ \%입니다.$$

다른 풀이
새로 만든 소금물의 진하기는
$$\frac{(소금\ 양)}{(소금물\ 양)}=\frac{24}{180+20}=\frac{24}{200}=\frac{12}{100}=12\ \%입니다.$$

6-2 진하기가 10 % ➡ 0.1인 소금물 250 g에 녹아 있는 소금의 양은 250×0.1=25 (g)입니다.
새로 만든 소금물의 양은 250+50=300 (g), 소금의 양은 25+50=75 (g)이 됩니다.
따라서 새로 만든 소금물의 진하기는
$$\frac{(소금\ 양)}{(소금물\ 양)}=\frac{75}{300}=\frac{25}{100}=25\ \%입니다.$$

해결 전략
소금물에 녹아 있는 소금의 양을 먼저 구합니다.

6-3 진하기가 20 % ➡ 0.2인 소금물 150 g에 녹아 있는 소금의 양은 150×0.2=30 (g)이고,
진하기가 5 % ➡ 0.05인 소금물 300 g에 녹아 있는 소금의 양은 300×0.05=15 (g)이므로 합한 소금의 양은 30+15=45 (g)입니다. 합한 소금물의 양이 150+300=450 (g)이므로 합한 소금물의 진하기는
$$\frac{(소금\ 양)}{(소금물\ 양)}=\frac{45}{450}=\frac{1}{10}$$
$$➡\frac{1}{10}×100=10\ (\%)입니다.$$

7-1 (2010년의 기본요금)=(2004년의 기본요금)
　　　　　　　　　　+(2004년의 기본요금)×0.5
(2010년의 기본요금)=1600+1600×0.5
　　　　　　　　　　=1600+800=2400(원)
(2013년의 기본요금)=(2010년의 기본요금)
　　　　　　　　　　+(2010년의 기본요금)×0.25
(2013년의 기본요금)=2400+2400×0.25
　　　　　　　　　　=2400+600=3000(원)

◆◆ LEVEL UP TEST
99~103쪽

1 ㉡, ㉢, ㉣	**2** 108쪽	**3** 5	**4** 132명	**5** 242상자	**6** 49
7 25 %	**8** 15000원	**9** 2.16 m	**10** 1 %	**11** 337969가구	**12** 300 g
13 221명	**14** 20 %	**15** 750 m			

1 접근 ≫ 모두 (비교하는 양) : (기준량)으로 나타냅니다.

㉠ 7 : 5　㉡ 115 %=$\frac{115}{100}$ ➡ 115 : 100　㉢ 13에 대한 12의 비 ➡ 12 : 13

㉣ 3의 4에 대한 비 ➡ 3 : 4　㉤ $\frac{997}{1000}$ ➡ 997 : 1000

㉥ 1.01=$\frac{101}{100}$ ➡ 101 : 100

따라서 비교하는 양이 기준량보다 작은 것은 ㉡, ㉣, ㉤입니다.

보충 개념
$\frac{■}{▲}$ ➡ ■ : ▲

주의
백분율의 기준량은 100이에요.
■ %=$\frac{■}{100}$

다른 풀이

$(비율) = \dfrac{(비교하는\ 양)}{(기준량)}$ 이므로 비율을 분수로 나타내어 분자가 분모보다 작은 것을 찾습니다.

㉠ $7:5 \Rightarrow \dfrac{7}{5}$ ㉡ $115\% = \dfrac{115}{100} = \dfrac{23}{20}$ ㉢ $12:13 \Rightarrow \dfrac{12}{13}$

㉣ $3:4 \Rightarrow \dfrac{3}{4}$ ㉤ $\dfrac{997}{1000}$ ㉥ $1.01 = \dfrac{101}{100}$

따라서 비교하는 양이 기준량보다 작은 것은 ㉢, ㉣, ㉤입니다.

서술형

2 접근 ≫ 어제 읽은 쪽수를 알아야 오늘 읽은 쪽수를 구할 수 있습니다.

예 어제 전체의 25% ➡ 0.25를 읽었으므로

어제 읽은 쪽수는 $360 \times 0.25 = 90$(쪽)이고

오늘 읽은 쪽수는 $(360-90) \times 0.6 = 270 \times 0.6 = 162$(쪽)입니다.

따라서 더 읽어야 하는 쪽수는 $360 - 90 - 162 = 108$(쪽)입니다.

주의
오늘은 어제 읽고 남은 나머지의 0.6을 읽었어요.

다른 풀이

윤정이가 더 읽어야 할 쪽수는 전체의 $100 - 25 = 75\,(\%)$의 $1 - 0.6 = 0.4$입니다.

따라서 더 읽어야 하는 쪽수는 $360 \times 0.75 \times 0.4 = 108$(쪽)

채점 기준	배점
어제와 오늘 읽은 쪽수를 각각 구할 수 있나요?	3점
더 읽어야 하는 쪽수를 구할 수 있나요?	2점

---

3 접근 ≫ 칠교판 전체를 가장 작은 삼각형 조각 여러 개로 나누어 봅니다.

칠교판 전체는 오른쪽 그림과 같이 작은 삼각형 조각 16개로 나눌 수 있고, 작은 정사각형과 평행사변형은 각각 작은 삼각형 2개로 이루어져 있습니다.

전체 정사각형의 넓이에 대한 작은 정사각형과 평행사변형 넓이의 합의 비율을 기약분수로 나타내면 $\dfrac{4}{16} = \dfrac{1}{4} = \dfrac{\blacksquare}{\blacktriangle}$ 이므로 $\blacksquare + \blacktriangle = 1 + 4 = 5$입니다.

보충 개념
칠교판 전체를 덮으려면 가장 작은 삼각형 조각이 모두 16개 필요해요.

---

4 93쪽 2번의 변형 심화 유형

접근 ≫ 주어진 비를 비율로 나타냅니다.

경쟁률이 $5:1$이므로 합격률은 $\dfrac{1}{5}$입니다.

따라서 합격한 학생은 $165 \times \dfrac{1}{5} = 33$(명)이므로 불합격한 학생은

$165 - 33 = 132$(명)입니다.

주의
경쟁률 $5:1$을 1명 중에 5명이라고 생각하지 않도록 해요.

참가한 학생 수에 대한 불합격한 학생 수의 비는 $4:5$이고 비율은 $\frac{4}{5}$이므로

불합격한 학생 수는 $165 \times \frac{4}{5} = 132$(명)입니다.

---

5 94쪽 3번의 변형 심화 유형

접근 》작년 사과 수확량을 먼저 알아봅니다.

작년 사과 수확량과 배 수확량의 비가 $5:11$이므로 전체 수확량에 대한 사과 수확량의 비율은 $5:16 \Rightarrow \frac{5}{16}$입니다. 작년 전체 수확량이 640상자이므로 작년 사과 수확량은 $640 \times \frac{5}{16} = 200$(상자)입니다. 작년 사과 수확량이 200상자이고 올해에는 21 % 늘었으므로 늘어난 수확량은 $200 \times 0.21 = 42$(상자)입니다.

수확량이 42상자 늘어났으므로 올해의 사과 수확량은 $200 + 42 = 242$(상자)입니다.

다른 풀이

$100 + 21 = 121$ (%)이므로 올해의 사과 수확량은 $200 \times 1.21 = 242$(상자)입니다.

해결 전략

작년 사과 수확량을 구하고, 작년보다 21 % 늘어난 올해 수확량을 구해요.

보충 개념

(사과) : (배)$=5:11$
$\Rightarrow$ (사과) : (전체)
$=5:(5+11)$
$=5:16$

---

6 접근 》**인구와 인구 밀도를 알면 넓이를 구할 수 있습니다.**

㉮ 나라의 인구가 4240000명이고 인구 밀도가 4이므로

(㉮ 나라의 인구 밀도)$=\frac{(인구)}{(넓이)}=\frac{4240000}{(넓이)}=4$, (넓이)$\times 4 = 4240000$,

(넓이)$=1060000$ (km^2)입니다.

㉮ 나라의 넓이는 ㉯ 나라의 넓이의 2배이므로

(㉯ 나라의 넓이)$=$(㉮ 나라의 넓이)$\div 2 = 1060000 \div 2 = 530000$ (km^2)입니다.

따라서 ㉯ 나라의 인구 밀도는 $\frac{(인구)}{(넓이)}=\frac{25970000}{530000}=49$(명/$km^2$)입니다.

보충 개념

(인구 밀도)$=\frac{(인구)}{(넓이)}$

서술형 **7** 95쪽 4번의 변형 심화 유형

접근 》원래 빵 한 개의 가격과 오늘 빵 한 개의 가격을 비교해 봅니다.

㉠ 3개에 4800원이므로 원래 빵 한 개의 가격은 $4800 \div 3 = 1600$(원)입니다.

오늘 사면 빵을 한 개 더 주므로 오늘 빵 한 개의 가격은 $4800 \div 4 = 1200$(원)입니다.

$1600 - 1200 = 400$ (원)이 할인되므로 오늘 빵 한 개의

할인율은 $\frac{400}{1600}=\frac{1}{4} \Rightarrow \frac{1}{4} \times 100 = 25$ (%)입니다.

주의

할인율을 구할 때, 원래 빵 한 개의 가격인 1600원이 기준량이에요.

채점 기준	배점
오늘 빵 한 개의 할인 금액을 구할 수 있나요?	2점
오늘 빵 한 개의 할인율을 구할 수 있나요?	3점

8 접근 》 20 % 할인된 판매 가격은 원래 가격의 80 %입니다.

20 % 할인하였으므로 할인된 판매 가격은 원래 가격의 $100-20=80$ (%)입니다. 원래 가격의 80 %가 12000원이므로 원래 가격의 10 %는 $12000 \div 8 = 1500$ (원) 입니다. 따라서 원래 가격은 $1500 \times 10 = 15000$ (원)입니다.

해결 전략
(전체의 80 %)$\div 8$
　　　　$=$(전체의 10 %)
(전체의 10 %)$\times 10$
　　　　$=$(전체 100 %)

지도 가이드
교과 지도서에서는 '비율과 기준량을 알고 있을 때 비교하는 양을 구하거나 비율과 비교하는 양을 알고 있을 때 기준량을 구하는 활동은 이후 비례식을 학습할 때 다루도록' 제한하고 있습니다. 하지만 (비율)$=\dfrac{(비교하는 양)}{(기준량)}$임을 이해하면 곱셈식을 이용해 충분히 비교하는 양이나 기준량을 구할 수 있고 실생활에서 앞의 두 경우를 자주 접할 수 있어서, 최상위 수학에서는 두 경우를 모두 다루었습니다. 다만 기준량을 구할 때 (기준량)$=$(비교하는 양)$\div$(비율)을 이용하면, 나누는 수가 소수인 나눗셈이 등장하여 아직 연산이 불가능합니다. 따라서 기준량을 구할 때 전체의 10 %나 20 %, 25 %, 50 %가 얼마만큼인지 파악하여, 이 값을 몇 배 하여 전체를 구하는 방법을 사용했습니다. 이 문제는 할인율(비율)과 할인된 판매 가격(비교하는 양)이 주어지고 원래 가격(기준량)을 구하는 경우입니다. 원래 가격의 10 %가 얼마인지 알아내, 이 값을 10배하여 원래 가격(100 %)을 구하도록 지도해 주세요. 비슷한 문제를 풀 때 20 %의 5배, 25 %의 4배, 50 %의 2배가 100 %가 됨을 이용할 수 있습니다.

9 접근 》 첫 번째로 튀어오른 높이부터 차례대로 구해 봅니다.

공이 떨어진 높이의 60 % ➡ 0.6만큼 튀어오르므로 첫 번째로 튀어오른 높이는 $10 \times 0.6 = 6$ (m)입니다. 두 번째로 튀어오른 높이는 첫 번째로 튀어오른 높이의 0.6이므로 $6 \times 0.6 = 3.6$ (m)이고, 세 번째로 튀어오른 높이는 두 번째로 튀어오른 높이의 0.6이므로 $3.6 \times 0.6 = 2.16$ (m)입니다.

해결 전략
(첫 번째로 튀어오른 높이)$=$
　　　(두 번째로 떨어진 높이),
(두 번째로 튀어오른 높이)$=$
　　　(세 번째로 떨어진 높이)

10 94쪽 3번의 변형 심화 유형
접근 》 늘어난 후의 몸무게, 줄인 후의 몸무게를 차례로 구해 봅니다.

몸무게가 50 kg이었던 사람이 몸무게가 10 % ➡ 0.1 증가하였으므로 늘어난 후의 몸무게는 $50+50 \times 0.1 = 50+5 = 55$ (kg)입니다. 55 kg에서 10 % ➡ 0.1을 줄였으므로 줄인 후의 몸무게는 $55-55 \times 0.1 = 55-5.5 = 49.5$ (kg)입니다. 늘기 전 몸무게는 50 kg이었고 줄인 후 몸무게는 49.5 kg이므로 몸무게가 $50-49.5 = 0.5$ (kg) 줄었습니다.
50 kg에서 0.5 kg이 줄어든 것이므로 줄인 후 몸무게는 늘기 전 몸무게보다 $0.5 \div 50 = 0.01$ ➡ 1 % 줄어든 것입니다.

주의
늘어난 후의 몸무게가 아니라, 늘기 전 몸무게에 대한 줄인 몸무게의 비율을 생각해야 해요.

보충 개념
50 kg에 대한 0.5 kg의 비율을 분수로 나타내면 $\dfrac{0.5}{50}=\dfrac{5}{500}=\dfrac{1}{100}$이므로 1 %예요.

다른 풀이
몸무게가 50 kg이었던 사람이 몸무게가 10 % 증가하여 110 % ➡ 1.1배가 되었으므로 (늘어난 후의 몸무게)$=50 \times 1.1 = 55$ (kg)입니다. 55 kg에서 10 % 줄여 90 % ➡ 0.9배가 되었으므로 (줄인 후의 몸무게)$=55 \times 0.9 = 49.5$ (kg)입니다. 늘기 전 몸무게는 50 kg이었고 줄인 후 몸무게는 49.5 kg이므로 늘기 전 몸무게에 대한 줄인 후 몸무게를 백분율로 나타내면 $49.5 \div 50 = 0.99$ ➡ 99 %입니다. 따라서 줄인 후 몸무게는 늘기 전 몸무게보다 1 % 줄어든 것입니다.

11

접근 ≫ 표의 세로에서 연도를 찾고, 표의 가로에서 가구원 수별 비율을 찾습니다.

2005년의 5인 가구 비율이 7.7 % ➡ 0.077이므로

2005년의 5인 가구 수는 $15887000 \times 0.077 = 1223299$(가구)입니다.

2015년의 5인 가구 비율이 4.5 % ➡ 0.045이므로

2015년의 5인 가구 수는 $19674000 \times 0.045 = 885330$(가구)입니다.

따라서 2015년의 5인 가구 수는 2005년의 5인 가구 수보다

$1223299 - 885330 = 337969$(가구) 줄었습니다.

> **보충 개념**
> (5인 가구 수)
> = (총 가구 수) × (5인 가구
> 의 비율)

> **주의**
> 백분율은 반드시 분수나 소수
> 로 바꾸어 곱해야 해요.

12
97쪽 6번의 변형 심화 유형

접근 ≫ 물을 더 부어도 소금의 양은 변하지 않습니다.

진하기가 8 % ➡ $\dfrac{8}{100}$인 소금물 300 g에 녹아 있는 소금의 양은

$300 \times \dfrac{8}{100} = 24$ (g)입니다.

더 부은 물의 양을 ☐g이라 하면 물을 더 넣은 소금물의 진하기는

$\dfrac{(\text{소금 양})}{(\text{소금물 양})} = \dfrac{24}{300 + ☐} = \dfrac{4}{100}$이므로

$\dfrac{24}{300 + ☐} = \dfrac{24}{600}$, $300 + ☐ = 600$, $☐ = 300$ (g)입니다.

따라서 더 넣은 물의 양은 300 g입니다.

> **해결 전략**
> 더 부은 물의 양을 ☐g이라
> 하고 새로 만든 소금물의 진
> 하기를 식으로 나타내 보아
> 요.

13
93쪽 2번의 변형 심화 유형

접근 ≫ 전체 학생 수의 10 %가 몇 명인지 생각해 봅니다.

전체 학생의 20 %가 68명이므로 전체 학생의 10 %는 $68 \div 2 = 34$(명)입니다. 즉
전체 학생은 $34 \times 10 = 340$(명)입니다. 전체 학생 340명 중에 35 % ➡ 0.35가 안
경을 썼으므로 안경을 쓴 학생은 $340 \times 0.35 = 119$(명)입니다. 따라서 경훈이네 학
교에서 안경을 쓰지 않은 학생은 $340 - 119 = 221$(명)입니다.

다른 풀이
전체 학생의 20 %가 68명이므로 전체 학생은 $68 \times 5 = 340$(명)입니다. 전체 학생 340명 중에
35 %가 안경을 썼으므로 안경을 쓰지 않은 학생은 $100 - 35 = 65$ (%) ➡ 0.65입니다. 따라서
경훈이네 학교에서 안경을 쓰지 않은 학생은 $340 \times 0.65 = 221$(명)입니다.

> **보충 개념**
> 전체의 10 % ⇨ ■명
> 전체 100 % ⇨ (■ × 10)명

> **해결 전략**
> 전체의 10 %를 구해 전체 학
> 생 수를 알아내고, 안경을 쓴
> 학생의 백분율을 이용해 안경
> 을 쓰지 않은 학생 수를 구해
> 요.

14
95쪽 4번의 변형 심화 유형

접근 ≫ 원가보다 싸게 팔면 손해를 봅니다.

원가의 25 % ➡ 0.25인 $4000 \times 0.25 = 1000$(원)만큼 이익을 붙여서 정가를
$4000 + 1000 = 5000$(원)으로 정했습니다.

손해를 보지 않으려면 이익만큼인 1000원까지 할인하여 팔 수 있습니다.

따라서 최대 $\dfrac{1000}{5000} = \dfrac{1}{5}$ ➡ $\dfrac{1}{5} \times 100 = 20$ (%)까지 할인하여 팔 수 있습니다.

> **해결 전략**
> 이익만큼인 1000원보다 더
> 할인하여 팔면 손해를 봐요.

> **주의**
> 원가가 아니라, 정가에 대한
> 이익의 비율을 생각해요.

15 접근 》 승용차를 타고 간 거리와 버스를 타고 간 거리는 같습니다.

$$(속력)=\frac{(간\ 거리)}{(걸린\ 시간)} \Rightarrow (간\ 거리)=(속력)\times(걸린\ 시간)$$ 이므로

승용차를 타고 간 거리는 $60\times1.5=90\,(km)$입니다.

버스를 타고 간 거리도 $90\,km$이고 버스를 타고 가는 데 걸린 시간은 2시간이므로

$$(버스의\ 속력)=\frac{(간\ 거리)}{(걸린\ 시간)}=\frac{90}{2}=45\,(km/시)$$ 입니다.

버스가 1시간에 $45\,km$를 가므로 1분에는 $45\div60=0.75\,(km)=750\,(m)$를 가는 셈입니다.

> **지도 가이드**
> 어떤 생물이나 물체의 빠르기, 즉 속력은 걸린 시간에 대한 간 거리의 비율로 나타냅니다. 교과 지도서에서는 '속력을 직접적으로 구하는 문제는 다루지 않도록' 하고 있습니다. 하지만 최상위 수학에서는 $(속력)=\dfrac{(간\ 거리)}{(걸린\ 시간)}$ 의 식을 간 거리에 대해 나타낼 수 있으면 중등 수준의 속력 문제 일부를 접해 볼 수 있다고 생각하여 level up test에 관련 문제를 출제하였습니다. 이 문제에서는 $(속력)=\dfrac{(간\ 거리)}{(걸린\ 시간)} \Rightarrow (간\ 거리)=(속력)\times(걸린\ 시간)$을 이용하여 승용차의 속력과 걸린 시간의 곱으로 학교에서 놀이공원까지 거리를 구해야 합니다. 그 다음 버스로 간 거리도 같다는 것을 이용하여 버스의 속력(시속)을 구하고, 구한 시속을 분속으로 바꾸도록 지도해 주세요.

⁂ HIGH LEVEL
104~106쪽

1 20, 12	**2** 64.8kg 이상 72.9kg 미만	**3** 25.4 %	**4** 0.24
5 2명	**6** 2500개	**7** $1\frac{1}{3}$ km	**8** 106000원, 106090원
9 32 %			

서술형 1 접근 》 비율을 분수로 나타내면 분모가 기준량, 분자가 비교하는 양이 됩니다.

(예) 비율이 60% $\Rightarrow$ $\dfrac{60}{100}=\dfrac{3}{5}$이고, $\dfrac{3}{5}=\dfrac{6}{10}=\dfrac{9}{15}=\dfrac{12}{20}=\cdots$이므로 이 중

기준량과 비교하는 양의 합이 32인 경우는 $\dfrac{12}{20}$입니다.

따라서 기준량은 20, 비교하는 양은 12입니다.

채점 기준	배점
백분율을 분수로 나타낼 수 있나요?	1점
기준량과 비교하는 양의 합이 32인 경우를 찾을 수 있나요?	4점

2 접근 ≫ 키가 160 cm인 사람의 표준 몸무게부터 알아봅니다.

키가 160 cm인 사람의 표준 몸무게는 $(160-100) \times 0.9 = 60 \times 0.9 = 54$ (kg)입니다. 경도비만 몸무게가 될 수 있는 몸무게의 범위는 표준 몸무게의 120 % ➡ 1.2 이상 135 % ➡ 1.35 미만이므로
$54 \times 1.2 = 64.8$ (kg) 이상 $54 \times 1.35 = 72.9$ (kg) 미만입니다.

주의
백분율을 소수로 바꾸어 곱해요.

3 접근 ≫ 2016년의 다운로드 수를 몰라도 2년 동안 몇 % 증가했는지는 알 수 있습니다.

2016년의 다운로드 수를 □회라 하면 2017년의 다운로드 수는 2016년보다 14 % 증가했으므로 2016년의 114 % ➡ 1.14가 됩니다.
(2017년의 다운로드 수) = □ × 1.14
2018년의 다운로드 수는 2017년보다 10 % 증가했으므로 2017년의 110 % ➡ 1.1이 됩니다.
(2018년의 다운로드 수) = (2017년의 다운로드 수) × 1.1 = □ × 1.14 × 1.1
$\qquad\qquad\qquad\qquad\qquad\qquad\qquad = □ \times 1.254$
□ × 1.254는 □의 125.4 %이므로 2년 동안 다운로드 수가 모두 25.4 % 증가한 것입니다.

해결 전략
몇 % 증가했는지를 비율을 곱하여 나타내요.

보충 개념
전체 100 %에서 25.4 %만큼 증가하면 125.4 %가 돼요.

4 접근 ≫ $\dfrac{\text{㉠}}{\text{㉢}} = \dfrac{\text{㉠}}{\text{㉡}} \times \dfrac{\text{㉡}}{\text{㉢}}$

㉠의 ㉡의 대한 비율을 분수로 나타내면 $\dfrac{\text{㉠}}{\text{㉡}} = \dfrac{4}{9}$이고, ㉢에 대한 ㉡의 비율을 분수로 나타내면 $\dfrac{\text{㉡}}{\text{㉢}} = 0.54 = \dfrac{54}{100} = \dfrac{27}{50}$입니다.

㉢에 대한 ㉠의 비율은 $\dfrac{\text{㉠}}{\text{㉢}}$이고 이는 $\dfrac{\text{㉠}}{\text{㉢}} = \dfrac{\text{㉠}}{\text{㉡}} \times \dfrac{\text{㉡}}{\text{㉢}}$으로 나타낼 수 있습니다.

따라서 ㉢에 대한 ㉠의 비율은 $\dfrac{\text{㉠}}{\text{㉢}} = \dfrac{4}{9} \times \dfrac{27}{50} = \dfrac{6}{25} = \dfrac{24}{100} = 0.24$입니다.

해결 전략
주어진 비율과 구하려는 비율을 모두 ㉠, ㉡, ㉢을 이용한 분수로 나타낸 다음, 분수의 곱셈식을 세우고 약분을 이용하여 $\dfrac{\text{㉠}}{\text{㉢}}$의 값을 구해요.

5 접근 ≫ 여학생 수는 변하지 않고 남학생 수만 줄어들었습니다.

올해 남학생과 여학생 수의 비가 8 : 9이므로 전체 학생에 대한 남학생의 비율은 $\dfrac{8}{17}$, 전체 학생에 대한 여학생의 비율은 $\dfrac{9}{17}$입니다. 올해 전체 학생은 340명이므로 올해 남학생은 $340 \times \dfrac{8}{17} = 160$(명), 여학생은 $340 \times \dfrac{9}{17} = 180$(명)입니다.

여학생은 한 명도 전학가지 않았으므로 여학생은 작년에도 180명이었습니다.

보충 개념
전체의 10% ➡ ■명
전체 100% ➡ (■ × 10)명

작년 전체 학생에 대한 남학생의 비율은 $\frac{9}{19}$, 전체 학생에 대한 여학생의 비율은 $\frac{10}{19}$입니다. 전체의 $\frac{10}{19}$이 180명이므로 전체의 $\frac{1}{19}$은 $180 \div 10 = 18$(명)이고 전체의 $\frac{9}{19}$인 남학생 수는 $18 \times 9 = 162$(명)입니다. 따라서 올해 전학 간 남학생은 $162 - 160 = 2$(명)입니다.

해결 전략
올해 여학생 수가 작년과 같음을 이용하여 작년 남학생 수를 구해요.

6 101쪽 8번의 변형 심화 유형

접근 ≫ ■보다 30 %만큼 줄어든 양은 ■의 70 %와 같습니다.

7월 판매량은 6월 판매량보다 30 %만큼 줄었으므로 7월 판매량 875개는 6월 판매량의 $100 - 30 = 70$ (%)와 같습니다. 6월 판매량의 70 %가 875개이므로 6월 판매량의 10 %는 $875 \div 7 = 125$(개)입니다. 즉 6월 판매량은 $125 \times 10 = 1250$(개)입니다.

6월 판매량은 5월 판매량보다 50 %만큼 줄었으므로 5월 판매량의 $100 - 50 = 50$ (%)와 같습니다. 5월 판매량의 50 %가 1250개이므로 5월 판매량은 $1250 \times 2 = 2500$(개)입니다.

주의
6월 판매량은 5월 판매량보다 '5월 판매량의' 50 %만큼 줄었어요.

7 103쪽 15번의 변형 심화 유형

접근 ≫ 뛰어서 가는 시간이 자전거를 타고 가는 시간보다 20분 더 깁니다.

$(속력) = \dfrac{(간 거리)}{(걸린 시간)} \Rightarrow (걸린 시간) = (간 거리) \div (속력) = \dfrac{(간 거리)}{(속력)}$이므로

간 거리를 □km라 하면, 뛰어서 가는 데 걸리는 시간은 $\dfrac{□}{3}$, 자전거를 타고 가는 데 걸리는 시간은 $\dfrac{□}{12}$입니다. 뛰어서 가는 것보다 자전거를 타고 가는 것이

$20분 = \dfrac{20}{60}시간 = \dfrac{1}{3}시간$ 더 빨리 도착하므로

(뛰어서 가는 데 걸리는 시간)$-$(자전거를 타고 가는 데 걸리는 시간)$= \dfrac{1}{3}$입니다.

$\dfrac{□}{3} - \dfrac{□}{12} = \dfrac{1}{3}$, $\dfrac{□ \times 4}{12} - \dfrac{□}{12} = \dfrac{4}{12}$, $(□ \times 4) - □ = 4$,

$□ + □ + □ + □ - □ = 4$, $□ \times 3 = 4$, $□ = 4 \div 3 = \dfrac{4}{3} = 1\dfrac{1}{3}$ (km)입니다.

보충 개념
1시간은 60분이므로
$■분 = \dfrac{■}{60}$시간이에요.

해결 전략
(뛰어서 가는 데 걸린 시간)
$-$(자전거로 가는 데 걸린 시간)$= 20분$

지도 가이드
최상위 수학에서는 $(속력) = \dfrac{(간 거리)}{(걸린 시간)}$의 식을 시간에 대해 나타낼 수 있으면 중등 수준의 속력 문제 일부를 접해 볼 수 있다고 생각하여 high level에 관련 문제를 출제하였습니다. 이 문제를 풀기 위해서는 뛰어서 가는 데 걸린 시간과 자전거를 타고 가는 데 걸린 시간의 차가 20분임을 식으로 나타내어야 합니다. 이때 $(속력) = \dfrac{(간 거리)}{(걸린 시간)} \Rightarrow (걸린 시간) = \dfrac{(간 거리)}{(속력)}$ 를 이용하여 걸린 시간을 각각 분수로 나타내는 것이 해결 전략입니다.

8 접근 ≫ 복리법으로 계산할 때는 1년 후부터 매년 원금이 늘어납니다.

・단리법으로 계산할 경우

(2년 동안의 이자)＝(1년 동안의 이자)×2

(2년 동안의 이자)＝(100000×0.03)×2＝3000×2＝6000(원)

따라서 2년 후에 찾을 수 있는 금액은 모두 100000＋6000＝106000(원)입니다.

・복리법으로 계산할 경우

(2년 동안의 이자)＝(처음 1년 동안의 이자)＋(나중 1년 동안의 이자)

(2년 동안의 이자)＝$\underset{=3000}{\underline{100000×0.03}}$＋$\underset{\substack{(원금)+(처음\ 1년\ 동안의\ 이자)\\=100000+3000}}{\underline{103000×0.03}}$＝3000＋3090＝6090(원)

따라서 2년 후에 찾을 수 있는 금액은 모두 100000＋6090＝106090(원)입니다.

> **보충 개념**
> 복리법으로 계산할 경우
> (1년 후의 원금)＝(원금)
> ＋(처음 1년 동안의 이자)
> 이므로 단리법보다 복리법으로 계산할 때 이자가 많이 붙어요.

다른 풀이

・복리법으로 계산할 경우

(1년 후에 찾을 수 있는 금액)＝100000＋100000×0.03＝100000×1.03＝103000(원)

(2년 후에 찾을 수 있는 금액)＝$\underset{\substack{(원금)+(처음\ 1년\ 동안의\ 이자)}}{\underline{103000}}$＋103000×0.03＝103000×1.03＝106090(원)

9 접근 ≫ 접은 부분과 넓이가 같은 곳을 찾아봅니다.

(전체 직사각형의 넓이)＝4×5＝20 (cm²),

(빨간색 선으로 표시한 부분의 넓이)＝20×0.6＝12 (cm²)

삼각형 ㄱㅂㅁ과 삼각형 ㄱㄴㅁ의 넓이가 같으므로

(삼각형 ㄱㅂㅁ의 넓이)＝(20－12)÷2＝8÷2＝4 (cm²)입니다.

(변 ㄱㅂ)＝(변 ㄱㄴ)＝(변 ㄹㄷ)＝5 cm이고

(삼각형 ㄱㅂㅁ의 넓이)＝(변 ㄱㅂ)×(변 ㅁㅂ)÷2＝4이므로

5×(변 ㅁㅂ)÷2＝4, (변 ㅁㅂ)＝4×2÷5, (변 ㅁㅂ)＝8÷5＝1.6 (cm)입니다.

따라서 변 ㄱㅂ 의 길이에 대한 변 ㅁㅂ의 길이의 비율은 1.6÷5＝0.32

➡ 0.32×100＝32 (%)입니다.

> **해결 전략**
> 접은 부분의 넓이를 이용해 변 ㅁㅂ의 길이를 구해요.
>
> **보충 개념**
> 접었을 때에 생기는 두 삼각형 ㉠과 ㉡은 합동이에요.

5 여러 가지 그래프

◎ BASIC TEST

1 그림그래프   111쪽

1 ④   **2** ㉣

3 1400, 1300, 700, 2100   **4** 예 1000, 100

5 예

도시별 학생 수

도시	학생 수
가	♟ ♟ ♟ ♟ ♟
나	♟ ♟ ♟
다	♟ ♟ ♟ ♟ ♟ ♟
라	♟ ♟ ♟

예 ♟ 1000 명 ♟ 100 명

1 ③ 가장 큰 단위(1000 kg)의 그림이 초록 마을에 6 개, 푸른 마을에 4개이므로 콩 생산량이 두 번째로 많은 마을은 푸른 마을입니다.

④ 햇살 마을의 콩 생산량은 🥔이 2개 🥔이 1개이 므로 2500 kg입니다.

⑤ 콩 생산량이 가장 많은 마을은 초록 마을(6000 kg)이고 가장 적은 마을은 햇살 마을(2500 kg)이므로 생산량의 차는 6000−2500＝3500 (kg)입니다.

2 ㉣ 월별 최저 기온의 변화와 같이 시간에 따른 수량의 변화는 꺾은선그래프로 나타내는 것이 적절합니다.

4 예 버림하여 백의 자리까지 나타낸 어림값이 '몇천 몇백'이므로 1000명은 ♟로 나타내고 100명은 ♟로 나타냅니다.

2 띠그래프   113쪽

1 봄   **2** 2배   **3** 36명

4 (위에서부터) 30, 24 / 40, 15, 100

5

용돈의 쓰임별 금액

```
0 10 20 30 40 50 60 70 80 90 100(%)
|--|--|--|--|--|--|--|--|--|--|
```
| 저축 (35%) | 간식 (30%) | 학용품 (20%) | 기타 (15%) |

6 4.5 cm

1 여름을 좋아하는 학생은 100−(35+25+10)＝30 (%)입니다. 따라서 가장 많은 학생들이 좋아하는 계절은 봄입니다.

> 보충 개념
> 백분율의 합계는 100 %가 되어야 합니다.

2 단독 주택에 사는 사람은 30 %, 연립 주택에 사는 사람은 15 %입니다. 따라서 단독 주택에 사는 사람은 연립 주택에 사는 사람의 30÷15＝2 (배)입니다.

> 보충 개념
> 주어진 띠그래프에서 작은 눈금 한 칸은 5 %를 나타냅니다.

3 아파트에 사는 사람은 45 %이므로 80명 중 아파트에 사는 사람은 $80 \times \frac{45}{100} = 36$ (명)입니다.

> 보충 개념
> (항목의 양)＝(전체 자료의 양)×(백분율)

4 한식이 차지하는 백분율: $\frac{48}{120} \times 100 = 40$ (%)

양식 요리의 수: $120 \times \frac{25}{100} = 30$ (개)

중식 요리의 수: $120 \times \frac{20}{100} = 24$ (개)

일식이 차지하는 백분율: $\frac{18}{120} \times 100 = 15$ (%)

5 한 달 용돈의 합은 8750+7500+5000+3750＝25000 (원)입니다.

간식: $\frac{7500}{25000} \times 100 = 30$ (%)

학용품: $\frac{5000}{25000} \times 100 = 20$ (%)

6 체육을 좋아하는 학생의 백분율은 $\frac{12}{40} \times 100 = 30$ (%)이므로 전체 길이가 15 cm인 띠그래프로 나타낼 때 체육이 차지하는 길이는 $15 \times \frac{30}{100} = 4.5$ (cm)입니다.

3 원그래프 | 115쪽

1 35 %　　**2** 티셔츠, 바지　　**3** 525명

4 7명

5 (위에서부터) 25 %, 15 %, 10 %, 15 %

6
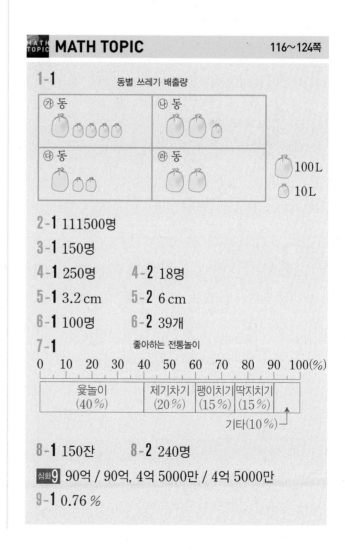
생활비의 쓰임별 금액

1 작은 눈금 한 칸이 5 %를 나타내므로 영국은 20 %, 프랑스는 15 %입니다. ➡ $20 + 15 = 35$ (%)

2 치마가 차지하는 백분율은
$100 - (35 + 25 + 15 + 10) = 15$ (%)입니다.
따라서 15 %인 치마보다 더 많이 팔린 옷의 종류는 티셔츠(35 %)와 바지(25 %)입니다.

3 학생들이 두 번째로 많이 살고 있는 마을은 나 마을로 나 마을에 살고 있는 학생 수는
$1500 \times \dfrac{35}{100} = 525$ (명)입니다.

4 (치킨을 좋아하는 학생 수) $= 140 \times \dfrac{25}{100} = 35$ (명)

(떡볶이를 좋아하는 학생 수) $= 140 \times \dfrac{20}{100} = 28$ (명)

➡ 치킨을 좋아하는 학생이 $35 - 28 = 7$ (명) 더 많습니다.

다른 풀이

치킨을 좋아하는 학생이 $25 - 20 = 5$ (%) 더 많으므로 $140 \times \dfrac{5}{100} = 7$(명) 더 많습니다.

5 한 달 전체 생활비는
70만＋50만＋30만＋20만＋30만＝200만원입니다.

교육비: $\dfrac{50만}{200만} \times 100 = 25$ (%)

의복비: $\dfrac{30만}{200만} \times 100 = 15$ (%)

의료비: $\dfrac{20만}{200만} \times 100 = 10$ (%)

기타: $\dfrac{30만}{200만} \times 100 = 15$ (%)

6 주어진 원그래프의 작은 눈금 한 칸이 5 %를 나타내므로
식품비 35 % ➡ 7칸, 교육비 25 % ➡ 5칸,
의복비 15 % ➡ 3칸, 의료비 10 % ➡ 2칸,
기타 15 % ➡ 3칸이 되도록 선을 그어 원을 나눕니다.

MATH TOPIC | 116~124쪽

1-1
동별 쓰레기 배출량

㉮ 동　　㉯ 동
㉰ 동　　㉱ 동

100L
10L

2-1 111500명

3-1 150명

4-1 250명　　**4-2** 18명

5-1 3.2 cm　　**5-2** 6 cm

6-1 100명　　**6-2** 39개

7-1
좋아하는 전통놀이

0	10	20	30	40	50	60	70	80	90	100(%)

| 윷놀이 (40 %) | 제기차기 (20 %) | 팽이치기 (15 %) | 딱지치기 (15 %) | |
기타(10 %)

8-1 150잔　　**8-2** 240명

심화9 90억 / 90억, 4억 5000만 / 4억 5000만

9-1 0.76 %

1-1 🎒는 100 L, 🎒는 10 L를 나타내므로 각 동의 하루 쓰레기 배출량을 알 수 있습니다.

㉮ 동: 140 L, ㉯ 동: 210 L, ㉱ 동: 200 L

네 동의 하루 쓰레기 배출량의 합이 670 L이므로

㉰ 동의 하루 쓰레기 배출량은

$670-(140+210+200)=120$ (L)입니다.

따라서 ㉰ 동의 하루 쓰레기 배출량은 🎒 1개, 🎒 2개로 나타냅니다.

2-1 큰 그림의 수가 가장 많은 지역은 경기도입니다.

10만 명을 나타내는 👤가 1개, 1만 명을 나타내는 👤가 1개, 1천 명을 나타내는 ●가 2개이므로 경기도의 출생아 수는 112000명입니다.

백의 자리에서 반올림한 값이 112000명이므로, 경기도의 실제 출생아 수는 111500명 이상 112500명 미만입니다. 따라서 실제 출생아 수는 적어도 111500명입니다.

3-1 (1학년 중 동물원에 가고 싶은 학생 수)

$=150\times\dfrac{40}{100}=60$(명)

(2학년 중 동물원에 가고 싶은 학생 수)

$=200\times\dfrac{20}{100}=40$(명)

(3학년 중 동물원에 가고 싶은 학생 수)

$=250\times\dfrac{20}{100}=50$(명)

따라서 1, 2, 3학년 전체 학생 중 동물원에 가고 싶은 학생은 모두 $60+40+50=150$(명)입니다.

4-1 인터넷이 45 %, 기타가 5 %이므로 TV 또는 신문을 가장 많이 이용하는 사람의 백분율은

$100-(45+5)=50$ (%)입니다.

신문의 백분율을 □ %라 하면 TV의 백분율은

(□×4) %이고, □+(□×4)=50,

□+□+□+□+□=50, 5×□=50,

□=10이므로 신문을 가장 많이 이용하는 사람의 백분율은 전체의 10 %입니다.

따라서 신문을 가장 많이 이용하는 사람 수는

$2500\times\dfrac{10}{100}=250$(명)입니다.

4-2 예능 프로그램을 즐겨보는 학생은 음악 프로그램을 즐겨보는 학생의 $\dfrac{1}{3}$이므로 예능 프로그램의 백분율은 $45\times\dfrac{1}{3}=15$ (%)입니다.

만화 프로그램의 백분율은

$100-(45+15+10)=30$ (%)이므로 만화 프로그램을 즐겨보는 학생은 $60\times\dfrac{30}{100}=18$(명)입니다.

5-1 (수첩 값)$=12500-(5500+3000)=4000$(원)

(수첩 값의 백분율)$=\dfrac{4000}{12500}\times100=32$ (%)

따라서 전체 길이가 10 cm인 띠그래프로 나타내면 수첩 값이 차지하는 길이는

$10\times\dfrac{32}{100}=3.2$ (cm)입니다.

5-2 전기요금이 차지하는 길이는 $20-11=9$ (cm)이므로 전기요금의 백분율은 $\dfrac{9}{20}\times100=45$ (%)입니다. 수도요금의 백분율은

$100-(45+25+10)=20$ (%)입니다.

따라서 전체 길이가 30 cm인 띠그래프로 나타내면 수도요금이 차지하는 길이는

$30\times\dfrac{20}{100}=6$ (cm)가 됩니다.

6-1 O형이 차지하는 중심각: 108°

➡ (O형의 백분율)$=\dfrac{108°}{360°}\times100=30$ (%)

B형이 차지하는 중심각: 90°

➡ (B형의 백분율)$=\dfrac{90°}{360°}\times100=25$ (%)

A형이 차지하는 중심각: 90°

➡ (A형의 백분율)$=\dfrac{90°}{360°}\times100=25$ (%)

AB형의 백분율은

$100-(30+25+25)=20$ (%)이므로 AB형은

$500\times\dfrac{20}{100}=100$(명)입니다.

O형이 108°, B형이 90°, A형이 90°를 차지하므로 AB형은 360°−(108°+90°+90°)=72°를 차지합니다. 따라서 AB형은 $500 \times \dfrac{72°}{360°} = 100$(명)입니다.

$(백분율)(\%) = \dfrac{(항목의 중심각)}{360°} \times 100$

6-2 약국이 차지하는 중심각은 144°이므로 약국의 백분율은 $\dfrac{144°}{360°} \times 100 = 40\,(\%)$입니다.

한의원의 백분율은

$100 - (40 + 35 + 5 + 5) = 15\,(\%)$이므로

한의원은 $260 \times \dfrac{15}{100} = 39$(개)입니다.

7-1 팽이치기 또는 딱지치기를 좋아하는 학생은

$100 - (40 + 20 + 10) = 30\,(\%)$입니다. 팽이치기를 좋아하는 학생과 딱지치기를 좋아하는 학생 수가 같으므로 각각의 백분율은 15 %입니다. 윷놀이를 좋아하는 학생은 40 %, 제기차기를 좋아하는 학생은 20 %, 팽이치기를 좋아하는 학생은 15 %, 딱지치기를 좋아하는 학생은 15 %, 기타는 10 %입니다.

주어진 띠그래프에서 작은 눈금 한 칸은 5 %를 나타냅니다.

8-1 커피의 백분율은 $100 - (28 + 20 + 12) = 40\,(\%)$입니다. 이날 팔린 커피가 60잔이고 이는 전체의 40 %이므로 전체의 10 %는 $60 \div 4 = 15$(잔)입니다.

전체의 10 %가 15잔이므로 이날 팔린 음료는 모두 $15 \times 10 = 150$(잔)입니다.

8-2 게임의 백분율은

$100 - (30 + 29 + 15 + 6) = 20\,(\%)$입니다.

게임을 주로 하는 학생이 160명이고 이는 전체의 20 %이므로 전체의 10 %는 $160 \div 2 = 80$(명)입니다. 정보 검색을 주로 하는 학생의 백분율은 전체의 30 %이므로 정보 검색을 주로 하는 학생은 $80 \times 3 = 240$(명)입니다.

(전체의 10 %) = 80명
➡ (전체의 30 %) = 80 × 3 = 240(명)

9-1 지구상의 물이 담수와 해수로 이루어져 있고 그 중 해수가 전체의 97.5 %이므로 담수는 전체의 $100 - 97.5 = 2.5\,(\%)$를 차지합니다. 우리가 일상 생활에서 주로 사용하는 물은 담수 중 지하수와 강과 호수에서 얻은 것이고 이는 담수의 $100 - 69.6 = 30.4\,(\%)$를 차지합니다.

따라서 지구상의 물 중 우리가 일상 생활에서 사용하는 물은 $0.025 \times 0.304 = 0.0076 = 0.76\,(\%)$입니다.

⬛ LEVEL UP TEST

125~129쪽

1 3400대	**2** 2350 kg	**3** 50억 6000만 명	**4**
5 135명	**6** ㉣	**7** 63명	
8 33명	**9** 고령 사회	**10** 28명	
11 10500 t	**12** 35명	**13** 닭	
14 60편			

(4번: 1층~4층 물 사용량 그림그래프, 🌢100L / 🌢50L / 🌢10L)

1 116쪽 1번의 변형 심화 유형

접근 》 먼저 그림이 크기별로 각각 몇 대를 나타내는지 알아봅니다.

㉮ 도시의 차량이 4700대이므로 🚗는 1000대, 🚙는 500대, 🚘는 100대를 나타냅니다. 차량이 가장 적은 도시는 큰 그림의 수가 가장 적은 ㉯ 도시입니다. ㉯ 도시의 차량 수는 🚗가 3개, 🚘가 4개이므로 3400대입니다.

> **보충 개념**
> 큰 그림의 수가 많을수록 수량이 커요.

2 **접근 》 두 사람이 각각 어떤 그림을 몇으로 잘못 알고 있는지 따져 봅니다.**

각자 잘못 본 경우를 제외하고 🥖, 🥖, 🥖의 양을 몇으로 보고 읽었는지 알아봅니다.

• 유빈: 🥖를 500 kg으로 읽고, 🥖를 100 kg으로 읽고 🥖를 50 kg으로 읽었습니다.

➡ 🥖이 나타내는 양만 잘못 읽었으므로 🥖는 100 kg, 🥖는 50 kg을 나타냅니다.

• 상범: 🥖를 1000 kg으로 읽고, 🥖를 500 kg으로 읽고, 🥖를 50 kg으로 읽었습니다.

➡ 🥖이 나타내는 양만 잘못 읽었으므로 🥖는 1000 kg, 🥖는 50 kg을 나타냅니다.

따라서 🥖은 1000 kg, 🥖은 100 kg, 🥖은 50 kg을 나타내므로

🥖🥖🥖🥖🥖은 2350 kg을 나타냅니다.

> **해결 전략**
> 두 사람이 바르게 알고 있는 그림을 골라 이용해요.
>
> **보충 개념**
> • 유빈이가 읽은 방법
>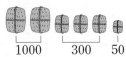
> 　1000　　300　 50
> • 상범이가 읽은 방법
>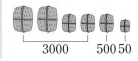
> 　　3000　　 500 50

3 117쪽 2번의 변형 심화 유형

접근 》 백만의 자리에서 반올림하면 천만의 자리까지 나타낼 수 있습니다.

백만의 자리에서 반올림한 인구는 아시아는 42억 4000만 명, 유럽은 8억 3000만 명입니다. 즉 아시아의 실제 인구의 범위는 42억 3500만 명 이상 42억 4500만 명 미만이고, 유럽의 실제 인구의 범위는 8억 2500만 명 이상 8억 3500만 명 미만입니다. 따라서 아시아 대륙과 유럽 대륙의 인구의 합은 적어도
42억 3500만+8억 2500만=50억 6000만(명)입니다.

> **주의**
> 그림그래프에 나타낸 양은 반올림한 값이에요.
>
> **보충 개념**
> 백만의 자리 숫자가 5 이상이면 올림하고, 5 미만이면 버림해요.

4 116쪽 1번의 변형 심화 유형

접근 》 먼저 3층과 4층의 물 사용량을 알아봅니다.

💧는 100 L, 💧는 50 L, 💧는 10 L를 나타내므로 3층의 물 사용량은 340 L이고 4층의 물 사용량은 250 L입니다. 1층에서 사용한 물의 양을 □ L라 하면, 2층에서 사용한 물의 양은 (□+60) L라 할 수 있습니다. 이 빌라에서 사용한 물의 양의 합이 950 L이므로 □+(□+60)+340+250=950, □+□+650=950, □+□=300, □=150 (L)입니다.

> **해결 전략**
> 1층에서 사용한 물의 양을 □ L, 2층에서 사용한 물의 양을 (□+60) L로 나타내어 식을 세워 봐요.

1층에서는 물을 150 L 사용했으므로 💧💧으로 나타내고, 2층에서는 물을

150＋60＝210 (L) 사용했으므로 💧💧💧으로 나타냅니다.

118쪽 3번의 변형 심화 유형
5 접근 ≫ "어려운 편이다"라고 답한 사람이 몇 명인지 알아봅니다.

"어려운 편이다"라고 답한 사람의 수는 $300 \times \dfrac{14}{100} = 42$ (명)이고

"적당하다"라고 답한 사람의 수는 $300 \times \dfrac{38}{100} = 114$ (명)입니다.

따라서 "어려운 편이다"라고 답한 사람의 절반이 "적당하다"라고 고쳐 답하면 "적당하다"라고 답한 사람의 수는 $114 + 42 \div 2 = 135$ (명)이 됩니다.

다른 풀이

"어려운 편이다"라고 답한 사람의 백분율이 전체의 14 %이므로 절반은 전체의 7 %입니다. "어려운 편이다"라고 답한 사람의 절반이 "적당하다"라고 고쳐 답하면 "적당하다"라고 답한 사람의 백분율이 $38 + 7 = 45$ (%)가 되므로, "적당하다"라고 답한 사람의 수는 $300 \times \dfrac{45}{100} = 135$ (명)이 됩니다.

보충 개념
(전체의 ■ %인 항목의 양)
＝(전체 자료의 양)$\times \dfrac{■}{100}$

6 접근 ≫ 원그래프에서 눈금 한 칸이 나타내는 백분율을 알아봅니다.

게임기를 받고 싶어하는 학생이 전체 340명 중 51명이므로

$\dfrac{51}{340} \times 100 = 15$ (%)입니다.

주어진 원그래프에서 눈금 한 칸의 크기가 5 %이므로 게임기를 받고 싶어하는 학생을 나타낸 부분은 눈금 $15 \div 5 = 3$(칸)을 차지하는 ㉣입니다.

보충 개념
25 %가 눈금 5개로 나누어져 있으므로 눈금 한 칸은 $25 \div 5 = 5$ (%)를 나타내요.

121쪽 6번의 변형 심화 유형
7 접근 ≫ (백분율)(%)＝$\dfrac{\text{(항목의 중심각)}}{360°} \times 100$

이순신 장군을 존경하는 학생의 백분율은 $\dfrac{90°}{360°} \times 100 = 25$ (%), 세종대왕을 존경하는 학생의 백분율은 $100 - (25 + 20 + 10 + 15) = 30$ (%)이므로 세종대왕과 이순신 장군을 존경하는 학생의 백분율의 차는 $30 - 25 = 5$ (%)입니다. 따라서 세종대왕을 존경하는 학생은 이순신 장군을 존경하는 학생보다

$1260 \times \dfrac{5}{100} = 63$ (명) 더 많습니다.

다른 풀이

이순신 장군을 존경하는 학생의 백분율은 $\dfrac{90°}{360°} \times 100 = 25$ (%), 세종대왕을 존경하는 학생의 백분율은 $100 - (25 + 20 + 10 + 15) = 30$ (%)입니다.

해결 전략
세종대왕을 존경하는 학생의 백분율과 이순신 장군을 존경하는 학생의 백분율의 차를 이용하여 학생 수의 차를 구해요.

즉 이순신 장군을 존경하는 학생은 $1260 \times \dfrac{25}{100} = 315$(명)이고 세종대왕을 존경하는 학생은

$1260 \times \dfrac{30}{100} = 378$(명)입니다. 따라서 세종대왕을 존경하는 학생은 이순신 장군을 존경하는

학생보다 $378 - 315 = 63$(명) 더 많습니다.

서술형

8 접근 ≫ 전체의 백분율은 100 %입니다.

(예) 콜라를 좋아하는 학생의 백분율은 $100 - (40 + 15 + 10 + 10) = 25$ (%)입니다.

전체의 25 %가 55명이므로 전체 학생 수는 $55 \times 4 = 220$(명)입니다.

따라서 주스를 좋아하는 학생은 $220 \times \dfrac{15}{100} = 33$(명)입니다.

> **보충 개념**
> (전체의 25 %) × 4
> = (전체 100 %)

채점 기준	배점
전체 학생 수를 구할 수 있나요?	3점
주스를 좋아하는 학생 수를 구할 수 있나요?	2점

9 접근 ≫ 14세 이하 인구와 65세 이상 인구의 백분율을 각각 알아봅니다.

15세 이상 64세 이하 백분율이 75 %이므로 14세 이하 백분율과 65세 이상 백분율의 합은 $100 - 75 = 25$ (%)입니다.

65세 이상 백분율이 14세 이하 백분율의 1.5배이므로 14세 이하 백분율은 10 %이고, 65세 이상 백분율은 15 %가 됩니다.

따라서 2020년에 우리나라는 UN이 정한 기준 중에서 고령 사회에 속하게 됩니다.

> **보충 개념**
> ■가 ▲의 1.5배이면
> $1.5 = \dfrac{15}{10} = \dfrac{3}{2}$이므로
> ■ : ▲ = 3 : 2예요.
>   15 % 10 %

서술형

10 124쪽 9번의 변형 심화 유형
접근 ≫ 먼저 원그래프를 보고 악기를 배우고 싶은 학생 수를 알아봅니다.

(예) 방학 동안 악기를 배우고 싶은 학생은 280명 중 40 %이므로

$280 \times \dfrac{40}{100} = 112$(명)입니다.

따라서 방학 동안 관악기를 배우고 싶은 학생은 112명 중 25 %이므로

$112 \times \dfrac{25}{100} = 28$(명)입니다.

> **해결 전략**
> 원그래프에서 악기를 배우고 싶은 학생 수를 구하고, 띠그래프에서 그중 관악기를 배우고 싶은 학생 수를 구해요.

채점 기준	배점
방학 동안 악기를 배우고 싶은 학생 수를 구할 수 있나요?	2점
방학 동안 관악기를 배우고 싶은 학생 수를 구할 수 있나요?	3점

> **지도 가이드**
> 주어진 원그래프는 전체 학생 수를 100 %로 본 것이고, 띠그래프는 그중 악기를 배우고 싶은 학생 수를 100 %로 본 것입니다. 원그래프에서 악기를 배우고 싶은 학생 수를 구한 다음, 그만큼을 100 %로 생각하고 띠그래프에 적용하도록 지도해 주세요.

11 124쪽 9번의 변형 심화 유형
11 접근 ≫ 먼저 왼쪽 원그래프를 보고 음식물 쓰레기의 양을 알아봅니다.

(생활폐기물 중 음식물의 양)$=50000\times\dfrac{30}{100}=15000\,(\text{t})$

(가정 또는 소형 음식점에서 버려지는 음식물 쓰레기의 백분율)$=\dfrac{252°}{360°}\times100$
$$=70\,(\%)$$

(가정 또는 소형 음식점에서 버려지는 음식물 쓰레기의 양)$=15000\times\dfrac{70}{100}$
$$=10500\,(\text{t})$$

해결 전략
먼저 음식물 쓰레기의 양을 구하고, 음식물 쓰레기의 양 중 가정·소형 음식점에서 버려진 양을 구해요.

보충 개념
(백분율)(%)
$=\dfrac{(\text{항목의 중심각})}{360°}\times100$

12 접근 ≫ 영화 감상과 미술의 백분율의 차부터 알아봅니다.

영화 감상이 띠그래프의 전체 길이 15 cm 중 4.5 cm를 차지하므로 영화 감상의 백분율은 $4.5\div15\times100=30\,(\%)$입니다. 영화 감상의 백분율은 30 %, 미술의 백분율은 15 %이므로 영화 감상을 좋아하는 학생은 미술을 좋아하는 학생보다 $30-15=15\,(\%)$ 더 많습니다. 전체의 15 %가 21명이므로 전체의 5 %는 $21\div3=7$(명)이고, 전체의 5 %가 7명이므로 전체 학생 수는 $7\times20=140$(명)입니다. 과학 탐구의 백분율은 $100-(30+25+15+5)=25\,(\%)$이므로 과학 탐구를 좋아하는 학생은 $140\times\dfrac{25}{100}=35$(명)입니다.

보충 개념
(전체의 15 %)$\div3$
$=$(전체의 5 %)
(전체의 5 %)$\times20$
$=$(전체 100 %)

13 접근 ≫ 전체의 백분율은 100 %입니다.

소의 백분율은 $100-(27+18+15)=40\,(\%)$입니다.
소는 120마리이고, 이는 전체의 40 %이므로 전체의 10 %는 $120\div4=30$(마리)이고, 전체는 $30\times10=300$(마리)입니다.
54마리인 가축의 백분율은 $\dfrac{54}{300}\times100=18\,(\%)$이므로 54마리인 가축은 원그래프에서 18 %를 차지하는 닭입니다.

해결 전략
전체의 10 %가 몇 마리인지 알아내어 전체 마리 수를 구해요.

다른 풀이
소는 120마리이고, 이는 전체의 40 %이므로 전체의 1 %는 $120\div40=3$(마리)입니다.
따라서 54마리인 가축은 $54\div3=18\,(\%)$를 차지하는 닭입니다.

14 접근 ≫ 항목의 양과 백분율을 알면 전체량을 구할 수 있습니다.

(만화 영화의 백분율)$=\dfrac{1}{5}\times100=20\,(\%)$,
(액션 영화의 백분율)$=20\times1.3=26\,(\%)$,

(드라마의 백분율)$=100-(26+20+8+6)=40\,(\%)$이므로 가장 많이 방영한 장르는 드라마입니다. 공상 과학 영화는 12편이고, 이는 전체의 8 %이므로 전체의 40 %는 $12\times5=60$(편)입니다. 따라서 드라마는 60편 방영하였습니다.

> **다른 풀이**
>
> (만화 영화의 백분율)$=\dfrac{1}{5}\times100=20\,(\%)$, (액션 영화의 백분율)$=20\times1.3=26\,(\%)$,
>
> (드라마의 백분율)$=100-(26+20+8+6)=40\,(\%)$
>
> 12편의 백분율이 전체의 8 %이므로 전체의 80 %는 120편이고,
>
> 전체의 10 %는 $120\div8=15$(편), 전체는 $15\times10=150$(편)입니다.
>
> 따라서 가장 많이 방영한 장르는 드라마이고, 드라마는 $150\times\dfrac{40}{100}=60$(편) 방영하였습니다.

> **해결 전략**
> 공상 과학의 백분율을 이용하여 전체 편수를 구하고, 드라마의 백분율을 이용하여 드라마의 편수를 구해요.

⋀⋀ HIGH LEVEL
130~132쪽

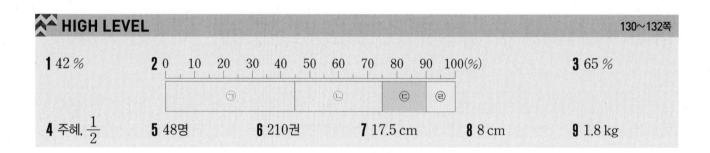

1 42 % **2** (띠그래프) **3** 65 %

4 주혜, $\dfrac{1}{2}$ **5** 48명 **6** 210권 **7** 17.5 cm **8** 8 cm **9** 1.8 kg

---

1 접근 》 **두 항목의 양의 비가 7 : 4이면 두 항목의 백분율의 비도 7 : 4입니다.**

(강아지 또는 고양이의 백분율)$=100-(14+12+8)=66\,(\%)$

강아지의 백분율을 $(7\times\square)\,\%$라 하면 고양이의 백분율은 $(4\times\square)\,\%$이므로

$7\times\square+4\times\square=66$, $11\times\square=66$, $\square=6$입니다.

따라서 강아지가 차지하는 백분율은 $7\times6=42\,(\%)$입니다.

> **해결 전략**
> 강아지의 백분율을 $(7\times\square)\%$, 고양이의 백분율을 $(4\times\square)\%$로 나타내요.

120쪽 5번의 변형 심화 유형

2 접근 》 (백분율)$(\%)=\dfrac{(항목이\ 차지하는\ 길이)}{(띠그래프\ 전체\ 길이)}\times100$

㉠$+$㉡$=100-($㉢$+$㉣$)=100-(15+10)=75\,(\%)$입니다.

길이가 20 cm인 띠그래프에서 3 cm를 차지하는 백분율은 $\dfrac{3}{20}\times100=15\,(\%)$이

므로 ㉠은 ㉡보다 15 % 더 많습니다. 따라서 ㉠의 백분율은 45 %, ㉡의 백분율은 30 %입니다.

> **보충 개념**
> $75-15=60\,(\%)$이고
> 60 %의 반은 30 %이므로
> ㉠은 $30+15=45\,(\%)$,
> ㉡은 30 %예요.

3 접근 ≫ 5학년의 백분율을 먼저 알아봅니다.

해결 전략
4학년과 5학년이 차지하는 중심각을 이용하여 5학년의 백분율을 구하고, 5학년 백분율을 이용하여 6학년의 백분율을 구해요.

⑩ 4학년과 5학년이 차지하는 중심각의 크기의 합이 90°이므로 4학년과 5학년 학생의 백분율은 $\dfrac{90°}{360°}\times100=25\,(\%)$입니다.

4학년 학생의 백분율은 10 %이므로 5학년 학생의 백분율은 $25-10=15\,(\%)$입니다.

6학년 또는 5학년 학생의 백분율이 80 %이므로 6학년 학생의 백분율은 $80-15=65\,(\%)$입니다.

다른 풀이

참가한 학생 중 4학년의 백분율은 10 %이므로 4학년이 차지하는 중심각은 $360°\times\dfrac{10}{100}=36°$입니다.

4학년과 5학년이 차지하는 중심각의 크기의 합이 90°이므로 5학년이 차지하는 중심각은 $90°-36°=54°$이고, 이는 전체의 $\dfrac{54°}{360°}\times100=15\,(\%)$입니다.

6학년 또는 5학년의 백분율이 80 %이므로 6학년 학생의 백분율은 $80-15=65\,(\%)$입니다.

보충 개념
(항목의 중심각)
$=360°\times$(백분율)

채점 기준	배점
5학년 학생의 백분율을 구할 수 있나요?	3점
6학년 학생의 백분율을 구할 수 있나요?	2점

4 접근 ≫ 세 사람의 용돈과 저축 금액을 각각 알아봅니다.

세 사람의 용돈의 합계는 50000원이므로 다온이의 용돈은 $50000\times\dfrac{28}{100}=14000\,(원)$, 주혜의 용돈은 $50000\times\dfrac{32}{100}=16000\,(원)$, 신우의 용돈은 $50000\times\dfrac{40}{100}=20000\,(원)$입니다.

세 사람의 저축 금액의 합계는 20000원이므로 다온이의 저축 금액은 $20000\times\dfrac{20}{100}=4000\,(원)$, 주혜의 저축 금액은 $20000\times\dfrac{40}{100}=8000\,(원)$, 신우의 저축 금액은 $20000\times\dfrac{40}{100}=8000\,(원)$입니다.

용돈에 대한 저축 금액의 비율을 각각 분수로 나타내 보면 다온이는 $\dfrac{4000}{14000}=\dfrac{2}{7}$, 주혜는 $\dfrac{8000}{16000}=\dfrac{1}{2}$, 신우는 $\dfrac{8000}{20000}=\dfrac{2}{5}$입니다.

$\dfrac{2}{7}<\dfrac{2}{5}<\dfrac{1}{2}$이므로 용돈에 대한 저축 금액의 비율이 가장 큰 사람은 주혜이고 그 비율을 기약분수로 나타내면 $\dfrac{1}{2}$입니다.

보충 개념
주혜와 신우는 저축 금액이 8000원으로 같지만, 주혜의 용돈이 더 적으므로 용돈에 대한 저축 금액의 비율은 주혜가 더 커요.

5 120쪽 5번의 변형 심화 유형
접근 » 원그래프의 눈금 한 칸이 나타내는 백분율을 알아봅니다

원을 40등분하면 눈금 한 칸은 $100 \div 40 = 2.5$ (%)를 나타내므로 눈금 5칸은 $2.5 \times 5 = 12.5$ (%)를 나타냅니다.
전체의 12.5 %가 20명이므로 전체 학생 수는 $20 \times 8 = 160$ (명)입니다.
전체 길이가 30 cm인 띠그래프에서 9 cm를 차지하는 백분율은
$\frac{9}{30} \times 100 = 30$ (%)이므로 9 cm를 차지하는 항목은 $160 \times \frac{30}{100} = 48$ (명)을 나타냅니다.

> **보충 개념**
> (전체의 12.5 %)$\times 8$
> $=$(전체 100 %)

> **지도 가이드**
> 원그래프는 항목의 중심각의 크기로 자료의 크기를 비교할 수 있습니다. 교과서에서 다루는 원그래프는 대부분 원을 20등분한 것으로, 눈금 한 칸이 $100 \div 20 = 5$ (%)를 나타내며 $360° \div 20 = 18°$를 차지합니다. 이 문제에서는 원을 40등분했으므로 눈금 한 칸이 $100 \div 40 = 2.5$ (%)를 나타내며 $360° \div 40 = 9°$를 차지합니다. 전체의 백분율이 100 %이고 원의 중심각이 360°임을 이용하면 원을 몇 등분하더라도 눈금 한 칸이 나타내는 백분율과 각도를 알 수 있다는 사실을 알려주세요. 또한 문제를 풀 때, 주어진 12.5 %만큼을 몇 배 해야 100 %가 되는지 스스로 생각해 볼 수 있도록 도와주세요. 12.5 %의 2배인 25 %는 4배 해야 100 %가 됩니다.

6 **접근 »** 항목의 수가 2배이면 항목의 백분율도 2배가 됩니다.

학습 만화의 백분율이 20 %이므로 동화책 수가 학습 만화 수의 2배가 되려면 동화책의 백분율이 40 %만큼이 되어야 합니다. 동화책을 10권 더 꽂았더니 백분율이 5 % 늘어났으므로 10권은 전체의 5 %입니다.
전체의 5 %가 10권이므로 전체의 10 %는 $10 \times 2 = 20$ (권)이고, 어제 보라의 책꽂이에 있는 전체 책의 권수는 $20 \times 10 = 200$ (권)입니다.
오늘 10권을 더 구입했으므로 오늘 보라의 책꽂이에 있는 책은 모두 $200 + 10 = 210$ (권)입니다.

> **해결 전략**
> 동화책 10권이 전체의 몇 %를 차지하는지 알아봐요.

7 **접근 »** 피구를 좋아하는 남학생 수를 이용하여 전체 남학생 수를 알아봅니다.

띠그래프에서 피구의 백분율은 남학생 전체의 20 %이고 이는 48명이므로 전체 남학생 수는 $48 \times 5 = 240$ (명)입니다. 원그래프에서 남학생의 백분율은 전체의 60 %이고 이는 240명이므로 전체의 10 %는 $240 \div 6 = 40$ (명)이고 전체 학생은 $40 \times 10 = 400$ (명)입니다.
전체 학생이 400명이고 남학생이 240명이므로 여학생은 $400 - 240 = 160$ (명)이고, 여학생 160명 중 피구를 좋아하는 학생은 56명이므로 백분율은
$\frac{56}{160} \times 100 = 35$ (%)입니다.

> **보충 개념**
> (전체의 20 %)$=$■명
> (전체 100 %)$=$(■$\times 5$)명

> **해결 전략**
> 전체 남학생의 수 ⇨ 전체 학생 수 ⇨ 전체 여학생의 수 ⇨ 피구를 좋아하는 여학생의 백분율 순서로 구해요.

따라서 전체 길이가 50 cm인 띠그래프에서 35 %를 차지하는 항목의 길이는

$50 \times \dfrac{35}{100} = 17.5 \, (\text{cm})$입니다.

8 **접근** ≫ 왼쪽 원그래프는 전체의 40 %를 제외한 60 %를 전체로 보고 그린 것입니다.

콩 전체 무게의 40 %가 수분이므로 수분을 제외한 나머지 성분의 무게는 전체의 60 %입니다. 즉 수분을 포함한 콩 전체 무게 중 탄수화물이 차지하는 백분율은

$\dfrac{60}{100} \times \dfrac{30}{100} = \dfrac{18}{100} = 18$ %입니다.

띠그래프에서 전체의 18 %가 차지하는 길이가 36 mm이므로 1 %가 차지하는 길이는 $36 \div 18 = 2 \, (\text{mm})$입니다. 콩 전체 무게의 40 %가 수분이므로 띠그래프에서 수분이 차지하는 길이는 $2 \times 40 = 80 \, (\text{mm}) = 8 \, (\text{cm})$입니다.

주의
주어진 원그래프는 수분을 포함하지 않고 있어요.

해결 전략
콩 전체 무게 중 탄수화물의 백분율만큼이 차지하는 길이를 이용하여 전체의 40 %인 수분이 차지하는 길이를 구해요.

9 **접근** ≫ 오른쪽 원그래프는 전체의 90 %를 제외한 10 %를 전체로 보고 그린 것입니다.

(콩 200 g에 든 단백질의 양) $= 200 \times \dfrac{60}{100} \times \dfrac{30}{100} = 36 \, (\text{g})$

(토마토 100 g에 든 단백질의 양) $= 100 \times \dfrac{10}{100} \times \dfrac{20}{100} = 2 \, (\text{g})$

$36 \div 2 = 18$이므로 토마토를 100 g의 18배인 $100 \times 18 = 1800 \, (\text{g}) = 1.8 \, (\text{kg})$ 먹어야 합니다.

해결 전략
토마토 100 g에 든 단백질의 양을 단위로 하여, 콩 200 g에 든 단백질의 양과 비교해요.

6 직육면체의 부피와 겉넓이

◎ BASIC TEST

1 직육면체의 부피 | 137쪽

1 예 , / ㉠

2 (1) 90 cm³ (2) 64 cm³

3 343 cm³　　　　　　**4** 4

5 125 cm³　　　　　　**6** 8배

1 직접 맞대어 비교하려면 가로, 세로, 높이 중에서 두 종류 이상의 길이가 같아야 합니다. ㉠과 ㉡의 모서리를 살펴보면 7 cm와 4 cm의 길이가 각각 같으므로 가로가 7 cm, 세로가 4 cm인 면끼리 맞대어 부피를 비교할 수 있습니다. 빗금 친 면을 맞대어 보면, 나머지 한 모서리의 길이가 ㉠은 6 cm, ㉡은 3 cm이므로 부피가 더 큰 상자는 ㉠입니다.

> **다른 답**
> ㉠ [그림] ㉡ [그림]

2 (1) 부피가 1 cm³인 쌓기나무가
6×5×3=90(개) 있으므로 직육면체의 부피는 90 cm³입니다.
(2) 부피가 1 cm³인 쌓기나무가
4×4×4=64(개) 있으므로 정육면체의 부피는 64 cm³입니다.

3 49=7×7이므로 정육면체의 한 모서리의 길이는 7 cm입니다.
➡ (정육면체의 부피)=7×7×7=343 (cm³)

4 높이를 □cm라 하면
12×14×□=672, 168×□=672,
□=4 (cm)입니다.

5 정육면체는 가로, 세로, 높이가 모두 같으므로 젤리

의 가장 짧은 모서리의 길이인 5 cm를 정육면체의 한 모서리의 길이로 해야 합니다.
따라서 만들 수 있는 가장 큰 정육면체 모양의 부피는 5×5×5=125 (cm³)입니다.

6 (정육면체의 부피)=(한 모서리의 길이)×(한 모서리의 길이)×(한 모서리의 길이)이므로 모든 모서리의 길이를 각각 2배로 늘이면 처음 부피의
2×2×2=8 (배)가 됩니다.

> **다른 풀이**
> 한 모서리의 길이가 9 cm인 정육면체의 부피는
> 9×9×9=729 (cm³)이고 모든 모서리의 길이를 각각 2배로 늘인 정육면체의 부피는
> 18×18×18=5832 (cm³)입니다. 따라서 각 모서리의 길이를 2배로 늘이면 부피는 5832÷729=8 (배)가 됩니다.

2 부피의 단위 | 139쪽

1 ③

2 방법1 400, 400, 400 / 64000000, 64
방법2 4, 4, 4 / 64

3 0.3 m³　　**4** 60　　**5** 324000 cm³

6 (1) 1000 cm³ (2) 1.6 m³ (3) 240 m³에 ○표

1 ③ 4000000 cm³=4 m³

2 방법1 400×400×400
=64000000 (cm³) ➡ 64 m³
방법2 정육면체의 한 모서리의 길이가
400 cm=4 m이므로 부피는
4×4×4=64 (m³)입니다.

3 1 m³=1000000 cm³이므로 지수의 침대의 부피는 2100000 cm³=2.1 m³입니다.
따라서 두 침대의 부피의 차는
2.1−1.8=0.3 (m³)입니다.

4 0.09 m³=90000 cm³이므로
50×30×□=90000, □=90000÷50÷30,
□=60 (cm)입니다.

5 주어진 입체도형은 오른쪽과 같이 큰 직육면체에서 작은 직육면체를 잘라낸 것과 같은 모양입니다.

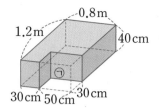

(전체 직육면체의 부피)$=0.8\times1.2\times0.4$
$\qquad\qquad\qquad\qquad\ =0.384\,(m^3)$
$\qquad\qquad\qquad\qquad\ \Rightarrow 384000\,cm^3$

($\bigcirc$의 부피)$=50\times30\times40=60000\,(cm^3)$
$\Rightarrow$ (주어진 입체도형의 부피)
$\qquad=$(전체 직육면체의 부피)$-$($\bigcirc$의 부피)
$\qquad=384000-60000=324000\,(cm^3)$

> **보충 개념**
> ($\bigcirc$의 가로)$=0.8\,m-30\,cm$
> $\qquad\qquad\ =80\,cm-30\,cm=50\,cm$

6 (1) 벽돌을 정육면체로 생각하면 한 모서리의 길이가 약 $10\,cm$이므로 벽돌의 부피는 약 $10\times10\times10=1000\,(cm^3)$입니다.

(2) 냉장고를 정육면체로 생각하면 한 모서리의 길이가 약 $1\,m$이므로 냉장고의 부피는 약 $1\times1\times1=1\,(m^3)$입니다.

(3) 교실 바닥의 가로는 약 $8\,m$, 세로는 약 $10\,m$, 높이는 약 $3\,m$이므로 교실의 부피는 약 $8\times10\times3=240\,(m^3)$입니다.

3 직육면체의 겉넓이
141쪽

1 $216\,cm^2$	**2** $142\,cm^2$	**3** $\textcircled{⑦}$
4 2	**5** $170\,cm^2$	**6** $10\,cm$

1 정육면체는 여섯 면이 합동입니다.
(정육면체의 겉넓이)$=$(한 면의 넓이)$\times6$
$\qquad\qquad\qquad\qquad\ =36\times6=216\,(cm^2)$

2 (직육면체의 겉넓이)
$\qquad=$(한 꼭짓점에서 만나는 세 면의 넓이의 합)$\times2$
$\qquad=(7\times5+5\times3+7\times3)\times2$
$\qquad=142\,(cm^2)$

3 ($\textcircled{⑦}$의 겉넓이)$=(4\times4)\times6=96\,(cm^2)$
($\textcircled{⑭}$의 겉넓이)$=(5\times4+4\times3+5\times3)\times2$
$\qquad\qquad\qquad\ =94\,(cm^2)$
따라서 $96>94$이므로 $\textcircled{⑦}$의 겉넓이가 더 넓습니다.

4 (직육면체의 겉넓이)
$\quad=(7\times4+4\times\square+7\times\square)\times2=100,$
$28+4\times\square+7\times\square=50,$
$28+\square\times11=50,\ \square\times11=22,\ \square=2\,(cm)$

> **보충 개념**
> $4\times\square=\square\times4=\underbrace{\square+\square+\square+\square}_{4개}$
> $7\times\square=\square\times7=\underbrace{\square+\square+\square+\square+\square+\square+\square}_{7개}$ $\Rightarrow\square\times11$

5 ★ 표시된 면은 정사각형이고 $25=5\times5$이므로 가로와 세로는 각각 $5\,cm$입니다.
(직육면체의 겉넓이)
$\quad=(5\times5+5\times6+5\times6)\times2=170\,(cm^2)$

6 (직육면체의 겉넓이)
$\quad=(18\times6+6\times8+18\times8)\times2=600\,(cm^2)$
겉넓이가 $600\,cm^2$인 정육면체의 한 면의 넓이는 $600\div6=100\,(cm^2)$이고 $100=10\times10$이므로 정육면체의 한 모서리의 길이는 $10\,cm$입니다.

> **보충 개념**
> 정육면체는 한 모서리의 길이가 모두 같고, 한 면의 넓이가 모두 같습니다.

MATH TOPIC
142~150쪽

1-1 4500개	**1-2** 6 cm	**1-3** 8
2-1 8	**2-2** $\bigcirc$, 245 cm^3	**2-3** 472 cm^3
3-1 2 cm	**3-2** 4 cm	**3-3** 8배
4-1 542 cm^2	**4-2** 12	**4-3** 450 cm^2
5-1 864 cm^2	**5-2** 726 cm^2	**5-3** 9배
6-1 2400 cm^2	**6-2** 1331 cm^3	**6-3** 240 cm^3
7-1 308 cm^3	**7-2** 14.5 cm	**8-1** 480 cm^3
심화9 81, 162 / 162, 324 / 324		**9-1** 4800 cm^2

1-1 (가로에 놓을 수 있는 지우개 수)$=30\div3=10$(개)

(세로에 놓을 수 있는 지우개 수)$=30\div2=15$(개)

(높이에 쌓을 수 있는 지우개 수)$=30\div1=30$(층)

가로에 10개, 세로에 15개, 높이에 30층을 쌓을 수 있으므로 지우개는 모두

$10\times15\times30=4500$(개) 쌓을 수 있습니다.

1-2 각설탕의 한 모서리의 길이가 1 cm이고 상자의 가로와 세로가 각각 5 cm, 8 cm이므로 가로와 세로에 놓을 수 있는 각설탕 수는 각각 5개, 8개입니다.

즉, 한 층에 $5\times8=40$(개)의 각설탕이 들어갑니다.

상자 안에 들어가는 각설탕이 240개이므로 한 층에 40개씩 놓으면 $240\div40=6$(층)이 됩니다.

따라서 한 모서리의 길이가 1 cm인 각설탕이 6층 쌓이므로 상자의 높이는 6 cm입니다.

1-3 주어진 직육면체의 두 모서리의 길이가 각각 2 m$=200$ cm이므로 두 모서리에 놓을 수 있는 정육면체의 수는 각각 $200\div40=5$(개)씩입니다.

$5\times5=25$(개)를 놓을 수 있는 면을 밑면으로 생각하면 높이에는 $500\div25=20$(층)을 놓을 수 있습니다.

따라서 정육면체의 한 모서리의 길이가 40 cm이므로 직육면체의 높이는 $40\times20=800$ (cm)

➡ 8 m입니다.

> **다른 풀이**
> 한 모서리의 길이가 40 cm인 정육면체 500개의 부피는 $40\times40\times40\times500=32000000$ (cm^3)이고 32000000 cm$^3=32$ m^{3}입니다.
> 정육면체 500개의 부피와 직육면체의 부피가 같으므로 $\square\times2\times2=32$, $\square\times4=32$, $\square=32\div4=8$ (m)입니다.

2-1 높이를 $\square$ cm라 하면

(직육면체의 부피)$=12\times3\times\square=288$이므로 $\square=288\div36=8$ (cm)입니다.

따라서 높이는 8 cm입니다.

2-2 ㉠과 ㉡의 한 면(가로가 7 cm, 세로가 5 cm인 면)을 직접 맞대어 비교해 보면 나머지 한 모서리의 길이가 6 cm$<$7 cm이므로 ㉡의 부피가 더 큽니다.

㉠과 ㉢의 한 면(가로가 5 cm, 세로가 6 cm인 면)을 직접 맞대어 비교해 보면 나머지 한 모서리의 길이가 7 cm$<$8 cm이므로 ㉢의 부피가 더 큽니다.

(㉡의 부피)$=7\times5\times7=245$ (cm^3)

(㉢의 부피)$=6\times8\times5=240$ (cm^3)

따라서 세 직육면체 중 부피가 가장 큰 것은 ㉡이고, ㉡의 부피는 245 cm^{3}입니다.

> **보충 개념**
> 가로, 세로, 높이 중 두 종류 이상의 길이가 같으면 직접 맞대어 부피를 비교할 수 있습니다.

2-3 주어진 입체도형의 부피는 여러 부분으로 나누어 구하거나 큰 직육면체의 부피에서 작은 직육면체의 부피를 빼서 구합니다.

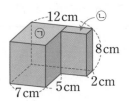

(주어진 입체도형의 부피)

$=$(㉠의 부피)$+$(㉡의 부피)

$=(7\times7\times8)+(5\times2\times8)$

$=392+80=472$ (cm^3)

> **다른 풀이**
> (주어진 입체도형의 부피)$=(12\times7\times8)-(5\times5\times8)$
> $\qquad\qquad\qquad\qquad\quad=672-200=472$ (cm^3)

3-1 ㉠의 한 모서리의 길이를 $\square$ cm라 하면

(정육면체의 부피)$=\square\times\square\times\square=125$이고,

$125=5\times5\times5$이므로 $\square=5$ (cm)입니다.

㉡의 한 모서리의 길이를 $\square$ cm라 하면

(정육면체의 부피)$=\square\times\square\times\square=27$이고,

$27=3\times3\times3$이므로 $\square=3$ (cm)입니다.

따라서 한 모서리의 길이의 차는 $5-3=2$ (cm)입니다.

3-2 (직육면체의 부피)$=8\times4\times2=64$ (cm^3)

정육면체의 한 모서리의 길이를 $\square$ cm라 하면

$\square\times\square\times\square=64$이고, $64=4\times4\times4$이므로 $\square=4$ (cm)입니다.

3-3 (처음 정육면체의 부피)$=3\times3\times3=27$ (cm^3)

모든 모서리의 길이를 각각 2배로 늘였으므로 늘인 정육면체의 한 모서리의 길이는 $3\times2=6$ (cm)입니다.

(늘인 정육면체의 부피)$=6\times6\times6=216$ (cm³)
따라서 늘인 정육면체의 부피는 처음 정육면체의
부피의 $216\div27=8$ (배)입니다.

> **다른 풀이**
> 처음 정육면체의 한 모서리의 길이를 ■ cm라 하면
> (처음 정육면체의 부피)$=$(■×■×■) cm³입니다.
> 모든 모서리의 길이를 각각 2배로 늘였으므로 늘인 정육
> 면체의 한 모서리의 길이는 (■×2) cm입니다.
> (늘인 정육면체의 부피)$=$■×2×■×2×■×2
> $\qquad\qquad\qquad\qquad=$(■×■×■×8) cm³
> 따라서 늘인 정육면체의 부피 (■×■×■×8) cm³는
> 처음 정육면체의 부피 (■×■×■) cm³의 8배입니다.

4-1 전개도를 접어서 서로 다른 세 모서리의 길이가 각
각 13 cm, 7 cm, 9 cm인 직육면체를 만들 수 있
습니다.
(직육면체의 겉넓이)
$=(13\times7+7\times9+13\times9)\times2$
$=271\times2=542$ (cm²)

4-2 (직육면체의 겉넓이)
$=(6\times\square+\square\times2+6\times2)\times2=216$이므로
$(6\times\square+\square\times2+12)\times2=216$,
$6\times\square+\square\times2+12=108$,
$\square\times8+12=108,\ \square\times8=96,$
$\square=96\div8=12$ (cm)입니다.

> **보충 개념**
>

4-3 (빗금 친 면의 한 변의 길이)$=36\div4=9$ (cm)
➡ (직육면체의 겉넓이)
$=(9\times9+9\times8+9\times8)\times2=450$ (cm²)

5-1 정육면체의 모서리의 수는 12개이므로 한 모서리
의 길이는 $144\div12=12$ (cm)입니다.
➡ (정육면체의 겉넓이)
$=$(한 면의 넓이)$\times6$
$=(12\times12)\times6=864$ (cm²)

5-2 정육면체는 가로, 세로, 높이가 모두 같으므로 나무

토막의 가장 짧은 모서리의 길이인 11 cm를 정육
면체의 한 모서리의 길이로 해야 합니다.
따라서 만들 수 있는 가장 큰 정육면체의 겉넓이는
$(11\times11)\times6=726$ (cm²)입니다.

5-3 (처음 정육면체의 겉넓이)
$=(3\times3)\times6=54$ (cm²)
모든 모서리의 길이를 각각 3배로 늘였으므로 늘인
정육면체의 한 모서리의 길이는 $3\times3=9$ (cm)입
니다.
(늘인 정육면체의 겉넓이)
$=(9\times9)\times6=486$ (cm²)
따라서 늘인 정육면체의 겉넓이는 처음 정육면체의
겉넓이의 $486\div54=9$ (배)입니다.

> **다른 풀이**
> 처음 정육면체의 한 모서리의 길이를 ■ cm라 하면
> (처음 정육면체의 겉넓이)$=$(■×■×6) cm²입니다.
> 모든 모서리의 길이를 각각 3배로 늘였으므로 늘인 정육
> 면체의 한 모서리의 길이는 (■×3) cm입니다.
> (늘인 정육면체의 겉넓이)$=$(■×3×■×3)×6
> $\qquad\qquad\qquad\qquad=$(■×■×54) cm²
> 따라서 늘인 정육면체의 겉넓이 (■×■×54) cm²는
> 처음 정육면체의 겉넓이 (■×■×6) cm²의
> $54\div6=9$ (배)입니다.

6-1 (정육면체의 부피)$=$(한 모서리의 길이)$\times$(한 모서
리의 길이)$\times$(한 모서리의 길이)이므로 같은 수를
세 번 곱해서 8000이 되는 수를 찾아봅니다.
$20\times20\times20=8000$이므로 한 모서리의 길이는
20 cm입니다.
따라서 한 모서리의 길이가 20 cm인 정육면체의
겉넓이는 $(20\times20)\times6=2400$ (cm²)입니다.

6-2 정육면체는 여섯 면의 넓이가 모두 같으므로
(정육면체의 한 면의 넓이)
$=$(정육면체의 겉넓이)$\div6$
$=726\div6=121$ (cm²)입니다.
정육면체의 한 면은 정사각형이고 $121=11\times11$
이므로 정육면체의 한 모서리의 길이는 11 cm입
니다.
➡ (정육면체의 부피)$=11\times11\times11$
$\qquad\qquad\qquad\qquad=1331$ (cm³)

6-3 직육면체의 높이를 □cm라 하면

(직육면체의 겉넓이)

$=(8\times6+6\times□+8\times□)\times2=236$,

$48+6\times□+8\times□=118$,

$48+□\times14=118$, $□\times14=70$,

$□=5$ (cm)입니다.

➡ (직육면체의 부피)$=8\times6\times5=240$ (cm³)

보충 개념

$6\times□=□\times6=\underbrace{□+□+□+□+□+□}_{\text{6개}}$

$8\times□=□\times8=\underbrace{□+□+□+□+□+□+□+□}_{\text{8개}}$

➡ $6\times□+8\times□=□\times14$

7-1 (줄어든 물의 높이)$=8-6=2$ (cm)

돌을 꺼낸 후 줄어든 부피만큼이 돌의 부피와 같습니다.

(돌의 부피)$=14\times11\times2=308$ (cm³)

보충 개념

물을 가득 채웠으므로 돌을 넣었을 때 물의 높이는 수조의 높이인 8 cm입니다.

7-2 (쇳덩어리의 부피)$=9\times9\times9=729$ (cm³)

물이 든 수조에 쇳덩어리를 넣으면 쇳덩어리의 부피인 729 cm³만큼 전체 부피가 늘어납니다.

$9\times18\times$ (늘어난 물의 높이)$=729$,

(늘어난 물의 높이)$=729÷9÷18=4.5$ (cm)

따라서 쇳덩어리를 넣으면 물의 높이는

$10+4.5=14.5$ (cm)가 됩니다.

8-1 상자를 묶은 끈의 길이를 식으로 나타내 봅니다.

㉮ 모양: (가로)$\times2+$(높이)$\times2=28$

㉯ 모양: (세로)$\times2+$(높이)$\times2=32$

㉰ 모양: (가로)$\times2+$(세로)$\times4+$(높이)$\times2=68$

㉰는 ㉮보다 세로만큼 4군데 더 사용했고, 그 길이는 $68-28=40$ (cm)입니다.

➡ (세로)$\times4=40$, (세로)$=10$ (cm)

세로의 길이가 10 cm이므로

$10\times2+$(높이)$\times2=32$, $20+$(높이)$\times2=32$,

(높이)$\times2=12$, (높이)$=6$ (cm)이고,

(가로)$\times2+6\times2=28$, (가로)$\times2+12=28$,

(가로)$\times2=16$, (가로)$=8$ (cm)입니다.

따라서 상자의 부피는 $8\times10\times6=480$ (cm³)입니다.

9-1 처음 백설기의 가로(또는 세로)가 50 cm이고 높이가 8 cm이므로 한 번 자를 때 겉넓이가

$50\times8=400$ (cm²)의 2배인

$400\times2=800$ (cm²)만큼 늘어납니다.

자른 선이 모두 6개이므로 선을 따라 밑면과 수직으로 6번 자른 것입니다.

따라서 한 번 자를 때마다 겉넓이가 800 cm²만큼 늘어나므로 자르기 전보다 겉넓이가

$800\times6=4800$ (cm²) 늘어납니다.

◆◆ **LEVEL UP TEST**　　　　　　　　　151~155쪽

1 220 cm³, 238 cm²　　**2** 4　　**3** 27배　　**4** 3 cm　　**5** 3476 cm³

6 8448 cm³　**7** 6 cm　　**8** 234 cm²　**9** 8 cm　　**10** 432 cm²　**11** 2160 cm²

12 1600 cm²　**13** 270 cm³　**14** 1350 cm³　**15** 96 cm²

1 145쪽 4번의 변형 심화 유형

접근 ≫ 위와 앞에서 본 모양으로 옆에서 본 모양을 상상해 봅니다.

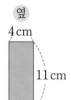
옆
4 cm
11 cm

옆에서 본 모양은 왼쪽과 같으므로 이 직육면체의 가로는 5 cm, 세로는 4 cm, 높이는 11 cm입니다.

(직육면체의 부피)$=5\times4\times11=220\,(cm^3)$

(직육면체의 겉넓이)$=(5\times4+4\times11+5\times11)\times2$
$$=119\times2=238\,(cm^2)$$

해결 전략
공통인 변 5 cm가 직육면체의 가로, 세로, 높이 중 어느 것인지 알아봐요.

2 144쪽 3번의 변형 심화 유형

접근 ≫ 정육면체의 부피를 구하여 m^3로 나타냅니다.

(정육면체의 부피)$=800\times800\times800=512000000\,(cm^3)$ ➡ $512\,m^3$이므로

(직육면체의 부피)$=16\times8\times\square=512,\ 128\times\square=512,$

$\square=512\div128=4\,(m)$입니다.

다른 풀이

(정육면체의 부피)$=8\times8\times8=512\,(m^3)$이므로

(직육면체의 부피)$=16\times8\times\square=512,\ 128\times\square=512,\ \square=512\div128=4\,(m)$입니다.

보충 개념
$1000000\,cm^3=1\,m^3$

주의
구하려는 길이를 cm로 나타내지 않도록 주의해요.

3 144쪽 3번의 변형 심화 유형

접근 ≫ 직육면체의 모서리의 길이와 부피의 관계를 생각해 봅니다.

(처음 직육면체의 부피)$=((가로)\times(세로)\times(높이))\,cm^3$

모든 모서리의 길이를 각각 3배로 늘였으므로

(늘인 직육면체의 부피)$=(가로)\times3\times(세로)\times3\times(높이)\times3$
$$=((가로)\times(세로)\times(높이)\times27)\,cm^3$$

따라서 늘인 직육면체의 부피는 처음 직육면체의 부피의 27배입니다.

$\underline{((가로)\times(세로)\times(높이)\times27)\,cm^3}$ $\underline{((가로)\times(세로)\times(높이))\,cm^3}$

해결 전략
세 모서리의 길이가 각각 3배가 되면 부피는
$3\times3\times3=27$ (배)가 돼요.

다른 풀이

(처음 직육면체의 부피)$=8\times5\times3=120\,(cm^3)$

모든 모서리의 길이를 각각 3배로 늘였으므로 늘인 직육면체의 가로는 24 cm, 세로는 15 cm, 높이는 9 cm가 됩니다.

(늘인 직육면체의 부피)$=24\times15\times9=3240\,(cm^3)$

따라서 늘인 직육면체의 부피는 처음 직육면체의 부피의 $3240\div120=27$ (배)입니다.

지도 가이드

직육면체의 모든 모서리의 길이를 각각 ■배했을 때의 부피를 구하는 문제입니다. 처음 직육면체의 부피와 늘인 직육면체의 부피를 각각 구하여 부피를 비교하는 것이 일반적이지만, 굳이 직육면체의 부피를 두 번이나 계산하지 않아도 비교할 수 있습니다. 다른 풀이에 제시된 방법으로 정답을 맞췄더라도 가로, 세로, 높이의 곱을 직접 구하지 않고 두 가지 곱셈식을 비교하여 해결하는 방법을 알려주세요. 단순히 부피의 공식에 수를 넣어 계산하는 것에서 나아가 부피의 성질을 직관적으로 이해하는 데 도움이 되는 문제입니다.

4 ^{143쪽 2번의 변형 심화 유형}

접근 ≫ (쌓기나무 ■개로 쌓은 입체도형의 부피)÷■=(쌓기나무 한 개의 부피)

사용된 쌓기나무의 개수는 1층에 12개, 2층에 4개로 모두 12+4=16(개)이므로

(쌓기나무 한 개의 부피)=432÷16=27 (cm³)입니다.

따라서 쌓기나무 한 개의 한 모서리의 길이를 □cm라 하면 □×□×□=27,

□=3 (cm)입니다.

해결 전략
쌓기나무의 개수를 이용하여 쌓기나무 한 개의 부피를 구해요.

5 **접근** ≫ 주어진 입체도형을 직육면체 여러 개로 나누어 봅니다.

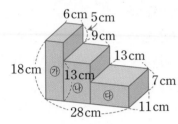

입체도형을 ㉮, ㉯, ㉰로 나누어 봅니다.

(㉮의 부피)=6×11×18=1188 (cm³)

(㉯의 부피)=9×11×13=1287 (cm³)

(㉰의 부피)=13×11×7=1001 (cm³)

따라서 주어진 입체도형의 부피는

(㉮의 부피)+(㉯의 부피)+(㉰의 부피)=1188+1287+1001=3476 (cm³)입니다.

해결 전략
세 개의 직육면체로 나누어 각각의 부피를 구한 다음 더해요.

^{서술형} **6** **접근** ≫ 주어진 그림을 직육면체의 전개도로 생각해 봅니다.

예 직사각형 모양의 종이로 만든 상자는 (가로)=60-8×2=44 (cm),

(세로)=40-8×2=24 (cm), (높이)=8 cm인 직육면체입니다.

따라서 만든 상자의 부피는 44×24×8=8448 (cm³)입니다.

보충 개념
높이가 8 cm이고, 위쪽이 뚫린 직육면체가 돼요.

채점 기준	배점
만든 상자의 가로, 세로, 높이를 알 수 있나요?	3점
만든 상자의 부피를 구할 수 있나요?	2점

7 **접근** ≫ 직육면체의 부피와 가로, 세로를 알면 높이를 구할 수 있습니다.

가로는 15 cm, 세로는 15 cm, 부피는 1800 cm³이므로 담을 수 있는 부분의 높이는 1800÷15÷15=8 (cm)입니다.

따라서 되의 $\frac{3}{4}$만큼 물을 채우면 물의 높이는 $8×\frac{3}{4}=6$ (cm)입니다.

보충 개념
(가로)×(세로)×(높이)
=(부피)
➡ (높이)
=(부피)÷(가로)÷(세로)

^{서술형} **8** **접근** ≫ 입체도형을 앞, 뒤, 양 옆, 위, 아래에서 볼 때 보이는 면을 세어 봅니다.

예 쌓기나무로 만든 입체도형의 겉면의 넓이는 쌓기나무의 한 면의 넓이의 26배입니다. 쌓기나무의 한 면의 넓이가 3×3=9 (cm²)이므로

입체도형의 겉넓이는 9×26=234 (cm²)입니다.

주의
쌓기나무가 6개이므로 만든 입체도형의 겉면이
6×6=36(개)라고 생각하면 틀려요.

채점 기준	배점
만든 입체도형의 겉넓이는 쌓기나무의 한 면의 넓이의 몇 배인지 알 수 있나요?	2점
입체도형의 겉넓이를 구할 수 있나요?	3점

다른 풀이
쌓기나무 6개의 면의 개수에서 겹쳐진 면의 개수를 빼면 $(6 \times 6) - (5 \times 2) = 36 - 10 = 26$ (개)
입니다.
쌓기나무의 한 면의 넓이가 $3 \times 3 = 9$ (cm²)이므로 입체도형의 겉넓이는 $9 \times 26 = 234$ (cm²)
입니다.

지도 가이드
쌓기나무 여러 개로 만든 입체도형의 겉넓이를 구할 때는, 바닥과 닿아 있는 면을 포함하여 모
든 겉면의 넓이를 생각해야 합니다. 겨냥도에서 보이지 않는 방향까지 상상하여 겉면을 빠짐없
이 셀 수 있도록 지도해 주세요.

142쪽 1번의 변형 심화 유형
9 접근 ≫ 주사위를 정육면체 모양으로 쌓으면 모든 모서리에 같은 개수가 놓입니다.

주사위 64개를 정육면체 모양으로 쌓았으므로 한 모서리에 놓은 주사위의 개수를
□개라고 하면 $\square \times \square \times \square = 64$이고, $64 = 4 \times 4 \times 4$이므로 $\square = 4$(개)입니다.
주사위의 한 모서리의 길이가 2 cm이므로 쌓은 정육면체의 한 모서리의 길이는
$2 \times 4 = 8$ (cm)입니다.

다른 풀이
한 모서리의 길이가 2 cm인 주사위의 부피는 $2 \times 2 \times 2 = 8$ (cm³)이므로 주사위 64개를 쌓은
정육면체의 부피는 $8 \times 64 = 512$ (cm³)입니다. 부피가 512 cm³인 정육면체의 한 모서리의 길
이를 □ cm라고 하면 $\square \times \square \times \square = 512$이고, $512 = 8 \times 8 \times 80$이므로 $\square = 8$ (cm)입니다.

10 접근 ≫ 먼저 색칠된 면이 몇 개인지 세어 봅니다.

색칠된 면이 $(5 \times 2 + 2 \times 2 + 5 \times 2) \times 2 = 48$(개)이므로 쌓기나무의 한 면의 넓이
는 $288 \div 48 = 6$ (cm²)입니다. 쌓기나무 20개의 면의 수는 $6 \times 20 = 120$(개)이고
색칠된 면이 48개이므로 색칠되지 않은 면의 수는 $120 - 48 = 72$(개)입니다.
따라서 색칠되지 않은 면의 넓이는 $6 \times 72 = 432$ (cm²)입니다.

150쪽 9번의 변형 심화 유형
11 접근 ≫ 한번 자를 때 생기는 단면의 넓이를 알아봅니다.

잘랐을 때 생기는 면의 넓이를 모두 구해 봅니다.

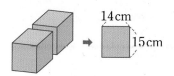

자르기 전 직육면체의 가로가 14 cm이고
높이가 15 cm이므로 한 번 자를 때 겉넓이가
$14 \times 15 = 210$ (cm²)의 2배인
$210 \times 2 = 420$ (cm²)만큼 늘어납니다.

보충 개념
• 앞, 뒤에서 본 모양:

• 왼쪽, 오른쪽에서 본 모양:

• 위, 아래에서 본 모양:

➡ (입체도형의 겉면의 수)
$= (4 + 4 + 5) \times 2 = 26$(개)

해결 전략
한 모서리에 놓은 주사위의
개수를 구한 다음 한 모서리
의 길이를 구해요.

주의
바닥과 닿아 있는 면도 색칠
해야 해요.

보충 개념
쌓기나무끼리 맞닿은 면은 색
칠되지 않아요.

보충 개념
잘랐을 때 자른 단면의 넓이
의 2배만큼 겉넓이가 늘어나
요.

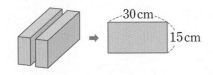 자르기 전 직육면체의 세로가 30 cm이고 높이가 15 cm이므로 한 번 자를 때 겉넓이가 $30 \times 15 = 450$ (cm²)의 2배인 $450 \times 2 = 900$ (cm²)만큼 늘어납니다.

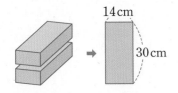 자르기 전 직육면체의 가로가 14 cm이고 세로가 30 cm이므로 한 번 자를 때 겉넓이가 $14 \times 30 = 420$ (cm²)의 2배인 $420 \times 2 = 840$ (cm²)만큼 늘어납니다.

따라서 선을 따라 자르면 자르기 전보다 겉넓이가 $420 + 900 + 840 = 2160$ (cm²) 늘어납니다.

해결 전략
잘린 면의 넓이만 늘어나므로 자른 후에 만들어진 모든 조각(8개의 직육면체)의 겉넓이를 각각 구할 필요는 없어요.

12 접근 ≫ 부피가 줄어들어도 겉넓이는 줄어들지 않을 수 있습니다.

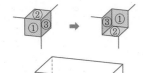 양쪽 꼭짓점 부분에서 각각 정육면체 모양만큼을 잘라내도 겉넓이는 변하지 않습니다.

모서리의 중간에서 정육면체 모양만큼을 잘라내면 색칠한 부분만큼 겉넓이가 늘어납니다. 자르기 전 직육면체의 겉넓이는

$(25 \times 15 + 15 \times 10 + 25 \times 10) \times 2 = 775 \times 2 = 1550$ (cm²)이고 색칠한 부분의 넓이는 $5 \times 5 \times 2 = 50$ (cm²)입니다.

따라서 이 입체도형의 겉넓이는 $1550 + 50 = 1600$ (cm²)입니다.

해결 전략
꼭짓점 부분의 겉넓이는 변하지 않으므로 중간 부분에서 늘어난 겉넓이만 생각해요.

13 149쪽 8번의 변형 심화 유형
접근 ≫ 끈의 길이에서 직육면체의 모서리와 길이가 같은 부분이 몇 군데인지 세어 봅니다.

합동인 면의 가로를 ■ cm, 세로를 ● cm라 하고 각 직육면체를 묶는 데 사용한 끈의 길이를 나타내면

(㉮에 사용한 끈의 길이)$= ■ \times 4 + ● \times 4 + 9 \times 4 = 80$,
$■ \times 4 + ● \times 4 + 36 = 80$, $■ \times 4 + ● \times 4 = 44$

(㉯에 사용한 끈의 길이)$= ■ \times 4 + ● \times 2 + 4 \times 6 = 80 - 24$,
$■ \times 4 + ● \times 2 + 24 = 56$, $■ \times 4 + ● \times 2 = 32$

㉮는 ㉯보다 ●만큼 2군데 더 사용했고, 그 길이는 $44 - 32 = 12$ (cm)입니다.

➡ $● \times 2 = 12$, $● = 6$ (cm)

●가 6 cm이므로 $■ \times 4 + 6 \times 4 = 44$에서 $■ \times 4 = 20$, $■ = 5$ (cm)입니다.

따라서 ㉮는 가로 5 cm, 세로 6 cm, 높이 9 cm이므로

㉮의 부피는 $5 \times 6 \times 9 = 270$ (cm³)입니다.

해결 전략
직육면체의 가로를 ■ cm, 세로를 ● cm라 하여 사용한 끈의 길이를 식으로 나타내요.

보충 개념
$■ \times 4 + ● \times 4 = 44$
$■ \times 4 + ● \times 2 = 32$
➡ $● \times 2 = 44 - 32 = 12$

14 접근 ≫ 비어 있는 부분의 부피를 생각해 봅니다.

물을 가득 채운 수조를 그림처럼 기울이면 앞에서 본 모습이 왼쪽과 같습니다.

해결 전략 1
수조 전체의 부피에서 비어 있는 부분의 부피를 빼요.

보충 개념
물의 표면은 바닥과 평행해요.

비어 있는 부분의 부피는 가로 10 cm, 세로 6 cm, 높이 15 cm인 직육면체의 부피의 절반입니다.

(비어 있는 부분의 부피)$=10 \times 6 \times 15 \times \dfrac{1}{2}=450$ (cm³)

(수조 전체의 부피)$=10 \times 15 \times 12=1800$ (cm³)

➡ (남은 물의 부피)=(수조 전체의 부피)−(비어 있는 부분의 부피)

$=1800-450=1350$ (cm³)

다른 풀이 1

남은 물의 부피는 왼쪽과 같이 수조 전체의 부피의 $\dfrac{3}{4}$입니다.

(수조 전체의 부피)$=10 \times 15 \times 12=1800$ (cm³)

(남은 물의 부피)$=1800 \times \dfrac{3}{4}=1350$ (cm³)

해결 전략 2
남은 물의 부피가 수조 전체의 부피의 몇 분의 몇인지 생각해 봐요.

다른 풀이 2

남은 물의 부피는 밑면이 왼쪽과 같은 사다리꼴이고 높이가 15 cm인 사각기둥의 부피와 같으므로

$(6+12) \times 10 \div 2 \times 15=18 \times 10 \div 2 \times 15=1350$ (cm³)입니다.

15 접근 ≫ 8개의 정육면체를 직육면체 모양으로 쌓는 경우를 모두 알아봅니다.

8개의 초콜릿을 직육면체 모양으로 쌓을 수 있는 경우는 모두 3가지입니다.
각 경우의 겉넓이를 구해 보면,

해결 전략
직육면체 모양으로 쌓는 3가지 경우의 겉넓이를 각각 구해 봐요.

주의
정육면체도 직육면체예요.

(가로 2 cm, 세로 2 cm, 높이 16 cm인 직육면체의 겉넓이)

$=(2 \times 2+2 \times 16+2 \times 16) \times 2$

$=68 \times 2=136$ (cm²)

(가로 2 cm, 세로 4 cm, 높이 8 cm인 직육면체의 겉넓이)

$=(2 \times 4+4 \times 8+2 \times 8) \times 2$

$=56 \times 2=112$ (cm²)

(한 모서리의 길이가 4 cm인 정육면체의 겉넓이)

$=(4 \times 4) \times 6=96$ (cm²)

따라서 포장지를 가장 적게 사용하려면 겉넓이가 96 cm²가 되도록 쌓아야 합니다.

∧∧ HIGH LEVEL

| **1** $1728\ \text{cm}^3$ | **2** $20\ \text{m}^3$ | **3** $6\ \text{cm}$ | **4** $6\ \text{cm}^2$ | **5** $49\ \text{cm}^2$ | **6** $72\ \text{cm}^3$ |
| **7** 260개 | **8** $12\ \text{cm}$ | **9** $760\ \text{cm}^3$ | | | |

1 142쪽 1번의 변형 심화 유형

접근 » 주어진 직육면체를 정육면체 모양의 상자 안에 빈틈없이 쌓는다고 생각해 봅니다.

만들 수 있는 가장 작은 정육면체의 한 모서리의 길이는 2, 3, 4의 최소공배수인 12 cm입니다. 따라서 만들 수 있는 가장 작은 정육면체의 부피는 $12 \times 12 \times 12 = 1728\ (\text{cm}^3)$입니다.

> **해결 전략**
> 정육면체는 가로, 세로, 높이의 길이가 같으므로 2, 3, 4의 공배수를 찾아요.

2 **접근 »** 뚫린 부분의 부피를 사각기둥 3개의 부피와 비교해 봅니다.

정육면체의 한 모서리의 길이가 3 m이므로 정육면체의 부피는 $3 \times 3 \times 3 = 27\ (\text{m}^3)$입니다. 뚫린 부분의 부피는 가로가 1 m, 세로가 1 m, 높이가 3 m인 직육면체의 부피의 3배에서 한 모서리의 길이가 1 m인 정육면체의 부피의 2배를 뺀 것과 같습니다.

(뚫린 부분의 부피)$= (1 \times 1 \times 3) \times 3 - (1 \times 1 \times 1) \times 2 = 9 - 2 = 7\ (\text{m}^3)$

따라서 이 입체도형의 부피는 $27 - 7 = 20\ (\text{m}^3)$입니다.

> **해결 전략**
> 전체에서 뚫린 부분의 부피를 빼고, 더 뺀 부분은 다시 더해요.

> **주의**
> 3개의 사각기둥은 겹치는 부분이 있어요.

다른 풀이

뚫린 부분은 한 모서리의 길이가 1 m인 정육면체의 부피의 7배와 같습니다.
따라서 정육면체의 부피가 $27\ \text{m}^3$이므로 이 입체도형의 부피는 $27 - 7 = 20\ (\text{m}^3)$입니다.

3 **접근 »** 칸막이를 없애면 물의 높이가 같아집니다.

왼쪽 부분에 담긴 물의 부피는 $20 \times 15 \times 3 = 900\ (\text{cm}^3)$이고, 오른쪽 부분에 담긴 물의 부피는 $15 \times 15 \times 10 = 2250\ (\text{cm}^3)$입니다.

칸막이를 없애면 $900 + 2250 = 3150\ (\text{cm}^3)$의 물을 가로 35 cm, 세로 15 cm인 수조에 넣은 것과 같습니다.

따라서 물의 높이는 $3150 \div 35 \div 15 = 6\ (\text{cm})$가 됩니다.

> **해결 전략**
> 두 부분에 담긴 물의 부피의 합을 구해요.

4 **접근 »** 입체도형을 앞, 뒤, 양 옆, 위, 아래에서 볼 때 보이는 면을 세어 봅니다.

오른쪽 입체도형을 위, 아래, 앞, 뒤, 왼쪽, 오른쪽에서 본 모습을 알아봅니다.

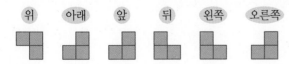

위　아래　앞　뒤　왼쪽　오른쪽

> **해결 전략**
> 주어진 입체도형 2개를 정육면체 모양이 되도록 붙여야 겉넓이가 가장 작아져요.

보이는 면은 모두 18개이고 한 면의 넓이는 $1\,\mathrm{cm}^2$이므로 주어진 입체도형의 겉넓이는 $18\,\mathrm{cm}^2$입니다.

이 입체도형 2개를 겉넓이가 가장 작게 되도록 붙여서 만든 도형은 오른쪽 과 같이 한 모서리의 길이가 $2\,\mathrm{cm}$인 정육면체 모양이 됩니다.

새로 만든 입체도형의 겉넓이는 $2\times2\times6=24\,(\mathrm{cm}^2)$이므로 새로 만든 입체도형과 처음 입체도형의 겉넓이의 차는 $24-18=6\,(\mathrm{cm}^2)$입니다.

> **지도 가이드**
> 주어진 입체도형 2개를 붙여 새로운 입체도형을 만들면 붙는 면은 없어집니다. 따라서 붙여 만든 입체도형의 겉넓이는 원래 입체도형의 겉넓이의 2배보다 작아집니다.

5 접근 » 주어진 입체도형의 겉넓이를 직육면체의 밑면과 옆면의 개수로 따져 봅니다.

ⓐ 직육면체의 겉넓이는 직사각형인 옆면 4개와 정사각형인 밑면 2개의 넓이의 합이고, ⓑ 입체도형의 겉넓이는 직사각형인 옆면 8개와 정사각형인 밑면 2개의 넓이의 합입니다. 즉, ⓑ 입체도형과 ⓐ 직육면체의 겉넓이의 차는 직사각형인 옆면 4개의 넓이와 같습니다.

ⓑ 입체도형과 ⓐ 직육면체의 겉넓이의 차는 $714-406=308\,(\mathrm{cm}^2)$이므로 옆면 한 개의 넓이는 $308\div4=77\,(\mathrm{cm}^2)$입니다.

ⓐ 직육면체의 겉넓이는 $406\,\mathrm{cm}^2$이고 한 옆면의 넓이는 $77\,\mathrm{cm}^2$이므로 직육면체의 한 밑면의 넓이는 $(406-77\times4)\div2=98\div2=49\,(\mathrm{cm}^2)$입니다.

> **보충 개념**
> 색칠한 면의 넓이의 합은 직사각형인 옆면의 넓이와 같아요.
>
>

6 접근 » ⓐ, ⓑ, ⓒ의 넓이를 가로, 세로, 높이를 이용해 식으로 나타내 봅니다.

(ⓐ의 넓이)=(가로)×(세로)=12, (ⓑ의 넓이)=(가로)×(높이)=18,
(ⓒ의 넓이)=(세로)×(높이)=24

위의 세 식을 모두 곱하면,

(ⓐ의 넓이)×(ⓑ의 넓이)×(ⓒ의 넓이)
=(가로)×(세로)×(가로)×(높이)×(세로)×(높이)=$12\times18\times24$이고
(직육면체의 부피)=(가로)×(세로)×(높이)이므로
(직육면체의 부피)×(직육면체의 부피)=$12\times18\times24$입니다.

> **해결 전략**
> $12\times18\times24=\square\times\square$를 만족하는 $\square$를 구해요.

$12=2\times2\times3,\ 18=2\times3\times3,\ 24=2\times2\times2\times3$이므로
$$12\times18\times24=\underbrace{2\times2\times2\times2\times2\times2}_{6개}\times\underbrace{3\times3\times3\times3}_{4개}$$
$$=(\underbrace{2\times2\times2}_{3개}\times\underbrace{3\times3}_{2개})\times(\underbrace{2\times2\times2}_{3개}\times\underbrace{3\times3}_{2개})$$
$$=72\times72$$로 나타낼 수 있습니다.

따라서 (직육면체의 부피)×(직육면체의 부피)=72×72이므로 직육면체의 부피는 $72\,\mathrm{cm}^3$입니다.

7 접근 ≫ 주어진 모양으로 쌓으려면 정육면체 모양에서 몇 개를 빼야 하는지 생각해 봅니다.

주어진 정육면체 모양을 만들 때 필요한 쌓기나무의 개수는 전체 정육면체 모양을 만드는 데 쓰이는 쌓기나무의 개수에서 안쪽에 비워진 부분에 들어가는 쌓기나무의 개수를 빼서 구합니다. 이때 안쪽에 비워진 부분의 가로(또는 세로)에는 직육면체의 가로(또는 세로)에 놓인 개수보다 2개가 덜 들어가고, 안쪽에 비워진 부분의 높이에는 직육면체의 높이에 쌓인 개수보다 1개가 덜 들어갑니다.

예를 들어, 한 모서리에 쌓기나무가 5개 놓인 경우에 필요한 쌓기나무의 개수는 $(5 \times 5 \times 5) - (3 \times 3 \times 4) = 125 - 36 = 89$(개)입니다.

필요한 쌓기나무의 개수가 300개보다 작으면서 가장 큰 경우를 찾아봅니다.

• 한 모서리에 쌓기나무가 7개 놓이는 경우:
  $(7 \times 7 \times 7) - (5 \times 5 \times 6) = 343 - 150 = 193$(개)

• 한 모서리에 쌓기나무가 8개 놓이는 경우
  $(8 \times 8 \times 8) - (6 \times 6 \times 7) = 512 - 252 = 260$(개)

• 한 모서리에 쌓기나무가 9개 놓이는 경우
  $(9 \times 9 \times 9) - (7 \times 7 \times 8) = 729 - 392 = 337$(개)

따라서 쌓기나무를 300개 가지고 있을 때, 최대한 큰 입체도형을 만들려면 260개의 쌓기나무를 사용해야 합니다.

해결 전략
한 모서리에 쌓기나무가 5개, 6개, 7개, … 놓이는 경우에 필요한 쌓기나무 수를 각각 구해 봐요.

주의
한 모서리에 쌓기나무가 9개씩 놓이게 만들면 쌓기나무가 300개보다 더 필요해요.

8 접근 ≫ 직육면체의 가로와 세로의 곱이 48 cm^2일 때, 겉넓이 구하는 식을 만들어 봅니다.

빗금 친 면의 넓이가 48 cm^2이므로 (가로)×(세로)＝48입니다.
(직육면체의 겉넓이)＝((가로)×(세로)＋(가로)×8＋(세로)×8)×2이므로
$(48 + (가로) \times 8 + (세로) \times 8) \times 2 = 352$, $48 + 8 \times ((가로) + (세로)) = 176$,
$8 \times ((가로) + (세로)) = 128$, (가로)＋(세로)＝16입니다.
가로와 세로의 합이 16이고 가로와 세로의 곱이 48인 두 자연수를 찾아봅니다.

해결 전략
합이 16, 곱이 48이 되는 두 수를 찾아봐요.

보충 개념
■×8＋▲×8은
■ 8개와 ▲ 8개의 합이므로
(■＋▲)×8과 같아요.

가로(cm)	1	2	3	4	5	6	7
세로(cm)	15	14	13	12	11	10	9
곱	15	28	39	48	55	60	63

따라서 두 수는 각각 4와 12이고, 가로가 세로보다 짧으므로 세로는 12 cm입니다.

가로를 ■ cm, 세로를 ▲ cm라 하면 빗금 친 면의 넓이가 48 cm²이므로 ■×▲=48입니다. 모든 모서리의 길이는 자연수이므로 곱해서 48이 되는 두 수 ■, ▲ 중에 ■<▲인 경우는 다음과 같습니다.

가로＝■ cm	1	2	3	4	6
세로＝▲ cm	48	24	16	12	8

이 중 (직육면체의 겉넓이)=(■×▲＋■×8＋▲×8)×2가 352 cm²가 되는 경우는 ■가 4, ▲가 12일 때입니다. 따라서 빗금 친 면의 세로는 12 cm입니다.

9 148쪽 7번의 변형 심화 유형
접근 》 물에 물체를 넣었을 때 늘어난 부피만큼이 물체의 부피입니다.

쇠구슬 20개를 넣자 물이 수조를 가득 채운 것으로도 모자라 수조 밖으로 넘쳤으므로, 쇠구슬 20개의 부피는 수조의 비어 있는 부분의 부피와 넘친 물의 부피의 합입니다.

(수조의 부피)=30×25×40=30000 (cm³) ➡ 30000 mL=30 L

(비어 있는 부분의 들이)=(수조의 들이)−(수조에 들어 있는 물의 들이)

$\qquad$ =30−15=15 (L)

(쇠구슬 20개의 부피)=15＋0.2=15.2 (L) ➡ 15200 mL=15200 cm³

(쇠구슬 1개의 부피)=15200÷20=760 (cm³)

주의
넘친 물의 양도 생각해야 해요.

교내 경시 1단원 분수의 나눗셈

01 $\dfrac{3}{5}$ m	**02** $\dfrac{1}{7}$	**03** $1\dfrac{2}{9}$ 배	**04** $1\dfrac{4}{7}$	**05** 5	**06** $1\dfrac{1}{17}$
07 250상자	**08** 5번	**09** $2\dfrac{1}{5}$ cm	**10** ㉢, ㉣, ㉠, ㉡	**11** 10분 18초	**12** $2\dfrac{1}{11}$ m
13 $\dfrac{17}{25}$	**14** $20\dfrac{2}{9}$ m²	**15** $\dfrac{24}{65}$	**16** $1\dfrac{3}{4}$ cm	**17** 오후 7시 40분 30초	
18 75개	**19** 18	**20** $3\dfrac{1}{3}$ cm			

01 접근 ≫ $2\dfrac{2}{5}$ 를 4로 나누었을 때의 몫을 구합니다.

(한 명이 가지게 되는 끈의 길이)$=2\dfrac{2}{5}\div4=\dfrac{12}{5}\div4=\dfrac{12\div4}{5}=\dfrac{3}{5}$(m)

해결 전략
(한 명이 가지는 끈의 길이)
$=$(전체 끈의 길이)
$\div$(사람 수)

02 접근 ≫ 먼저 $\dfrac{15}{7}\div5$ 의 몫을 구합니다.

$\dfrac{15}{7}\div5=\dfrac{15\div5}{7}=\dfrac{3}{7}$ 입니다.

$\square\times3=\dfrac{3}{7}$ 이므로 $\square=\dfrac{3}{7}\div3=\dfrac{3\div3}{7}=\dfrac{1}{7}$ 입니다.

보충 개념
$\square\times▲=●$
➡ $\square=●\div▲$

03 접근 ≫ 수직선의 눈금 한 칸의 크기를 구해 ㉮와 ㉯가 각각 나타내는 수를 찾습니다.

수직선의 눈금 한 칸의 크기는 $\dfrac{1}{6}$ 이므로 ㉮$=3\dfrac{4}{6}=3\dfrac{2}{3}$, ㉯$=3$입니다.

따라서 $3\dfrac{2}{3}\div3=\dfrac{11}{3}\times\dfrac{1}{3}=\dfrac{11}{9}=1\dfrac{2}{9}$(배)입니다.

해결 전략
(수직선의 눈금 한 칸의 크기)
$=1\div6=\dfrac{1}{6}$

04 접근 ≫ 나눗셈의 몫이 가장 크기 위한 조건을 생각해 봅니다.

$\dfrac{66}{7}=9\dfrac{3}{7}$ 이므로 가장 큰 수는 $\dfrac{66}{7}$ 이고, 가장 작은 수는 6입니다.

따라서 몫이 가장 큰 나눗셈식의 몫은 $\dfrac{66}{7}\div6=\dfrac{66\div6}{7}=\dfrac{11}{7}=1\dfrac{4}{7}$ 입니다.

해결 전략
몫이 가장 큰 나눗셈식은
(가장 큰 수)$\div$(가장 작은 수)
예요.

05
접근 ≫ 분수의 나눗셈을 분수의 곱셈으로 고친 뒤 식을 간단하게 만듭니다.

$$\frac{1}{\square} \div 5 = \frac{1}{\square} \times \frac{1}{5} = \frac{1}{\square \times 5}, \quad \frac{2}{3} \div 16 = \frac{\overset{1}{\cancel{2}}}{3} \times \frac{1}{\underset{8}{\cancel{16}}} = \frac{1}{24} \text{이므로}$$

$$\frac{1}{\square \times 5} < \frac{1}{24} \text{입니다.}$$

$\square \times 5 > 24$이므로 $\square = 5, 6, 7 \cdots$입니다.

따라서 $\square$ 안에 들어갈 수 있는 가장 작은 수는 5입니다.

주의

$\frac{1}{\square \times 5} < \frac{1}{24}$에서

$\square \times 5 < 24$라고 생각하지 않도록 해요.

보충 개념

$\frac{1}{\bullet} < \frac{1}{\blacksquare}$

➡ $\bullet > \blacksquare$

06
접근 ≫ 분모와 분자가 각각 어떻게 변하는지 살펴 보고 규칙을 찾습니다.

늘어놓은 수의 규칙을 알아보면 분모는 3부터 2씩 커지고, 분자는 1부터 5씩 커집니다.

$$\bigcirc = \frac{21+5}{11+2} = \frac{26}{13} = 2, \quad \bigcirc = \frac{31+5}{15+2} = \frac{36}{17} \text{이므로}$$

$$\bigcirc \div \bigcirc = \frac{36}{17} \div 2 = \frac{36 \div 2}{17} = \frac{18}{17} = 1\frac{1}{17} \text{입니다.}$$

해결 전략

분모와 분자가 각각 몇씩 커지는지 규칙을 찾아요.

07
접근 ≫ 먼저 단위를 똑같게 만듭니다.

$1\,t = 1000\,kg$이므로 $1\frac{1}{4}\,t = \frac{5}{4}\,t = \frac{5000}{4}\,kg$입니다.

따라서 $\frac{5000}{4} \div 5 = \frac{5000 \div 5}{4} = \frac{1000}{4} = 250$(상자)까지 실을 수 있습니다.

보충 개념

$1\,t = 1000\,kg$

08
접근 ≫ 먼저 수조에 더 채워야 할 물의 양을 구합니다.

수조에 더 채워야 할 물의 양은

$$11\frac{5}{6} - 2\frac{1}{2} = 11\frac{5}{6} - 2\frac{3}{6} = 9\frac{2}{6} = 9\frac{1}{3} \text{(L)입니다.}$$

$$9\frac{1}{3} \div 2 = \frac{28 \div 2}{3} = \frac{14}{3} = 4\frac{2}{3} \text{(번)이므로 적어도 5번 부어야 합니다.}$$

주의

$4\frac{2}{3}$번 ➡ 4번보다 많이 부어야 하므로 5번 부어요.

09 접근 » 삼각형의 넓이와 평행사변형의 넓이가 같음을 이용합니다.

$(\text{삼각형의 넓이}) = 6\dfrac{3}{5} \times 5\dfrac{1}{3} \div 2 = \dfrac{\overset{11}{\cancel{33}}}{5} \times \dfrac{\overset{8}{\cancel{16}}}{\underset{1}{\cancel{3}}} \times \dfrac{1}{\underset{1}{\cancel{2}}} = \dfrac{88}{5} = 17\dfrac{3}{5} \, (\text{cm}^2)$이므로

$(\text{평행사변형의 높이}) = 17\dfrac{3}{5} \div 8 = \dfrac{88 \div 8}{5} = \dfrac{11}{5} = 2\dfrac{1}{5} \, (\text{cm})$입니다.

보충 개념
(삼각형의 넓이)
$=(\text{밑변}) \times (\text{높이}) \div 2$
(평행사변형의 넓이)
$=(\text{밑변}) \times (\text{높이})$

10 접근 » 나눗셈이 있는 식을 곱셈으로 고친 뒤 곱하는 수의 크기를 비교합니다.

$ⓛ \times 1\dfrac{1}{3} = ⓛ \times \dfrac{4}{3}$, $ⓒ \div 9 = ⓒ \times \dfrac{1}{9}$, $ⓔ \div 6 = ⓔ \times \dfrac{1}{6}$이므로

$ⓖ \times \dfrac{5}{6} = ⓛ \times \dfrac{4}{3} = ⓒ \times \dfrac{1}{9} = ⓔ \times \dfrac{1}{6}$입니다.

곱하는 수의 크기가 $\dfrac{1}{9} < \dfrac{1}{6} < \dfrac{5}{6} < \dfrac{4}{3}$이므로 곱해지는 수의 크기는

$\underline{ⓒ > ⓔ > ⓖ > ⓛ}$입니다.

해결 전략
계산 결과가 모두 같을 때에는 곱하는 수가 작을수록 곱해지는 수가 큰 수예요.

11 접근 » 먼저 1분 동안 채워지는 물의 양을 구합니다.

1분 동안 채워지는 물의 양은 $3\dfrac{1}{4} + 2\dfrac{3}{4} = 5\dfrac{4}{4} = 6 \, (\text{L})$입니다.

따라서 욕조에 물을 가득 채우는 데 걸리는 시간은

$61\dfrac{4}{5} \div 6 = \dfrac{\overset{103}{\cancel{309}}}{5} \times \dfrac{1}{\underset{2}{\cancel{6}}} = \dfrac{103}{10} = 10\dfrac{3}{10} \, (\text{분}) \Rightarrow 10\dfrac{18}{60} \, \text{분} = 10분 \, 18초$입니다.

해결 전략
(물을 가득 채우는 데 걸리는 시간)$=(\text{전체 물의 양}) \div (1분 동안 채워지는 물의 양)$

12 접근 » 직사각형의 세로를 □ m라 하여 식을 세웁니다.

직사각형의 세로를 □ m라 하면 가로는 (□ × 4) m입니다.

$□ \times 4 - □ = 6\dfrac{3}{11}$, $□ \times 3 = 6\dfrac{3}{11}$,

$□ = 6\dfrac{3}{11} \div 3 = \dfrac{\overset{23}{\cancel{69}}}{11} \times \dfrac{1}{\underset{1}{\cancel{3}}} = \dfrac{23}{11} = 2\dfrac{1}{11} \, (\text{m})$입니다.

따라서 직사각형의 세로는 $2\dfrac{1}{11}$ m입니다.

보충 개념
●의 ■배
$\Rightarrow ● \times ■$

13 접근 ≫ 먼저 괄호 안의 식을 계산한 뒤 나머지 계산을 합니다.

$4\dfrac{1}{2} \bigstar \dfrac{1}{2} = (4\dfrac{1}{2} - \dfrac{1}{2}) \div (4\dfrac{1}{2} + \dfrac{1}{2}) = 4 \div 5 = \dfrac{4}{5}$입니다.

따라서 $4\dfrac{1}{5} \bigstar \dfrac{4}{5} = (4\dfrac{1}{5} - \dfrac{4}{5}) \div (4\dfrac{1}{5} + \dfrac{4}{5}) = 3\dfrac{2}{5} \div 5 = \dfrac{17}{5} \div 5$

$= \dfrac{17}{5} \times \dfrac{1}{5} = \dfrac{17}{25}$입니다.

주의

$4\dfrac{1}{5} \bigstar 4\dfrac{1}{2}$을 먼저 계산하지 않도록 해요.

14 접근 ≫ 먼저 한 통에 똑같이 나누어 담은 페인트의 양과 벽의 넓이를 각각 구합니다.

(한 통에 똑같이 나누어 담은 페인트의 양)$= (3\dfrac{1}{6} + 2\dfrac{5}{6}) \div 3 = 6 \div 3 = 2$ (L)

(벽의 넓이)$= 5\dfrac{4}{9} \times 7\dfrac{3}{7} = \dfrac{49}{9} \times \dfrac{\overset{7}{52}}{\underset{1}{7}} = \dfrac{364}{9} = 40\dfrac{4}{9}$ (m²)

(1 L의 페인트로 칠한 벽의 넓이)$= 40\dfrac{4}{9} \div 2 = \dfrac{\overset{182}{364}}{9} \times \dfrac{1}{\underset{1}{2}} = \dfrac{182}{9} = 20\dfrac{2}{9}$ (m²)

해결 전략

(■ L의 페인트로 칠한 넓이)
$=$(1 L의 페인트로 칠한 넓이)×■

(1 L의 페인트로 칠한 넓이)
$=$(■ L의 페인트로 칠한 넓이)÷■

15 접근 ≫ 먼저 세 사람이 각각 하루 동안 할 수 있는 일의 양을 구합니다.

전체 일의 양을 1이라 하면 세 사람이 각각 하루 동안 할 수 있는 일의 양은

명수: $\dfrac{9}{13} \div 6 = \dfrac{\overset{3}{9}}{13} \times \dfrac{1}{\underset{2}{6}} = \dfrac{3}{26}$, 지아: $\dfrac{24}{25} \div 12 = \dfrac{\overset{2}{24}}{25} \times \dfrac{1}{\underset{1}{12}} = \dfrac{2}{25}$,

선호: $\dfrac{15}{17} \div 9 = \dfrac{\overset{5}{15}}{17} \times \dfrac{1}{\underset{3}{9}} = \dfrac{5}{51}$입니다.

명수가 2일 동안 한 일은 $\dfrac{3}{\underset{13}{26}} \times \overset{1}{2} = \dfrac{3}{13}$, 지아가 5일 동안 한 일은 $\dfrac{2}{\underset{5}{25}} \times \overset{1}{5} = \dfrac{2}{5}$이

므로 선호가 해야 할 일의 양은 전체의 $1 - \dfrac{3}{13} - \dfrac{2}{5} = 1 - \dfrac{15}{65} - \dfrac{26}{65} = \dfrac{24}{65}$입니다.

해결 전략

선호가 해야 할 일은 전체 일의 양에서 명수가 2일 동안 한 일, 지아가 5일 동안 한 일을 뺀 양만큼이에요.

16 접근 ≫ 선분 ㄷㅁ의 길이를 □cm라 하여 식을 세웁니다.

(변 ㄷㄹ의 길이)$= 21 \div 3 = 7$ (cm)이고

(삼각형 ㄹㅁㄷ의 넓이)$= \overset{7}{21} \times \dfrac{7}{\underset{8}{24}} = \dfrac{49}{8} = 6\dfrac{1}{8}$ (cm²)입니다.

해결 전략

직사각형의 넓이를 이용하여 삼각형의 넓이와 높이를 구해요.

선분 ㄷㅁ의 길이를 □cm라 하면 □×7÷2=$6\frac{1}{8}$이므로

□=$6\frac{1}{8}$×2÷7=$\frac{\overset{7}{49}}{\underset{4}{8}}$×$\frac{1}{2}$×$\frac{1}{\underset{1}{7}}$=$\frac{7}{4}$=$1\frac{3}{4}$ (cm)입니다.

따라서 선분 ㄷㅁ의 길이는 $1\frac{3}{4}$ cm입니다.

17

접근 》 이 시계는 하루에 몇 분씩, 1시간에 몇 분씩 빨라지는지 각각 구합니다.

이 시계는 하루에 4÷3=4×$\frac{1}{3}$=$\frac{4}{3}$=$1\frac{1}{3}$ (분)씩,

1시간에 $1\frac{1}{3}$÷24=$\frac{\overset{1}{4}}{3}$×$\frac{1}{\underset{6}{24}}$=$\frac{1}{18}$ (분)씩 빨라집니다.

해결 전략
하루에 몇 분씩 빨라지는지 구한 다음, 1시간에 몇 분씩 빨라지는지 구해요.

6월 1일 오전 10시부터 7월 1일 오전 10시까지는 30일이므로

$1\frac{1}{3}$×30=$\frac{4}{\underset{1}{3}}$×$\overset{10}{30}$=40(분) 빨라지고, 7월 1일 오전 10시부터 오후 7시까지는

9시간이므로 $\frac{1}{\underset{2}{18}}$×$\overset{1}{9}$=$\frac{1}{2}$(분) 빨라집니다.

따라서 모두 40+$\frac{1}{2}$=$40\frac{1}{2}$(분) 빨라지고, $40\frac{1}{2}$분=$40\frac{30}{60}$분=40분 30초이므로 7월 1일 오후 7시에 이 시계가 가리키는 시각은 오후 7시 40분 30초입니다.

18

접근 》 ㉮ 바구니 1개, ㉯ 바구니 1개에 담는 귤의 양을 각각 □, △라 하여 식을 세웁니다.

전체 귤의 양을 1이라 하고 ㉮ 바구니 1개에 담을 수 있는 귤의 양을 □, ㉯ 바구니 1개에 담을 수 있는 귤의 양을 △라 하면 □+△=$\frac{1}{25}$이고 □×18+△×39=1입니다.

해결 전략
□+△=$\frac{1}{25}$을 이용하여 □×18+△×18의 값을 구해요.

□×18+△×18=(□+△)×18=$\frac{1}{25}$×18=$\frac{18}{25}$이므로

□×18+△×39=□×18+△×18+△×21=$\frac{18}{25}$+△×21=1이고,

△×21=1-$\frac{18}{25}$=$\frac{7}{25}$, △=$\frac{7}{25}$÷21=$\frac{\overset{1}{7}}{25}$×$\frac{1}{\underset{3}{21}}$=$\frac{1}{75}$입니다.

$\frac{1}{75}$×75=1이므로 전체 귤을 ㉯ 바구니에만 담으려면 ㉯ 바구니는 75개 필요합니다.

19 접근 ≫ ㉠의 값을 먼저 구한 뒤 ㉡의 값을 구합니다.

㉔ $\dfrac{1}{12} \times \dfrac{1}{2} = \dfrac{1}{㉠} \times \dfrac{1}{6}$, $\dfrac{1}{24} = \dfrac{1}{㉠ \times 6}$, $24 = ㉠ \times 6$, $㉠ = 4$입니다.

$\dfrac{1}{7} \times \dfrac{1}{㉠} = \dfrac{1}{2} \times \dfrac{1}{㉡}$, $\dfrac{1}{7 \times 4} = \dfrac{1}{2 \times ㉡}$, $\dfrac{1}{28} = \dfrac{1}{2 \times ㉡}$,

$28 = 2 \times ㉡$, $㉡ = 14$입니다.

따라서 $㉠ + ㉡ = 4 + 14 = 18$입니다.

채점 기준	배점
㉠과 ㉡의 값을 각각 구했나요?	4점
㉠ + ㉡의 값을 구했나요?	1점

20 접근 ≫ 먼저 1분 동안 타는 양초의 길이를 구합니다.

㉔ (54분 동안 탄 양초의 길이) $= 26 - 20 = 6$ (cm)이고,

(1분 동안 타는 양초의 길이) $= 6 \div 54 = \overset{1}{6} \times \dfrac{1}{\underset{9}{54}} = \dfrac{1}{9}$ (cm)입니다.

따라서 30분 동안 타는 양초의 길이는 $\dfrac{1}{\underset{3}{9}} \times \overset{10}{30} = \dfrac{10}{3} = 3\dfrac{1}{3}$ (cm)입니다.

채점 기준	배점
1분 동안 타는 양초의 길이를 구했나요?	3점
30분 동안 타는 양초의 길이를 구했나요?	2점

교내 경시 2단원 각기둥과 각뿔

01 풀이 참조	02 구각기둥	03 7개	04 175 cm	05 11개	06 팔각뿔
07 110 cm	08 448 cm²	09 십각뿔	10		11 육각형
12 1296 cm²	13 신오각기둥	14 216 cm²	15 3가지	16 432 cm²	17 108 cm
18 팔각뿔, 십이각뿔		19 396 cm²	20 18개		

10.

01 접근 ≫ 삼각기둥의 밑면은 2개이고, 옆면은 3개입니다.

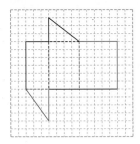

해결 전략
삼각기둥의 모서리를 잘라서 펼쳤을 때의 모습을 생각하며 그려요.

02 접근 ≫ 붙임 딱지가 붙어 있는 위치가 어디인지 잘 살펴봅니다.

각기둥의 한 밑면의 변의 수를 □개라 하면 모서리의 수는 (□×3)개, 꼭짓점의 수는 (□×2)개이므로 (□×3)＋(□×2)＝45, □×5＝45, □＝9(개)입니다.
따라서 붙임 딱지가 45개 사용되는 각기둥은 구각기둥입니다.

해결 전략
붙임 딱지가 붙어 있는 위치가 모서리와 꼭짓점이므로 모서리의 수와 꼭짓점의 수의 합이 45개인 각기둥을 구해요.

03 접근 ≫ 입체도형의 이름을 찾은 뒤, 면의 수를 구합니다.

밑면이 1개이고 옆면이 삼각형인 입체도형은 각뿔이고,
(각뿔의 모서리의 수)＝(밑면의 변의 수)×2＝12이므로
(밑면의 변의 수)＝12÷2＝6(개)입니다.
따라서 이 입체도형은 육각뿔이고, 육각뿔의 면의 수는 6＋1＝7(개)입니다.

보충 개념
• (□각뿔의 모서리의 수)
＝□×2
• (□각뿔의 면의 수)
＝□＋1

04 접근 ≫ 10 cm, 15 cm인 모서리가 각각 몇 개씩 있는지 찾습니다.

밑면이 정오각형인 각기둥이므로 오각기둥입니다.
오각기둥에서 길이가 10 cm인 모서리가 10개, 15 cm인 모서리가 5개이므로 모든 모서리의 길이의 합은 (10×10)＋(15×5)＝100＋75＝175 (cm)입니다.

해결 전략
밑면과 옆면의 모양으로 각기둥의 이름을 찾아 모든 모서리의 길이의 합을 구해요.

05 접근 ≫ 먼저 팔각기둥의 면의 수를 구합니다.

팔각기둥의 면의 수는 8＋2＝10(개)이므로 각뿔의 모서리의 수는
10×2＝20(개)입니다. (각뿔의 모서리의 수)＝(밑면의 변의 수)×2이므로 각뿔의 밑면의 변의 수는 20÷2＝10(개)입니다.
따라서 주어진 각뿔은 십각뿔이고 십각뿔의 꼭짓점의 수는 10＋1＝11(개)입니다.

해결 전략
각뿔의 밑면의 변의 수를 찾아 각뿔의 꼭짓점의 수를 구해요.

06 접근 》 각뿔의 밑면의 변의 수를 □개라 하여 면의 수를 이용하여 식을 세웁니다.

각뿔의 밑면의 변의 수를 □개라 하면 각뿔의 높이에 수직인 평면으로 잘랐을 때 자른 부분의 아래에 있는 입체도형의 면의 수는 (□+2)개가 됩니다.
□+2=10에서 □=8(개)이므로 자르기 전의 각뿔은 팔각뿔입니다.

지도 가이드
각뿔을 밑면과 평행하게 자르면 다음과 같이 각뿔대가 만들어집니다.

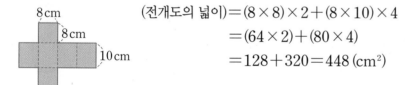

예) 오각뿔
  오각뿔대
  오각뿔

각뿔대는 중등에서 본격적인 학습을 하게 되므로 용어를 사용하지 않더라도 각뿔대의 모양을 살펴보고 □각뿔대와 □각기둥의 면의 수, 모서리의 수, 꼭짓점의 수가 각각 같음을 알 수 있게 지도해 주세요.

07 접근 》 먼저 어떤 입체도형의 전개도인지 찾습니다.

밑면이 오각형이고 옆면이 삼각형이므로 오각뿔의 전개도입니다. 전개도로 오각뿔을 만들어 보면 길이가 9 cm인 모서리가 5개, 13 cm인 모서리가 5개이므로 모든 모서리의 길이의 합은 $(9 \times 5)+(13 \times 5)=45+65=110$ (cm)입니다.

해결 전략
전개도를 접었을 때, 밑면과 옆면의 길이와 수를 각각 찾아 모든 모서리의 길이의 합을 구해요.

08 접근 》 주어진 사각기둥의 전개도를 그려 봅니다.

8 cm
8 cm
10 cm

$$(전개도의 넓이)=(8 \times 8) \times 2+(8 \times 10) \times 4$$
$$=(64 \times 2)+(80 \times 4)$$
$$=128+320=448 \,(cm^2)$$

해결 전략
전개도를 그려 보면 모양과 크기가 각각 같은 밑면이 2개, 옆면이 4개 있어요.

다른 풀이
각기둥의 전개도의 넓이는 각기둥의 겉넓이와 같습니다.
➡ $(전개도의 넓이)=(각기둥의 겉넓이)=(8 \times 8+8 \times 10+8 \times 10) \times 2$
$$=(64+80+80) \times 2=448 \,(cm^2)$$

09 접근 》 각기둥인지 각뿔인지 찾아 입체도형의 이름을 찾습니다.

밑면이 다각형이고 옆면이 삼각형이므로 각뿔입니다. 각뿔의 밑면의 변의 수를 □개라 하면 꼭짓점의 수는 (□+1)개, 모서리의 수는 (□×2)개이므로
$(□+1)+(□ \times 2)=31$, $□ \times 3+1=31$, $□ \times 3=30$, $□=10$(개)입니다.
따라서 이 입체도형은 십각뿔입니다.

해결 전략
□각뿔이 꼭짓점의 수는 (□+1)개, 모서리의 수는 (□×2)개예요.

10 접근 » **먼저 사각기둥의 각 꼭짓점의 위치를 전개도에 표시합니다.**

사각기둥의 각 꼭짓점을 전개도 위에 표시한 후 테이프가 붙여진 꼭짓점을 찾아 선을 긋습니다.

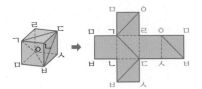

> 주의
> 사각기둥의 보이지 않는 부분에 붙여진 테이프 자리도 잊지 않고 찾아요.

11 접근 » **각뿔의 밑면의 변의 수를 ☐개라 하여 식을 세웁니다.**

각뿔의 밑면의 변의 수를 ☐개라 하면 모든 모서리의 길이의 합은 192 cm이므로
$14 \times$ ☐ $+ 18 \times$ ☐ $= 192$, $32 \times$ ☐ $= 192$, ☐ $= 6$(개)입니다.
따라서 이 각뿔의 밑면의 모양은 육각형입니다.

12 접근 » **옆면의 수를 찾아 필요한 포장지의 넓이를 구합니다.**

옆면의 모양이 직사각형이므로 이 입체도형은 각기둥이고, 모서리의 수가 18개이므로 한 밑면의 변의 수가 $18 \div 3 = 6$(개)인 육각기둥입니다.
따라서 육각기둥의 옆면은 6개이므로 필요한 포장지의 넓이는
$(12 \times 18) \times 6 = 216 \times 6 = 1296 \ (cm^2)$입니다.

> 해결 전략
> (필요한 포장지의 넓이)
> = (옆면 1개의 넓이)
> $\times$ (옆면의 수)

13 접근 » **각기둥의 한 밑면의 변의 수를 ☐개라 하여 식을 세웁니다.**

각기둥의 한 밑면의 변의 수를 ☐개라 하면 면의 수는 (☐ + 2)개,
모서리의 수는 (☐ × 3)개, 꼭짓점의 수는 (☐ × 2)개이므로 모두 더하면
(☐ + 2) + (☐ × 3) + (☐ × 2) = 92, ☐ × 6 + 2 = 92, ☐ × 6 = 90,
☐ = 15(개)입니다.
따라서 밑면의 모양이 십오각형인 각기둥이므로 십오각기둥입니다.

> 해결 전략
> ☐각기둥의 면의 수는
> (☐ + 2)개, 모서리의 수는
> (☐ × 3)개, 꼭짓점의 수는
> (☐ × 2)개예요.

14 접근 » **먼저 밑면과 옆면의 모양을 보고 이 각기둥의 높이를 찾습니다.**

밑면이 삼각형이고 옆면이 직사각형이므로 삼각기둥입니다.
이 삼각기둥의 높이는 9 cm이고 옆면은 3개의 직사각형으로 이루어져 있습니다.
따라서 옆면의 넓이의 합은
$(6 \times 9) + (8 \times 9) + (10 \times 9) = 54 + 72 + 90 = 216 \ (cm^2)$입니다.

> 해결 전략
> 밑면과 옆면에서 6 cm로 같은 길이의 변은 서로 만나는 부분이에요.

15

접근 ≫ 각기둥의 한 밑면의 변의 수를 □개라 하여 각기둥의 이름을 찾습니다.

각기둥의 한 밑면의 변의 수를 □개라 하면

(꼭짓점의 수)+(면의 수)=(□×2)+(□+2)=32,

□×3+2=32, □×3=30, □=10(개)이므로 십각기둥입니다.

십각기둥의 밑면에 칠한 색은 옆면에 칠할 수 없고, 옆면에는 2가지 색을 번갈아 칠

하면 되므로 색을 가장 적게 사용하려면 3가지 색이 필요합니다.

> **주의**
> 옆면의 수가 짝수이므로 2가지 색으로 번갈아 가며 칠할 수 있어요.

16

접근 ≫ 각기둥의 밑면의 한 변의 길이를 □cm라 하여 식을 세웁니다.

각기둥의 밑면의 한 변의 길이를 □cm라 하면 (□×8)×2+12×8=240이므

로 □×16+96=240, □×16=144, □=9 (cm)입니다.

각기둥의 전개도의 옆면 8개 중에서 색칠한 부분은 4개입니다.

따라서 색칠한 부분의 넓이는 (9×12)×4=432 (cm²)입니다.

> **해결 전략**
> 밑면의 한 변의 길이가 옆면 한 개의 가로와 같아요.

17

접근 ≫ 사각기둥의 가로, 세로, 높이를 각각 ㉠ cm, ㉡ cm, ㉢ cm로 나타내 봅니다.

사각기둥의 가로, 세로, 높이를 각각 ㉠cm, ㉡cm, ㉢cm라 하고

㉮, ㉯, ㉰의 넓이를 ㉠, ㉡, ㉢을 이용하여 나타냅니다.

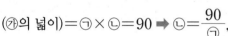

(㉮의 넓이)=㉠×㉡=90 ➡ ㉡=$\frac{90}{㉠}$,

(㉯의 넓이)=㉠×㉢=80 ➡ ㉢=$\frac{80}{㉠}$,

(㉰의 넓이)=㉡×㉢=72 ➡ $\frac{90}{㉠}×\frac{80}{㉠}=\frac{7200}{㉠×㉠}=72$,

㉠×㉠=7200÷72=100, ㉠=10

➡ ㉡=$\frac{90}{㉠}=\frac{90}{10}=9$, ㉢=$\frac{80}{㉠}=\frac{80}{10}=8$입니다.

따라서 사각기둥의 모든 모서리의 길이의 합은

(㉠+㉡+㉢)×4=(10+9+8)×4=108 (cm)입니다.

> **해결 전략**
> 사각기둥의 가로, 세로, 높이를 각각 구한 다음 사각기둥의 모든 모서리의 길이의 합을 구해요.

18

접근 ≫ 각뿔 ㉮, ㉯의 밑면의 변의 수를 각각 ㉠개, ㉡개라 하여 식을 세웁니다.

각뿔 ㉮의 밑면의 변의 수를 ㉠개라 하면 면의 수는 (㉠+1)개이고 모서리의 수는

(㉠×2)개입니다.

각뿔 ㉯의 밑면의 변의 수를 ㉡개라 하면 면의 수는 (㉡+1)개이고 모서리의 수는

(㉡×2)개입니다.

㉮의 꼭짓점의 수가 ㉯의 꼭짓점의 수보다 적고 면의 수의 차가 4개이므로

> **주의**
> ㉠+㉡=20이지만
> ㉡-㉠=4이므로
> ㉠=12, ㉡=8이라고
> 구하지 않도록 해요.

(ⓛ＋1)－(㉠＋1)＝4에서 ⓛ－㉠＝4이고, 모서리의 수의 합은 40개이므로 (㉠×2)＋(ⓛ×2)＝40에서 (㉠＋ⓛ)×2＝40, ㉠＋ⓛ＝20입니다. 따라서 ㉠＝8, ⓛ＝12이므로 각뿔 ㉮는 팔각뿔이고 각뿔 ㉯는 십이각뿔입니다.

19 접근 ≫ 먼저 빗금 친 면에 수직인 면을 모두 찾습니다.

⟮예⟯ 빗금 친 면은 각기둥의 밑면이고 각기둥에서 밑면과 수직인 면은 옆면입니다.
따라서 빗금 친 면에 수직인 면의 넓이의 합은
$(9 \times 11) + (15 \times 11) + (12 \times 11) = 99 + 165 + 132 = 396 \ (\text{cm}^2)$입니다.

채점 기준	배점
빗금 친 면에 수직인 면을 모두 찾았나요?	2점
빗금 친 면에 수직인 면의 넓이의 합을 구했나요?	3점

해결 전략
빗금 친 면에 수직인 면은 옆면이므로 각기둥의 모든 옆면의 넓이의 합을 구하면 돼요.

20 접근 ≫ 각뿔의 밑면의 변의 수를 □개라 하여 식을 세웁니다.

⟮예⟯ 각뿔의 밑면의 변의 수를 □개라 하면 면의 수는 (□＋1)개,
꼭짓점의 수도 (□＋1)개이므로 (□＋1)＋(□＋1)＝20, □＋□＋2＝20,
□＋□＝18, □＝9(개)입니다.
따라서 구각뿔이고 구각뿔의 모서리의 수는 9×2＝18(개)입니다.

채점 기준	배점
각뿔의 밑면의 변의 수를 구했나요?	3점
각뿔의 모서리의 수를 구했나요?	2점

해결 전략
각뿔의 밑면의 변의 수를 구한 다음 각뿔의 모서리의 수를 구해요.

교내 경시 3단원 소수의 나눗셈

01 5.25	**02** 11.2 m	**03** ⟮예⟯ 약 10 km, 9.9 km	**04** 5.2배	**05** 소미, 5번
06 4.24 cm	**07** 121번	**08** 35분 12초 **09** 1.4배	**10** 35.88 cm²	**11** 5
12 1.232 m	**13** 2.5	**14** 15.35 **15** 2.81	**16** 5시간 24분	**17** 1분 36초 후
18 53.125 cm²	**19** 0.95 km	**20** 207500원		

01 접근 ≫ 두 수직선의 눈금 한 칸의 크기를 각각 구합니다.

왼쪽 수직선은 작은 눈금 한 칸의 크기가 0.01이므로 ㉠은 15.75이고, 오른쪽 수직선은 작은 눈금 한 칸의 크기가 1이므로 ⓛ은 3입니다.
따라서 ㉠÷ⓛ＝15.75÷3＝5.25입니다.

보충 개념
(작은 눈금 한 칸의 크기)
＝(큰 눈금 한 칸의 크기)
  ÷(작은 눈금의 칸수)

02 접근 >> 나무 사이의 간격이 몇 군데인지 알아봅니다.

나무 9그루를 같은 간격으로 심으면 나무 사이의 간격은 $9-1=8$(군데) 생깁니다.
$89.6 \div 8 = 11.2$ (m)이므로 나무 사이의 간격을 11.2 m로 해야 합니다.

보충 개념
■개를 나란히 놓으면 간격은 (■-1)군데 생겨요.

03 접근 >> 자동차로 간 거리를 올림하여 어림한 값을 먼저 구합니다.

19.8 km는 약 20 km이고 $20 \div 2 = 10$ (km)이므로 자동차가 한 시간 동안 이동한 거리는 약 10 km라고 어림할 수 있습니다.
실제로 계산해 보면 자동차가 한 시간 동안 이동한 거리는
$19.8 \div 2 = 9.9$ (km)입니다.

해결 전략
19.8 km의 일의 자리 미만을 올림하여 간단하게 나타낸 다음 자동차가 한 시간 동안 이동한 거리를 어림하여 나타내요.

04 접근 >> 예서가 마신 우유의 양을 알아봅니다.

(예서가 마신 양)$=347.2-291.2=56$ (mL)입니다.
따라서 재훈이는 예서의 $291.2 \div 56 = 5.2$(배)를 마셨습니다.

해결 전략
재훈이는 예서의 몇 배
➡ (재훈이가 마신 양)$\div$(예서가 마신 양)

05 접근 >> 두 사람이 어항에 물을 부은 횟수를 각각 구해 비교합니다.

(소미가 부은 횟수)$=565.5 \div 40 = 14.1375$ ➡ 15번
(은수가 부은 횟수)$=668.5 \div 70 = 9.55$ ➡ 10번
따라서 소미가 물을 $15-10=5$(번) 더 많이 부었습니다.

주의
소미, 은수가 부은 횟수를 각각 14번, 9번이라고 하지 않도록 해요.

06 접근 >> 사다리꼴의 높이를 □cm라 하여 넓이를 구하는 식으로 나타냅니다.

사다리꼴의 높이를 □cm라 하면 $(4.2+5.8) \times □ \div 2 = 21.2$에서
$10 \times □ \div 2 = 21.2$, $□ = 21.2 \times 2 \div 10$, $□ = 42.4 \div 10 = 4.24$ (cm)입니다.
따라서 이 사다리꼴의 높이는 4.24 cm입니다.

보충 개념
(사다리꼴의 넓이)
$=($(윗변)$+$(아랫변)$)$
$\times$(높이)$\div 2$

07 접근 >> 사자가 한 번 뛸 때마다 얼룩말보다 몇 m를 더 가는지 생각해 봅니다.

사자가 한 번 뛸 때마다 얼룩말보다 $370-295=75$ (cm)를 더 갑니다.

주의
단위를 cm로 맞추어야 해요.

90.6 m＝9060 cm이므로 사자가 얼룩말을 따라잡기 위해서는
9060÷75＝120.8(번)을 뛰어야 합니다.
따라서 최소한 120＋1＝121(번)을 뛰어야 합니다.

08 접근 ≫ 먼저 새롬이가 1분 동안 갈 수 있는 거리를 구합니다.

(새롬이가 1분 동안 갈 수 있는 거리)＝0.6×45＝27 (m)이므로
(새롬이가 편의점까지 가는 데 걸리는 시간)＝950.4÷27＝35.2(분)입니다.
0.2분＝12초이므로 새롬이가 편의점까지 걸어가는 데 35분 12초가 걸립니다.

보충 개념
$0.2분＝\dfrac{2}{10}분$
$＝\dfrac{12}{60}분＝12초$

09 접근 ≫ 먼저 형의 몸무게를 이용하여 지수의 몸무게를 구합니다.

(지수의 몸무게)＝42×0.8＝33.6 (kg)이고
(동생의 몸무게)＝33.6×0.75＝25.2 (kg)입니다.
(지수와 동생의 몸무게의 합)＝33.6＋25.2＝58.8 (kg)이므로
지수와 동생의 몸무게의 합은 형의 몸무게의 58.8÷42＝1.4(배)입니다.

해결 전략
지수의 몸무게를 구한 뒤 동
생의 몸무게를 구하여 지수와
동생의 몸무게의 합은 형의
몸무게의 몇 배인지 구해요.

10 접근 ≫ 변 ㄴㄷ을 두 삼각형의 밑변으로 생각합니다.

변 ㄴㄷ의 길이를 □cm라 하면 (삼각형 ㄱㄴㄷ의 넓이)＝□×6÷2＝37.44,
□＝37.44×2÷6＝74.88÷6＝12.48 (cm)입니다.
따라서 삼각형 ㄹㄴㄷ의 넓이는 12.48×5.75÷2＝71.76÷2＝35.88 (cm²)입
니다.

해결 전략
삼각형 ㄱㄴㄷ의 넓이를 이
용하여 변 ㄴㄷ의 길이를 구
한 뒤 삼각형 ㄹㄴㄷ의 넓이
를 구해요.

11 접근 ≫ 나눗셈을 하여 소수점 아래 반복되는 수를 찾습니다.

32.5÷11＝2.9545454545……이므로 소수 둘째 자리부터 5, 4가 반복됩니다.
소수 첫째 자리를 제외하고 짝수 번째 자리 수는 5, 홀수 번째 자리 수는 4이므로
소수 150째 자리 수는 5입니다.

12 접근 ≫ 직사각형의 넓이와 가로를 알면 세로를 구할 수 있습니다.

(정사각형의 넓이)＝2.8×2.8＝7.84 (m²)입니다.
직사각형의 가로는 2.8＋2.2＝5 (m)이므로 세로는 7.84÷5＝1.568 (m)로 해

야 합니다. 따라서 세로는 정사각형의 한 변의 길이를
$2.8-1.568=1.232$ (m)만큼 줄여야 합니다.

주의
새로 만든 직사각형의 세로
길이를 답으로 쓰지 않도록
해요.

13 접근 » 어떤 소수를 □라 하여 식을 세웁니다.

어떤 소수를 □라 하여 □의 소수점을 오른쪽으로 한 자리 옮기면 $10 \times □$가 됩니다.
$10 \times □ - □ = 22.5$, $9 \times □ = 22.5$, $□ = 22.5 \div 9 = 2.5$입니다.
따라서 처음 소수는 2.5입니다.

보충 개념
2.5   25
10배

14 접근 » 어떤 수를 □라 하여 나눗셈식을 세웁니다.

어떤 수를 □라 하면 $(□+0.7) \div 50 = 6 \cdots 7$에서
$□+0.7 = 50 \times 6 + 7 = 307$, $□ = 307 - 0.7 = 306.3$입니다.
따라서 바르게 계산하면 $(306.3+0.7) \div 20 = 307 \div 20 = 15.35$입니다.

주의
어떤 수를 구한 다음 바르게
계산한 값을 구해야 해요.

15 접근 » 주어진 두 식을 이용하여 ●에 관한 식으로 나타냅니다.

$▲ \div ● = 14$이므로 $▲ = 14 \times ●$입니다.
$▲ + ● = 42.15$에서 $14 \times ● + ● = 42.15$, $15 \times ● = 42.15$, $● = 2.81$입니다.

보충 개념
$▲ \div ● = □$
➡ $▲ = □ \times ●$

16 접근 » 먼저 강물이 1시간 동안 흐르는 거리를 구합니다.

강물이 흐르는 방향으로 가므로 배가 강을 따라 간 거리는 강물이 흐르는 거리와 배가 간 거리를 더해서 구합니다.
(강물이 1시간 동안 흐르는 거리)$=51.9 \div 3 = 17.3$ (km)이므로
(배가 강을 따라 1시간 동안 가는 거리)$=34.7 + 17.3 = 52$ (km)입니다.
$280.8 \div 52 = 5.4$(시간)이고 0.4시간$=24$분이므로 5시간 24분이 걸립니다.

주의
배가 강물이 흐르는 방향을
따라 가고 있으므로 배가 움
직인 거리는 강물이 흐르는
거리와 배가 간 거리를 더해
서 구해야 해요.

17 접근 » 두 양초의 길이가 같아지는 때의 두 양초의 길이를 각각 구합니다.

불을 똑같이 붙인 다음 두 양초의 길이가 같아지는 때를 □분 후라 하면, 길이가 25.32 cm인 양초의 길이는 □분 후 $(25.32 - 1.5 \times □)$ cm가 되고 길이가 28.52 cm인 양초의 길이는 □분 후 $(28.52 - 3.5 \times □)$ cm가 됩니다.
이 두 양초의 길이가 같아져야 하므로 $25.32 - 1.5 \times □ = 28.52 - 3.5 \times □$,
$2 \times □ = 3.2$, $□ = 3.2 \div 2 = 1.6$(분 후)입니다.

해결 전략
양초가 타면 시간이 지날수록
길이가 줄어드는 것이므로 처
음 길이에서 시간에 따라 줄
어드는 길이를 빼서 구해요.

0.6분＝36초이므로 두 양초의 길이가 같아지는 때는 두 양초에 동시에 불을 붙이고
1분 36초 후입니다.

18 접근 ≫ 색칠된 부분의 넓이를 구하는 규칙을 찾습니다.

(첫 번째 모양의 색칠된 부분의 넓이)＝(정삼각형의 넓이)÷4

(두 번째 모양의 색칠된 부분의 넓이)

＝(정삼각형의 넓이)÷4＋(정삼각형의 넓이)÷4÷4

(세 번째 모양의 색칠된 부분의 넓이)

＝(정삼각형의 넓이)÷4＋(정삼각형의 넓이)÷4÷4＋(정삼각형의 넓이)

　　÷4÷4÷4

(네 번째 모양의 색칠된 부분의 넓이)

＝(정삼각형의 넓이)÷4＋(정삼각형의 넓이)÷4÷4＋(정삼각형의 넓이)

　　÷4÷4÷4＋(정삼각형의 넓이)÷4÷4÷4÷4

＝160÷4＋160÷4÷4＋160÷4÷4÷4＋160÷4÷4÷4÷4

＝40＋10＋2.5＋0.625＝53.125 (cm²)

해결 전략
정삼각형을 4등분 한 것 중 한 칸의 넓이는 (정삼각형의 넓이)÷4와 같아요.

19 접근 ≫ m 단위를 km 단위로 고친 뒤 기차가 1분 동안 달린 거리를 구합니다.

예 기차의 길이는 70 m＝0.07 km이므로 기차가 터널을 완전히 통과하려면
2.78＋0.07＝2.85 (km)를 달려야 합니다.
따라서 기차가 1분 동안 달린 거리는 2.85÷3＝0.95 (km)입니다.

채점 기준	배점
기차가 터널을 완전히 통과하는 데 달린 거리를 구했나요?	2점
기차가 1분 동안 달린 거리를 구했나요?	3점

해결 전략
(기차가 터널을 완전히 통과할 때 달려야 하는 거리)
＝(터널의 길이)
　＋(기차의 길이)

20 접근 ≫ 먼저 팔 수 있는 고구마와 감자는 각각 몇 상자인지 구합니다.

예 팔 수 있는 고구마는 95.4÷5＝19.08에서 19상자이고
팔 수 있는 감자는 87.2÷4＝21.8에서 21상자입니다.
따라서 고구마와 감자를 팔아서 번 돈은 모두
6500×19＋4000×21＝123500＋84000＝207500(원)입니다.

채점 기준	배점
팔 수 있는 고구마와 감자의 상자 수를 각각 구했나요?	3점
고구마와 감자를 팔아서 번 돈은 모두 얼마인지 구했나요?	2점

해결 전략
팔 수 있는 고구마와 감자는 각각 19.08상자, 21.8상자인데 소수점 아래 수는 버려야 하므로 각각 19상자, 21상자가 돼요.

01 150:130	**02** 0.25	**03** ㉡, ㉢, ㉠	**04** 25 %				
05 (예)		**06** 840명	**07** 1512 cm²	**08** ㉮ 은행		**09** 5 kg	
		10 0.15	**11** ㉮ 서점, 275원	**12** 62.5 %		**13** $\frac{5}{11}$	
14 42.5 %	**15** 73.1 %	**16** 256명	**17** 200 g	**18** 8 %		**19** 9	
20 2250원							

01

접근 ≫ **여학생 수를 구한 뒤 여학생 수에 대한 남학생 수의 비를 구합니다.**

(여학생 수)=(전체 학생 수)−(남학생 수)=280−150=130(명)

➡ (남학생 수) : (여학생 수)=150 : 130

보충 개념

150 : 130은 각각 10으로 나누어지므로
(150÷10) : (130÷10)
=15 : 13으로 나타낼 수 있어요.

02

접근 ≫ **전체 곡식의 양을 구한 뒤 전체 곡식의 양에 대한 귀리의 양의 비율을 구합니다.**

(전체 곡식의 양)=(쌀의 양)+(귀리의 양)+(수수의 양)

$\qquad\qquad$ =200+125+175=500 (g)이므로

(귀리의 양) : (전체 곡식의 양)=125 : 500입니다.

따라서 잡곡밥에 들어간 전체 곡식의 양에 대한 귀리의 양의 비율을 소수로 나타내면

$\frac{125}{500}=\frac{25}{100}=0.25$입니다.

보충 개념

분수의 분모를 100으로 만들면 소수로 나타내기 쉬워요.

03

접근 ≫ (비율)=$\dfrac{(비교하는\ 양)}{(기준량)}$

㉠ 7 : 50 ➡ $\dfrac{7}{50}=\dfrac{14}{100}=0.14$

㉡ 10에 대한 11의 비 ➡ $\dfrac{11}{10}=1\dfrac{1}{10}=1.1$

㉢ 23의 25에 대한 비 ➡ $\dfrac{23}{25}=\dfrac{92}{100}=0.92$

따라서 ㉡>㉢>㉠입니다.

해결 전략

· ■에 대한 ▲의 비율 ➡ $\dfrac{▲}{■}$

· ▲의 ■에 대한 비율 ➡ $\dfrac{▲}{■}$

04 접근 ≫ 전체 책의 수를 구한 뒤 동화책의 백분율을 구합니다.

(전체 책의 수)$=16+12+20=48$(권)입니다.

(동화책의 수) : (전체 책의 수)$=12:48$이므로

(전체 책의 수에 대한 동화책 수의 비율)$=\dfrac{12}{48}=\dfrac{1}{4}$ ➡ $\dfrac{1}{4}\times100=25$ (%)입니다.

해결 전략
(비율)$\times100=$(백분율) (%)

05 접근 ≫ 백분율의 기준량은 100입니다.

$42.5\,\%$ ➡ $\dfrac{42.5}{100}=\dfrac{425}{1000}=\dfrac{17}{40}$이므로 40칸 중에 17칸을 색칠합니다.

해결 전략
전체가 40칸이므로 분모를 40으로 나타내면 분자가 칠해야 하는 칸수가 돼요.

06 접근 ≫ 경쟁률을 이용하여 합격률을 찾습니다.

경쟁률이 $20:1$이므로 합격률은 $\dfrac{1}{20}$입니다.

지원한 사람의 $\dfrac{1}{20}$인 42명이 합격했으므로 지원한 사람은 $42\times20=840$(명)입니다.

해결 전략
경쟁률 ■ : 1
➡ 합격률 $\dfrac{1}{■}$

07 접근 ≫ 직사각형의 가로를 구한 뒤 직사각형의 넓이를 구합니다.

$\dfrac{(가로)}{(세로)}=\dfrac{6}{7}$이므로 (가로)$=\overset{6}{\cancel{42}}\times\dfrac{6}{\underset{1}{\cancel{7}}}=36$ (cm)입니다.

따라서 직사각형의 넓이는 $36\times42=1512$ (cm²)입니다.

보충 개념
(직사각형의 넓이)
$=$(가로)$\times$(세로)

08 접근 ≫ 두 은행의 1개월 이자를 각각 알아봅니다.

(㉮ 은행의 1개월 이자)$=4000\div8=500$(원)

➡ (이자율)$=\dfrac{500}{40000}=\dfrac{125}{10000}=0.0125$

(㉯ 은행의 1개월 이자)$=6600\div11=600$(원)

➡ (이자율)$=\dfrac{600}{50000}=\dfrac{120}{10000}=\dfrac{12}{1000}=0.012$

$0.0125>0.012$이므로 ㉮ 은행에 예금하는 것이 더 이익입니다.

해결 전략
(이자율)$=\dfrac{(이자)}{(예금한 금액)}$

09 접근 ≫ 전체의 백분율은 100 %입니다.

전체의 60 %가 3 kg이므로 전체의 10 %는 $3 \div 6 = 0.5$ (kg)입니다.
따라서 전체 방울토마토는 $0.5 \times 10 = 5$ (kg)입니다.

해결 전략
전체의 10 %가 몇 kg인지 구해서 전체 방울토마토의 양을 구해요.

10 접근 ≫ ㉯에 대한 ㉰의 비율을 분수로 나타냅니다.

㉮에 대한 ㉯의 비율은 $\dfrac{㉯}{㉮} = \dfrac{3}{4}$이고,

㉯에 대한 ㉰의 비율은 $\dfrac{㉰}{㉯} = 0.2 = \dfrac{2}{10} = \dfrac{1}{5}$입니다.

따라서 ㉮에 대한 ㉰의 비율은 $\dfrac{㉰}{㉮} = \dfrac{㉯}{㉮} \times \dfrac{㉰}{㉯} = \dfrac{3}{4} \times \dfrac{1}{5} = \dfrac{3}{20} = \dfrac{15}{100} = 0.15$
입니다.

해결 전략
$\dfrac{1}{\cancel{㉯}} \times \dfrac{㉰}{\cancel{㉯}} = \dfrac{㉰}{㉮}$이므로

$\dfrac{㉰}{㉮} = \dfrac{㉯}{㉮} \times \dfrac{㉰}{㉯}$로 나타낼 수 있어요.

11 접근 ≫ 먼저 ㉮ 서점과 ㉯ 서점의 판매 가격을 각각 구합니다.

(㉮ 서점의 판매 가격) $= 11000 - 11000 \times \dfrac{15}{100}$
$\qquad\qquad\qquad\qquad\quad = 11000 - 1650 = 9350$(원)이고,

(㉯ 서점의 판매 가격) $= 11000 - 11000 \times \dfrac{1}{8}$
$\qquad\qquad\qquad\qquad\quad = 11000 - 1375 = 9625$(원)입니다.

따라서 ㉮ 서점에서 판매하는 책이 $9625 - 9350 = 275$(원) 더 쌉니다.

해결 전략
(할인된 판매 가격)
＝(원래 가격)－(할인 금액)

12 접근 ≫ 직사각형을 똑같은 모양 8개로 나누어 봅니다.

(색칠한 부분의 넓이) $=$ (㉠의 넓이) $\times 5$
(전체 직사각형의 넓이) $=$ (㉠의 넓이) $\times 8$

따라서 색칠한 부분의 넓이는 전체 직사각형의 넓이의 $\dfrac{5}{8}$이므로

$\dfrac{5}{8} \times 100 = 62.5$ (%)입니다.

해결 전략
색칠한 부분은 전체 직사각형을 8로 나눈 것 중의 5예요.

13 접근 ≫ 먼저 은수와 어머니의 현재 나이를 각각 구합니다.

현재 나이의 비가 $1 : 3$이므로 $48 \div 4 = 12$에서 은수의 나이는 12살, 어머니의 나이는 36살입니다.

8년 후의 은수의 나이는 $12+8=20$(살)이고, 어머니의 나이는 $36+8=44$(살)이므로 $\dfrac{(\text{은수의 나이})}{(\text{어머니의 나이})}=\dfrac{20}{44}=\dfrac{5}{11}$입니다.

> **주의**
> 비율을 기약분수로 나타내요.

14 접근 ≫ 이익을 구한 뒤 원가에 대한 이익의 비율을 구합니다.

(사과를 팔아서 얻은 금액)$=950\times30=28500$(원)이므로
(이익)$=28500-20000=8500$(원)입니다.

따라서 원가에 대한 이익의 비율은 $\dfrac{8500}{20000}=\dfrac{17}{40}$ ➡ $\dfrac{17}{40}\times100=42.5\,(\%)$입니다.

> **해결 전략**
> (이익)$=$(판매 가격)$-$(원가)

15 접근 ≫ 하람이의 몸무게를 이용하여 소라의 몸무게를 나타냅니다.

(소라의 몸무게)$=$(하람이의 몸무게)$\times0.85$
$\qquad\qquad\qquad=(($서준이의 몸무게$)\times(1-0.14))\times0.85$
$\qquad\qquad\qquad=($서준이의 몸무게$)\times0.86\times0.85$

따라서 소라의 몸무게는 서준이의 몸무게의 $0.86\times0.85=0.731$ ➡ $73.1\,\%$입니다.

> **해결 전략**
> 하람이의 몸무게는 서준이의 몸무게보다 14 % 가벼우므로 전체 1에서 0.14를 빼서 나타내요.

> **다른 풀이**
> 서준이의 몸무게를 1이라 하면 하람이의 몸무게는 $1-0.14=0.86$이고 소라의 몸무게는 $0.86\times0.85=0.731$입니다.
> 따라서 소라의 몸무게를 백분율로 나타내면 $0.731\times100=73.1\,(\%)$입니다.

16 접근 ≫ 수학을 좋아하는 학생 수부터 알아봅니다.

수학을 좋아하는 학생의 $35\,\%$인 56명이 영어를 좋아하므로 수학을 좋아하는 학생을 전체로 봤을 때 전체의 $5\,\%$는 $56\div7=8$(명)이고,
전체 $100\,\%$는 $8\times20=160$(명)입니다.

수학을 좋아하는 학생이 160명이고 이는 6학년 학생 중 $\dfrac{5}{8}$이므로 6학년 학생의 $\dfrac{1}{8}$은 $160\div5=32$(명)이고 6학년 학생 전체는 $32\times8=256$(명)입니다.

> **해결 전략**
> (전체의 35 %)$\div7$
> $\qquad=$(전체의 5 %)
> (전체의 5 %)$\times20$
> $\qquad=$(전체 100 %)

17 접근 ≫ 먼저 진하기가 $12\,\%$인 소금물에 녹아 있는 소금의 양을 구합니다.

(진하기가 $12\,\%$인 소금물에 녹아 있는 소금의 양)$=400\times\dfrac{12}{100}=48\,(\text{g})$
더 넣은 물의 양을 $\square$g이라 하면

> **해결 전략**
> (소금의 진하기)
> $=\dfrac{(\text{소금 양})}{(\text{소금물 양})}$

(물을 더 넣은 소금물의 진하기)$=\dfrac{48}{(400+\square)}=\dfrac{8}{100}=\dfrac{48}{600}$입니다.

$400+\square=600$이므로 더 넣은 물의 양은 $600-400=200$ (g)입니다.

18 접근 》 먼저 새로 만든 삼각형의 밑변의 길이와 높이를 각각 구합니다.

(줄어든 밑변의 길이)$=50-50\times\dfrac{16}{100}=50-8=42$ (cm)이고,

(늘어난 높이)$=35+35\times\dfrac{2}{7}=35+10=45$ (cm)입니다.

(처음 삼각형의 넓이)$=50\times35\div2=875$ (cm²)이고,

(새로 만든 삼각형의 넓이)$=42\times45\div2=945$ (cm²)이므로

새로 만든 삼각형의 넓이는 처음 삼각형의 넓이보다 $\dfrac{945-875}{875}=\dfrac{70}{875}$

➡ $\dfrac{70}{875}\times100=8$ (%) 늘어났습니다.

보충 개념
(삼각형의 넓이)
＝(밑변의 길이)×(높이)÷2

19 접근 》 ㉮와 ㉯의 비율을 분수로 나타낸 뒤, ㉮와 ㉯의 합이 24인 분수를 구합니다.

예 ㉮와 ㉯의 비율은 $\dfrac{㉮}{㉯}=0.6=\dfrac{6}{10}=\dfrac{3}{5}$입니다.

$\dfrac{3}{5}=\dfrac{6}{10}=\dfrac{9}{15}=\dfrac{12}{20}=\cdots$에서 분모와 분자의 합이 24인 분수는 $\dfrac{9}{15}$입니다.

따라서 $\dfrac{㉮}{㉯}=\dfrac{9}{15}$이므로 ㉮$=9$입니다.

채점 기준	배점
㉮와 ㉯의 비율을 분수로 나타냈나요?	2점
㉮와 ㉯의 합이 24인 분수를 구했나요?	2점
㉮를 구했나요?	1점

보충 개념
분모와 분자에 0이 아닌 같은 수를 곱해도 분수의 크기는 변하지 않아요.

20 접근 》 먼저 농구공 한 개의 정가를 구합니다.

예 (농구공 한 개의 정가)$=18000+18000\times\dfrac{25}{100}$

$=18000+4500=22500$(원)입니다.

(할인하여 판매한 농구공 한 개의 가격)

$=22500-22500\times0.1=22500-2250=20250$(원)입니다.

따라서 할인한 농구공 한 개를 팔아서 얻은 이익은 $20250-18000=2250$(원)입니다.

해결 전략
농구공 한 개의 정가 ➡ 할인하여 판매한 농구공 한 개의 가격 ➡ 농구공 한 개를 팔아서 얻은 이익 순서로 구해요.

채점 기준	배점
농구공 한 개의 정가를 구했나요?	2점
할인하여 판매한 농구공 한 개의 가격을 구했나요?	2점
할인한 농구공 한 개를 팔아 얻는 이익을 구했나요?	1점

교내 경시 5단원 여러 가지 그래프

01 ㉣ 지역

02 $\dfrac{7}{9}$

03 22명

04 3 %

05 2명

06

농장별 사과 수확량

07 5100 kg

08 50명

09 8명

10 4명

11 36 %

12 500명

13 36명

14 30명

15 42 g

16 528명

17 0.9

18 144명

19 48 cm

20 156 km²

---

01 접근 ≫ 큰 그림부터 개수를 세어 우유 소비량을 읽습니다.

큰 그림이 가장 적은 ㉣ 지역의 우유 소비량이 가장 적습니다.

해결 전략
큰 그림의 개수가 적을수록 우유 소비량이 적은 지역이에요.

---

02 접근 ≫ 두 지역의 하루 우유 소비량을 알아봅니다.

㉡ 지역의 우유 소비량은 360 kg이고, ㉣ 지역의 우유 소비량은 280 kg입니다.

➡ $\dfrac{280}{360} = \dfrac{7}{9}$

주의
비율을 기약분수로 나타내요.

---

03 접근 ≫ 전체의 백분율은 100 %입니다.

전체의 20 %가 8명이므로 전체 100 %는 8×5=40(명)입니다.

따라서 사랑 마을에 사는 학생은 $40 \times \dfrac{55}{100} = 22$(명)입니다.

보충 개념
(전체의 20 %)×5
　　　=(전체 100 %)

04
접근 ≫ 먼저 별빛 마을과 은하 마을에 사는 학생 수의 합의 백분율을 구합니다.

별빛 마을과 은하 마을에 사는 학생 수의 합은 전체의
$100-(55+20+4)=21\,(\%)$이므로 은하 마을에 사는 학생은 전체의
$21 \times \dfrac{1}{7}=3\,(\%)$입니다.

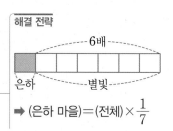

해결 전략

➡ (은하 마을)=(전체)$\times \dfrac{1}{7}$

05
접근 ≫ 먼저 토끼와 햄스터를 좋아하는 학생 수를 각각 구합니다.

토끼: $40 \times \dfrac{25}{100}=10\,(명)$이고

햄스터: $100-(35+25+10)=30\,(\%)$ ➡ $40 \times \dfrac{30}{100}=12\,(명)$입니다.

따라서 햄스터를 좋아하는 학생은 토끼를 좋아하는 학생보다 $12-10=2\,(명)$ 더 많습니다.

보충 개념
백분율의 합은 100 %예요.

06
접근 ≫ 먼저 ㉯와 ㉱ 농장의 사과 수확량의 합을 구합니다.

(㉯와 ㉱ 농장의 사과 수확량의 합)$=10.6-4-2.2=4.4\,(t)$입니다.
㉯ 농장의 사과 수확량을 $\square\,t$이라 하면 ㉱ 농장의 사과 수확량은 $(\square \times 3)\,t$이고,
$\square+(\square \times 3)=\square \times 4=4.4$이므로 $\square=4.4 \div 4=1.1\,(t)$입니다.
㉯ 농장의 수확량은 $1.1\,t=1100\,kg$이므로 🍎 1개, 🍏 1개로 나타내고, ㉱ 농장의
수확량은 $1.1 \times 3=3.3\,(t)$ ➡ $3300\,kg$이므로 🍎 3개, 🍏 3개로 나타냅니다.

해결 전략
㉱ 농장의 사과 수확량이 ㉯ 농장의 3배이므로 ㉱ 농장의 사과 수확량은 $(\square \times 3)\,t$이에요.

07
접근 ≫ 먼저 사과 수확량이 가장 많은 농장과 가장 적은 농장을 찾습니다.

사과 수확량이 가장 많은 농장은 ㉮ 농장으로 $4\,t=4000\,kg$이고 가장 적은 농장은
㉯ 농장으로 $1.1\,t=1100\,kg$입니다.
따라서 두 농장의 사과 수확량의 합은 $4000+1100=5100\,(kg)$입니다.

08
접근 ≫ 전체의 10 %가 몇 명인지 생각해 봅니다.

전체의 60 %인 남학생이 30명이므로 전체의 10 %는 $30 \div 6=5\,(명)$입니다.
따라서 지은이네 동아리 학생 전체는 $5 \times 10=50\,(명)$입니다.

해결 전략
전체의 10 %가 몇 명인지 구해서 전체 학생 수를 구해요.

09 접근 » 먼저 딸기를 좋아하는 여학생 수의 백분율을 구합니다.

여학생은 $50-30=20$(명)이고 딸기를 좋아하는 여학생은 전체의
$100-(30+15+10+5)=40$ (%)이므로 여학생 중 딸기를 좋아하는 학생은
$20 \times \dfrac{40}{100}=8$(명)입니다.

해결 전략
원그래프에서 딸기를 좋아하는 여학생 수의 백분율을 구해요.

10 접근 » 먼저 영어와 체육을 좋아하는 학생 수의 백분율을 각각 구합니다.

영어를 좋아하는 학생은 전체의 $\dfrac{8}{50} \times 100=16$ (%)이므로 체육을 좋아하는 학생
은 전체의 $100-(40+34+16+2)=8$ (%)입니다.
따라서 16 %가 8명이면 8 %는 4명이므로 체육을 좋아하는 학생은 4명입니다.

해결 전략
백분율이 반으로 줄어들면 백분율에 해당하는 학생 수도 반으로 줄어요.

11 접근 » 야구를 좋아하는 학생의 백분율 □ %라 하여 식을 세웁니다.

농구를 좋아하는 학생은 전체의 16 %이고, 이는 야구를 좋아하는 학생의 $\dfrac{4}{9}$이므로
야구를 좋아하는 학생의 $\dfrac{1}{9}$은 $16 \div 4=4$ (%)입니다.
따라서 야구를 좋아하는 학생은 전체의 $4 \times 9=36$ (%)입니다.

12 접근 » 먼저 배구를 좋아하는 학생 수의 백분율을 구합니다.

축구 또는 배구를 좋아하는 학생 수의 백분율의 합이 $100-(36+16)=48$ (%)이
므로 배구를 좋아하는 학생은 전체의 $48 \times \dfrac{1}{12}=4$ (%)입니다.
야구와 배구를 좋아하는 학생의 백분율의 차는 $36-4=32$ (%)이고 이는 160명입니다. 전체의 32 %가 160명이므로 전체의 1 %는 $160 \div 32=5$(명)입니다.
따라서 전체 학생은 $5 \times 100=500$(명)입니다.

해결 전략

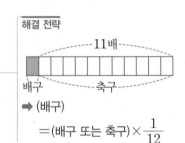

➡ (배구)
$=$(배구 또는 축구)$\times \dfrac{1}{12}$

13 접근 » 전체의 백분율은 100 %입니다.

(기타의 백분율)$=100-(42+25+15)=18$ (%)입니다.
감자를 좋아하는 학생이 전체의 25 %이고 이는 100명이므로 전체 학생 수는
$100 \times 4=400$(명)입니다.
따라서 기타는 $400 \times \dfrac{18}{100}=72$(명)이고 그중에서 가지를 좋아하는 학생은
$72 \times \dfrac{50}{100}=36$(명)입니다.

해결 전략
(전체의 25 %)$\times 4$
$=$(전체 100 %)

14 접근 ≫ 먼저 원그래프의 눈금 한 칸은 몇 %를 나타내는지 찾습니다.

원을 20등분하면 눈금 한 칸은 5 %를 나타내므로 눈금 8칸은 40 %를 나타냅니다.
전체의 40 %가 60명이므로 전체의 10 %는 60÷4＝15(명)이고, 전체 100 %는
15×10＝150(명)입니다.

35 cm 길이에서 7 cm를 차지하는 백분율은 $\frac{7}{35}×100＝20$ (%)이므로

7 cm는 $150×\frac{20}{100}＝30$(명)을 나타냅니다.

해결 전략
백분율(%)
＝$\frac{(부분의 길이)}{(전체 길이)}×100$

15 접근 ≫ 지방, 단백질, 무기질이 차지하는 비율을 각각 ㉠%, ㉡%, ㉢%라고 합니다.

기타 영양소는 42 g이므로 비율은 $\frac{42}{280}×100＝15$ (%)입니다.

지방, 단백질, 무기질이 차지하는 비율을 각각 ㉠ %, ㉡ %, ㉢ %라 하면
㉠＋㉡＋㉢＝100－(30＋15)＝55입니다.
㉠＋㉡＝41에서 ㉢＝14 (%), ㉡＋㉢＝29에서 ㉠＝26 (%)이므로 ㉡＝15 (%)
입니다.

따라서 단백질의 무게는 $280×\frac{15}{100}＝42$ (g)입니다.

해결 전략
지방과 단백질의 비율의 합을 이용하여 무기질의 비율을, 단백질과 무기질의 비율의 합을 이용하여 지방의 비율을 구해요.

16 접근 ≫ 먼저 30~40대인 사람 수를 구합니다.

(30~40대인 사람의 백분율)＝100－(18＋32＋17)＝33 (%)이므로

30~40대인 사람은 $4000×\frac{33}{100}＝1320$(명)입니다.

360°－216°＝144°, (30~40대인 여자의 백분율)＝$\frac{144°}{360°}×100＝40$ (%)이므

로 30~40대인 여자는 모두 $1320×\frac{40}{100}＝528$(명)입니다.

해결 전략
원의 중심각은 360°예요.
➡ $\frac{(항목의 각도)}{360°}×100$
＝(백분율) (%)

17 접근 ≫ 30~40대인 남자의 수를 구합니다.

30~40대인 사람은 4000×0.33＝1320(명),
30~40대 남자는 1320×0.6＝792(명)이었습니다.
8명이 이사를 오면 30~40대 남자는 792＋8＝800(명)이 되고, 20대 이하 사람
수는 4000×0.18＝720(명)입니다. 따라서 30~40대 남자 수에 대한 20대 이하
사람 수의 비율은 720÷800＝0.9입니다.

18 접근 ≫ 먼저 20대 이하의 사람 수를 구합니다.

20대 이하의 사람은 $4000 \times \dfrac{18}{100} = 720$(명)입니다.

불고기를 좋아하는 사람은 $720 \times \dfrac{70}{100} = 504$(명),

비빔밥을 좋아하는 사람은 $720 \times \dfrac{55}{100} = 396$(명),

불고기와 비빔밥을 모두 좋아하는 사람은 $720 \times \dfrac{45}{100} = 324$(명),

불고기 또는 비빔밥을 좋아하는 사람은 $504 + 396 - 324 = 576$(명)입니다.

따라서 불고기도 비빔밥도 좋아하지 않는 사람은 $720 - 576 = 144$(명)입니다.

> **보충 개념**
> (A 또는 B를 좋아하는 사람 수)
> =(A를 좋아하는 사람 수)
> +(B를 좋아하는 사람 수)
> −(A와 B를 모두 좋아하는 사람 수)

서술형 19 접근 ≫ 전체의 백분율은 100 %입니다.

㉠ A형이 전체의 25 %이고 띠그래프에서 12 cm를 차지합니다.

$25\% \times 4 = 100\%$이므로 띠그래프의 전체 길이는 $12 \times 4 = 48$ (cm)입니다.

채점 기준	배점
25 %를 몇 배 해야 100 %가 되는지 알고 있나요?	2점
띠그래프 전체의 길이를 구했나요?	3점

> **해결 전략**
> 원그래프에서 25 %를 차지하면 띠그래프로 나타내어도 25 %를 차지하므로 전체 길이의 25 %는 12 cm예요.

서술형 20 접근 ≫ 경작지의 넓이를 구한 뒤 논의 넓이를 구합니다.

㉠ 경작지의 백분율은 30 %이므로 경작지의 넓이는

$800 \times \dfrac{30}{100} = 240$ (km²)입니다. 논은 경작지 넓이의 65 %이므로 논의 넓이는

$240 \times \dfrac{65}{100} = 156$ (km²)입니다.

채점 기준	배점
띠그래프를 보고 경작지의 넓이를 구했나요?	2점
원그래프를 보고 논의 넓이를 구했나요?	3점

> **해결 전략**
> 토지 이용률의 30 %는 경작지의 넓이이고, 경작지의 넓이 중 65 %는 논의 넓이예요.

교내 경시 6단원 직육면체의 부피와 겉넓이

01 96	**02** ㉢	**03** 518 cm²	**04** 0.07 m³	**05** 6	**06** 16 cm
07 729 cm³	**08** 8배	**09** 294 cm²	**10** 486 cm²	**11** 768 cm³	**12** 450 cm³
13 8 cm	**14** 348 cm²	**15** 9.5 cm	**16** 600 cm²	**17** 200 cm³	**18** 3 cm
19 540 cm³	**20** 176000 cm³				

01 접근 » 직육면체의 부피 구하는 공식을 이용하여 □를 구합니다.

(직육면체의 부피)=□×5=480이므로 □=96 (cm²)입니다.

해결 전략
(직육면체의 부피)
=(밑면의 넓이)×(높이)

02 접근 » ㉠, ㉡, ㉢의 단위 사이 관계를 차례로 알아봅니다.

㉢ 82000 cm³=0.082 m³이므로 잘못 나타낸 것은 ㉢입니다.

보충 개념
1000000 cm³=1 m³

03 접근 » ★ 표시된 면의 가로와 세로를 구한 뒤 입체도형의 겉넓이를 구합니다.

★ 표시된 면의 가로와 세로는 각각 7 cm입니다.
따라서 전개도를 접어 만든 입체도형의 겉넓이는
(15×7+7×7+15×7)×2=518 (cm²)입니다.

보충 개념
7×7=49이므로 ★ 표시된
면의 가로, 세로는 7 cm예요.

04 접근 » 먼저 하준이의 옷장의 부피를 m³ 단위로 고칩니다.

1000000 cm³=1 m³이므로 하준이의 옷장의 부피는 1750000 cm³=1.75 m³
입니다.
따라서 두 옷장의 부피의 차는 1.82-1.75=0.07 (m³)입니다.

해결 전략
두 옷장의 부피의 차를 m³ 단
위로 구해야 하므로 cm³ 단
위를 m³ 단위로 바꾸어 계산
해요.

05 접근 » 직육면체의 겉넓이 구하는 식을 세운 뒤 □를 구합니다.

(직육면체의 겉넓이)=(7×3+3×□+7×□)×2=162이므로
21+10×□=81, 10×□=60, □=6입니다.

해결 전략
전개도로 직육면체를 만들었
을 때 가로, 세로, 높이를 찾
아 겉넓이를 구하는 식을 세
워요.

06 접근 » ㉮의 부피를 구하여 ㉯의 부피를 구하는 식을 세운 뒤 ㉯의 높이를 구합니다.

(㉮의 부피)=8×8×8=512 (cm³)이므로
(㉯의 부피)=4×8×(㉯의 높이)=512입니다.
32×(㉯의 높이)=512이므로 ㉯의 높이는 16 cm입니다.

해결 전략
(직육면체의 부피)
=(가로)×(세로)×(높이)

07 접근 ≫ 정육면체의 한 모서리의 길이를 □ cm라 하고 겉넓이를 이용하여 식을 세웁니다.

정육면체의 한 모서리의 길이를 □ cm라 하면
$(□×□)×6=486$, $□×□=81$, $□=9$ (cm)입니다.
따라서 정육면체의 부피는 $9×9×9=729$ (cm³)입니다.

보충 개념
(정육면체의 겉넓이)
= (한 모서리의 길이)×(한 모서리의 길이)×6

08 접근 ≫ 각 모서리의 길이가 2배가 됨을 이용하여 구합니다.

정육면체의 부피는 (한 모서리의 길이)×(한 모서리의 길이)×(한 모서리의 길이)이
므로 각 모서리의 길이를 2배로 늘인다면 처음 부피의 $2×2×2=8$(배)가 됩니다.

다른 풀이
(처음 정육면체의 부피)$=3×3×3=27$ (cm³)
(늘인 정육면체의 부피)$=6×6×6=216$ (cm³)
➡ $216÷27=8$(배)

지도 가이드
직육면체의 모든 모서리의 길이를 각각 ■배했을 때의 부피를 구하는 문제입니다. 처음 직육면
체의 부피와 늘인 직육면체의 부피를 각각 구하여 부피를 비교하는 것이 일반적이지만, 굳이
직육면체의 부피를 두 번이나 계산하지 않아도 비교할 수 있습니다. 다른 풀이에 제시된 방법
으로 정답을 맞췄더라도 가로, 세로, 높이의 곱을 직접 구하지 않고 두 가지 곱셈식을 비교하여
해결하는 방법을 알려주세요. 단순히 부피의 공식에 수를 넣어 계산하는 것에서 나아가 부피의
성질을 직관적으로 이해하는 데 도움이 되는 문제입니다.

해결 전략
(늘인 정육면체의 부피)
= (한 모서리의 길이)×2
×(한 모서리의 길이)×2
×(한 모서리의 길이)×2
= (한 모서리의 길이)
×(한 모서리의 길이)
×(한 모서리의 길이)×8
= (처음 정육면체의 부피)
×8

09 접근 ≫ 잘라낸 부분의 면을 이동시켜서 생각해 봅니다.

입체도형의 겉넓이는 한 모서리의 길이가 7 cm인 정육면체의 겉넓이와 같습니다.
따라서 입체도형의 겉넓이는 $(7×7)×6=294$ (cm²)입니다.

해결 전략
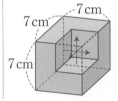

10 접근 ≫ 한 모서리에 놓은 주사위의 개수를 구한 뒤 한 모서리의 길이를 구합니다.

주사위 27개를 정육면체 모양으로 쌓았으므로 한 모서리에 놓은 주사위의 개수를
□개라 하면 $□×□×□=27$, $□=3$(개)입니다.
주사위의 한 모서리의 길이가 3 cm이므로 쌓은 정육면체의 한 모서리의 길이는
$3×3=9$ (cm)입니다.
따라서 쌓아 만든 정육면체의 겉넓이는 $(9×9)×6=486$ (cm²)입니다.

보충 개념
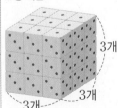
주사위 27개를 한 모서리에
3개씩 놓으면 정육면체 모양
이 돼요.

11 접근 » 쌓기나무의 한 모서리의 길이를 구한 뒤, 입체도형의 부피를 구합니다.

쌓기나무 1개의 한 면의 넓이는 $96 \div 6 = 16\,(cm^2)$이므로 쌓기나무의 한 모서리의 길이는 $4 \times 4 = 16$에서 $4\,cm$입니다.

따라서 입체도형의 부피는 $(4 \times 4 \times 4) \times 12 = 768\,(cm^3)$입니다.

해결 전략
한 모서리의 길이가 $4\,cm$인 쌓기나무 12개의 부피를 구하면 돼요.

12 접근 » 잘라내기 전의 직육면체 부피에서 잘라낸 직육면체 2개의 부피를 빼서 구합니다.

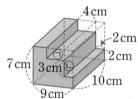

(잘라내기 전 큰 직육면체의 부피)
$= 9 \times 10 \times 7 = 630\,(cm^3)$입니다.

잘라낸 ㉠은 가로가 $4\,cm$, 세로가 $10\,cm$, 높이가 $7 - 3 - 2 = 2\,(cm)$인 직육면체이고

잘라낸 ㉡은 가로가 $2\,cm$, 세로가 $10\,cm$, 높이가 $7 - 2 = 5\,(cm)$인 직육면체입니다.

따라서 입체도형의 부피는 $630 - (4 \times 10 \times 2) - (2 \times 10 \times 5)$
$= 630 - 80 - 100 = 450\,(cm^3)$입니다.

해결 전략
잘라낸 직육면체 2개는 다음과 같아요.

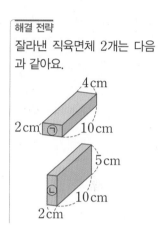

13 접근 » 늘어난 물의 높이를 □cm라 하고 돌의 부피를 이용하여 식을 세웁니다.

돌을 완전히 잠기게 넣었을 때 늘어난 물의 높이를 □cm라 하면 돌의 부피는 가로가 $20\,cm$, 세로가 $12\,cm$, 높이가 □cm인 직육면체의 부피와 같습니다.

$20 \times 12 \times □ = 720$, $240 \times □ = 720$, $□ = 3\,(cm)$입니다.

따라서 물의 높이는 $5 + 3 = 8\,(cm)$가 됩니다.

해결 전략
(늘어난 물의 부피)
$=$(돌의 부피)

14 접근 » 직육면체의 가로, 세로, 높이를 구한 뒤, 직육면체의 겉넓이를 구합니다.

(가로)$= 6\,cm$, (세로)$= 30 \div 2 - 6 = 9\,(cm)$, (높이)$= 28 \div 2 - 6 = 8\,(cm)$입니다.

따라서 직육면체의 겉넓이는 $(6 \times 9 + 6 \times 8 + 9 \times 8) \times 2$
$= (54 + 48 + 72) \times 2 = 348\,(cm^2)$입니다.

해결 전략

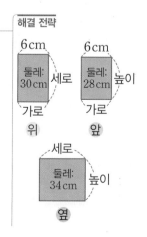

15 접근 ≫ 칸막이를 열었을 때 물의 높이를 □cm라 하고 식을 세웁니다.

(전체 물의 부피)=(14×20×12)+(10×20×6)

　　　　　　　=3360+1200=4560 (cm³)입니다.

칸막이를 열었을 때 물의 높이를 □cm라 하면

(14+10)×20×□=4560, 480×□=4560, □=9.5 (cm)입니다.

따라서 칸막이를 열었을 때 물의 높이는 9.5 cm가 됩니다.

해결 전략
칸막이를 열었을 때에도 전체 물의 부피는 변함이 없어요.

16 접근 ≫ 쌓기나무 3개의 겉넓이의 합에서 겹쳐진 면의 넓이의 합을 빼서 구합니다.

(쌓기나무 1개의 겉넓이)=(6×6)×6=216 (cm²)이고

(쌓기나무 3개의 겉넓이의 합)=216×3=648 (cm²)입니다.

입체도형에서 겹쳐진 면은 오른쪽 그림에서 색칠한 부분입니다.

(겹쳐진 면의 넓이의 합)=(6-2)×6×2

　　　　　　　　　　=4×6×2=48 (cm²)이므로

입체도형의 겉넓이는 648-48=600 (cm²)입니다.

주의
쌓기나무 3개의 겉넓이의 합을 구하지 않도록 해요.

17 접근 ≫ 쇠구슬 15개의 부피를 구한 뒤, 쇠구슬 1개의 부피를 구합니다.

(수조의 들이)=20×15×18=5400 (cm³) ➡ 5.4 L이므로

(쇠구슬 15개의 부피)

=(수조의 들이)-(수조에 들어 있는 물의 양)+(넘친 물의 양)

=5.4 L-2.7 L+0.3 L=3 L ➡ 3000 cm³입니다.

따라서 쇠구슬 1개의 부피는 3000÷15=200 (cm³)입니다.

해결 전략
쇠구슬 15개를 넣자 물이 수조 밖으로 넘쳤으므로 쇠구슬 15개의 부피는 수조의 남은 공간의 부피와 넘친 물의 부피의 합이에요.

18 접근 ≫ 긴 막대를 넣었을 때 물의 높이를 □cm라 하여 식을 세웁니다.

(물의 부피)=16×20×12=3840 (cm³)입니다.

물통에 긴 막대를 넣었을 때 물의 높이를 □cm라 하면

16×20×□-8×8×□=3840, 320×□-64×□=3840,

256×□=3840, □=15 (cm)입니다.

따라서 늘어난 물의 높이는 15-12=3 (cm)입니다.

주의
늘어난 물의 높이는 긴 막대를 넣었을 때의 물의 높이에서 원래 높이를 뺀 것이에요.

19 접근 ≫ 상자의 높이를 □cm라 하여 식을 세웁니다.

㉵ (사용한 색 테이프의 길이)=80−18=62 (cm)입니다.

상자의 높이를 □cm라 하면 $9 \times 2 + 6 \times 4 + \square \times 2 = 62$이므로

$18+24+\square \times 2 = 62$, $42 + \square \times 2 = 62$, $\square \times 2 = 20$, $\square = 10$ (cm)입니다.

따라서 상자의 부피는 $9 \times 6 \times 10 = 540$ (cm³)입니다.

채점 기준	배점
상자의 높이가 몇 cm인지 구했나요?	3점
상자의 부피가 몇 cm³인지 구했나요?	2점

해결 전략
색 테이프는 상자의 가로를 2번, 세로를 4번, 높이를 2번 지나요.

20 접근 ≫ 상자의 가로, 세로, 높이를 각각 구해 상자의 부피를 구합니다.

㉵ 종이의 가로는 1.5 m=150 cm, 세로는 1.2 m=120 cm이므로

(상자의 가로)=150−20−20=110 (cm),

(상자의 세로)=120−20−20=80 (cm), (상자의 높이)=20 cm입니다.

따라서 상자의 부피는 $110 \times 80 \times 20 = 176000$ (cm³)입니다.

채점 기준	배점
상자의 가로, 세로, 높이가 각각 몇 cm인지 구했나요?	3점
상자의 부피가 몇 cm³인지 구했나요?	2점

주의
m 단위를 cm 단위로 바꾸어 계산해야 해요.

─ 수능형 사고력을 기르는 1학기 TEST ─ 1회

01 ㉡	**02** 십각기둥	**03** ③	**04** 2	**05** ㉠	**06** 9.035 g
07 2070원	**08** 150명	**09** 2, 3	**10** 6.5 cm	**11** $1\frac{7}{20}$ kg	**12** ㉡
13 7개	**14** 5	**15** $8\frac{2}{5}$ cm	**16** $37\frac{1}{8}$ cm²	**17** 544 cm³	**18** 6800권
19 1692 cm³	**20** 30 %				

01 【1단원】 접근 ≫ ㉠, ㉡, ㉢, ㉣을 각각 계산하여 몫이 대분수인 것을 찾습니다.

㉠ $1 \div 35 = \frac{1}{35}$ ㉡ $8 \div 5 = \frac{8}{5} = 1\frac{3}{5}$

㉢ $8 \div 21 = 8 \times \frac{1}{21} = \frac{8}{21}$ ㉣ $13 \div 15 = \frac{13}{15}$

따라서 몫이 대분수인 것은 ㉡입니다.

보충 개념
$\blacksquare \div \blacktriangle = \frac{\blacksquare}{\blacktriangle}$에서 $\blacksquare > \blacktriangle$이면 몫이 1보다 크고, $\blacksquare < \blacktriangle$이면 몫이 1보다 작아요.

02 `2단원` 접근 ≫ 먼저 한 밑면의 변의 수를 찾아 밑면이 어떤 도형인지 구합니다.

(각기둥의 면의 수)=(한 밑면의 변의 수)+2=12이므로 (한 밑면의 변의 수)=10 입니다.

밑면이 십각형이므로 면의 수가 12개인 각기둥은 십각기둥입니다.

> 해결 전략
> (각기둥의 면의 수)
> =(한 밑면의 변의 수)+2

03 `3단원` 접근 ≫ 각각 세로셈으로 계산하여 0을 내려서 계산하지 않는 것을 찾습니다.

$$
\begin{array}{r}
\text{①}\quad 3.15 \\
6\,)\,\overline{18.90} \\
18 \\ \hline
9 \\
6 \\ \hline
30 \\
30 \\ \hline
0
\end{array}
\qquad
\begin{array}{r}
\text{②}\quad 0.35 \\
8\,)\,\overline{2.80} \\
24 \\ \hline
40 \\
40 \\ \hline
0
\end{array}
\qquad
\begin{array}{r}
\text{③}\quad 8.3 \\
5\,)\,\overline{41.5} \\
40 \\ \hline
15 \\
15 \\ \hline
0
\end{array}
\qquad
\begin{array}{r}
\text{④}\quad 1.37 \\
20\,)\,\overline{27.40} \\
20 \\ \hline
74 \\
60 \\ \hline
140 \\
140 \\ \hline
0
\end{array}
\qquad
\begin{array}{r}
\text{⑤}\quad 18.12 \\
35\,)\,\overline{634.20} \\
35 \\ \hline
284 \\
280 \\ \hline
42 \\
35 \\ \hline
70 \\
70 \\ \hline
0
\end{array}
$$

따라서 0을 내려서 계산하지 않는 것은 ③입니다.

04 `1단원` 접근 ≫ $9\frac{1}{15} \div 6$의 계산 결과를 찾은 뒤 □ 안에 들어갈 수 있는 자연수를 찾습니다.

$9\frac{1}{15} \div 6 = \frac{136}{15} \div 6 = \frac{\overset{68}{\cancel{136}}}{15} \times \frac{1}{\underset{3}{\cancel{6}}} = \frac{68}{45} = 1\frac{23}{45}$ 입니다.

$1\frac{23}{45} <$ □이므로 □ 안에 들어갈 수 있는 자연수 중에서 가장 작은 수는 2입니다.

> 해결 전략
> $1\frac{23}{45} <$ □ 에서 □ 안에
> 1, 2, 3, 4, … 를 넣어봐요.

05 `2단원` 접근 ≫ 밑면이 육각형인 각뿔의 면, 모서리, 꼭짓점, 밑면의 수를 각각 구합니다.

㉠ 밑면이 육각형인 각뿔은 육각뿔입니다.

(육각뿔의 면의 수)=6+1=7(개)

(육각뿔의 모서리의 수)=6×2=12(개)

(육각뿔의 꼭짓점의 수)=6+1=7(개)

> 보충 개념
> 각뿔은 밑면이 1개예요.

06 [3단원] 접근 » 연필 2타는 몇 자루인지 구한 뒤 연필 한 자루의 무게를 구합니다.

연필 한 타는 12자루이므로 연필 2타는 24자루입니다.
따라서 연필 한 자루의 무게는 (연필 2타의 무게)÷24=216.84÷24=9.035 (g)입니다.

해결 전략

$$\begin{array}{r} 9.035 \\ 24\overline{)216.84} \\ \underline{216} \\ 84 \\ \underline{72} \\ 120 \\ \underline{120} \\ 0 \end{array}$$

07 [4단원] 접근 » 과자의 원가에 이익을 더해 정가를 구합니다.

$(이익)=1800\times\dfrac{15}{100}=270(원)$입니다.

따라서 (정가)=(원가)+(이익)=1800+270=2070(원)입니다.

보충 개념
$15\%=\dfrac{15}{100}$

08 [5단원] 접근 » 먼저 파란색을 좋아하는 학생의 백분율을 알아봅니다.

(파란색을 좋아하는 학생의 백분율)=100−(45+20+5)=30 (%)
파란색을 좋아하는 학생이 45명이고 이는 전체의 30 %이므로
전체의 10 %는 45÷3=15(명)입니다.
전체의 10 %가 15명이므로 6학년 학생은 모두 15×10=150(명)입니다.

해결 전략
(전체의 30 %)÷3
　　　　=(전체의 10 %)
(전체의 10 %)×10
　　　　=(전체 100 %)

09 [1단원] + [3단원] 접근 » 두 식을 각각 계산하여 두 계산 결과 사이에 있는 자연수를 모두 구합니다.

$3\dfrac{8}{25}\div 6\times 3=\dfrac{83}{25}\times\dfrac{1}{\overset{\underset{2}{}}{6}}\times\overset{1}{3}=\dfrac{83}{50}=1\dfrac{33}{50}$이고,

$4.9\div 7\times 5=0.7\times 5=3.5$

따라서 두 식의 계산 결과 사이에 있는 자연수는 2, 3입니다.

보충 개념
$1\dfrac{33}{50}$보다 크고 3.5보다 작은 자연수를 구해요.

10 [3단원] + [6단원] 접근 » 직육면체의 높이를 □cm라 하고 식을 세웁니다.

직육면체의 높이를 □cm라 하면
(직육면체의 겉넓이)=(8×5+5×□+8×□)×2=249,
40+13×□=124.5, 13×□=84.5, □=84.5÷13=6.5 (cm)입니다.
따라서 직육면체의 높이는 6.5 cm입니다.

해결 전략
(직육면체의 겉넓이)
=(직육면체의 여섯 면의 넓이의 합)

11 [1단원]

접근 ≫ 소금 6봉지의 양을 구한 뒤, 한 사람이 가지는 소금의 양을 구합니다.

(소금 6봉지의 양)$= 2\frac{1}{4} \times 6 = \frac{9}{\underset{2}{4}} \times \overset{3}{6} = \frac{27}{2} = 13\frac{1}{2}$ (kg)

따라서 한 사람이 가지는 소금의 양은

$13\frac{1}{2} \div 10 = \frac{27}{2} \times \frac{1}{10} = \frac{27}{20} = 1\frac{7}{20}$ (kg)입니다.

> **해결 전략**
> (한 사람이 가지는 소금의 양)
> =(한 봉지의 양)×(봉지 수)
> ÷(사람 수)

다른 풀이

(한 사람이 가지는 소금의 양)$= 2\frac{1}{4} \times 6 \div 10 = \frac{9}{\underset{2}{4}} \times \overset{3}{6} \times \frac{1}{10} = \frac{27}{20} = 1\frac{7}{20}$ (kg)

12 [5단원]

접근 ≫ 12 cm로 나타내는 항목의 백분율을 구합니다.

전체 길이가 40 cm인 띠그래프에서 12 cm를 차지하는 항목은 전체의

$\frac{12}{40} \times 100 = 30$ (%)입니다.

주어진 원그래프에서 한 칸은 5 %를 나타내므로 30 %를 나타내는 항목을 찾으면 6칸을 차지하는 ⓒ입니다.

> **해결 전략**
> 주어진 원그래프는 20칸으로 나누어져 있으므로 한 칸은 $100 \div 20 = 5$(%)를 나타내요.

13 [4단원]

접근 ≫ 뽑은 고무공이 빨간색일 가능성을 이용하여 빨간색 고무공의 수를 구합니다.

빨간색 고무공을 뽑을 가능성은

$\dfrac{(\text{빨간색 고무공 수})}{(\text{전체 고무공 수})} = \dfrac{(\text{빨간색 고무공 수})}{25} = \dfrac{28}{100}$이므로

(빨간색 고무공 수)×4=28, (빨간색 고무공 수)=7(개)입니다.

> **보충 개념**
> $28\% = \dfrac{28}{100}$

14 [3단원]

접근 ≫ 먼저 6÷11을 계산하여 소수점 아래 반복되는 수를 찾습니다.

$6 \div 11 = 0.545454\cdots\cdots$로 소수점 아래에 숫자 5, 4가 반복됩니다.

소수점 아래 홀수 번째 자리 숫자는 5이고 짝수 번째 자리 숫자는 4이므로 소수 51째 자리 수는 5입니다.

> **보충 개념**
> 몫이 나누어 떨어지지 않는 경우에는 몫을 분수로 나타내는 것이 정확해요.

15 [1단원] + [2단원]

접근 ≫ 각기둥의 모든 모서리의 길이의 합을 구하는 식을 세워 봅니다.

(각기둥의 모든 모서리의 길이의 합)
=(한 밑면의 둘레)×2+(높이)×(한 밑면의 변의 수)이므로

(한 밑면의 둘레)×2$+13 \times 6 = 178\frac{4}{5}$입니다.

> **해결 전략**
> 먼저 한 밑면의 둘레를 구한 다음, 밑면의 한 변의 길이를 구해요.

$$(\text{한 밑면의 둘레}) = (178\frac{4}{5} - 78) \div 2 = 100\frac{4}{5} \div 2 = \frac{504 \div 2}{5} = \frac{252}{5}$$
$$= 50\frac{2}{5} \, (\text{cm})$$

이므로 정육각형 모양 밑면의 둘레가 $50\frac{2}{5}$ cm입니다.

따라서 밑면의 한 변의 길이는 $50\frac{2}{5} \div 6 = \frac{252 \div 6}{5} = \frac{42}{5} = 8\frac{2}{5}$(cm)입니다.

> **다른 풀이**
>
>
>
> $\square \times 12 + 13 \times 6 = 178\frac{4}{5}$, $\square = (178\frac{4}{5} - 78) \div 12$,
>
> $\square = 100\frac{4}{5} \div 12 = \frac{504 \div 12}{5} = \frac{42}{5} = 8\frac{2}{5}$ (cm)

16 [1단원] + [4단원]
접근 ≫ 색칠한 삼각형의 밑변과 높이를 알아봅니다.

색칠한 부분은 밑변이 $(12\frac{3}{8} \div 3)$ cm, 높이가 18 cm인 삼각형입니다.

따라서 색칠한 부분의 넓이는 $(\text{밑변}) \times (\text{높이}) \div 2 = (12\frac{3}{8} \div 3) \times 18 \div 2$

$= \dfrac{\overset{33}{99}}{8} \times \dfrac{1}{\underset{1}{3}} \times \overset{9}{18} \times \dfrac{1}{\underset{1}{2}} = \dfrac{297}{8} = 37\dfrac{1}{8}$ (cm²)입니다.

> **해결 전략**
> 색칠한 부분의 밑변은 선분 ㄴㄷ을 3으로 나눈 것 중의 하나이므로 $(12\frac{3}{8} \div 3)$ cm 로 나타내요.

17 [6단원]
접근 ≫ 수조에서 흘러 넘치는 물의 부피는 수조에 잠기는 나무 토막의 부피와 같습니다.

수조에서 흘러 넘치는 물의 부피는 수조에 잠기는 나무 토막의 부피와 같으므로
(수조에 잠기는 나무 토막의 부피)$= 2 \times 16 \times 17 = 544$ (cm³)입니다.
따라서 물이 544 cm³ 흘러 넘칩니다.

> **주의**
> 수조에 잠기는 나무토막의 높이는 20 cm가 아니라 17 cm예요.

18 [4단원] + [5단원]
접근 ≫ 먼저 소설책과 위인전이 차지하는 백분율을 각각 구합니다.

(소설책이 차지하는 백분율)$= \dfrac{3}{20} \times 100 = 15$ (%),

(위인전이 차지하는 백분율)$= 15 \times 1.4 = 21$ (%),
(만화책과 동화책이 차지하는 백분율)$= 100 - (15 + 21 + 9) = 55$ (%)입니다. 만화책이 차지하는 백분율을 $(2 \times \square)$%, 동화책이 차지하는 백분율을 $(3 \times \square)$ %라 하면 $(2 \times \square) + (3 \times \square) = 55$, $5 \times \square = 55$, $\square = 11$에서 동화책이 차지하는 백분율은 $3 \times 11 = 33$ (%)입니다.
동화책이 2244권이고 이는 전체의 33 %이므로 전체의 1 %는

> **해결 전략**
> 만화책 수와 동화책 수의 비가 $2 : 3$이므로
> 만화책의 백분율은 $(2 \times \square)$%,
> 동화책의 백분율은 $(3 \times \square)$%로 나타내요.

$2244 \div 33 = 68$(권)입니다.

전체의 1 %가 68권이므로 전체 책의 수는 $68 \times 100 = 6800$(권)입니다.

> **보충 개념**
> (전체의 33 %)$\div 33$
> $=$(전체의 1 %)

서술형 19 6단원 접근 ≫ **입체도형을 두 부분으로 나누어 각각 부피를 구한 뒤, 더합니다.**

(예)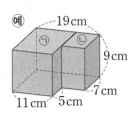

주어진 입체도형을 ㉠ 부분과 ㉡ 부분으로 나누어 구합니다.

(㉠의 부피)$=11 \times 12 \times 9 = 1188$ (cm³),

(㉡의 부피)$=8 \times 7 \times 9 = 504$ (cm³)입니다.

따라서 입체도형의 부피는

$1188 + 504 = 1692$ (cm³)입니다.

> **해결 전략**
>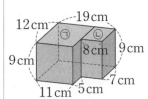
> ㉠ 부분의 가로는 11 cm, 세로는 12 cm, 높이는 9 cm이고 ㉡ 부분의 가로는 8 cm, 세로는 7 cm, 높이는 9 cm 예요.

채점 기준	배점
㉠의 부피를 구했나요?	2점
㉡의 부피를 구했나요?	2점
입체도형의 부피를 구했나요?	1점

서술형 20 4단원 접근 ≫ **먼저 진하기가 20 %인 소금물에 녹아 있는 소금의 양을 구합니다.**

진하기가 20 %인 소금물 350g에 녹아 있는 소금의 양은 $350 \times \dfrac{20}{100} = 70$ (g)입니다.

소금을 50g 더 넣었으므로 새로 만든 소금물의 양은 $350 + 50 = 400$ (g)이 되고, 소금의 양은 $70 + 50 = 120$ (g)이 됩니다.

따라서 새로 만든 소금물의 진하기는 $\dfrac{120}{400} = \dfrac{3}{10}$ ➡ $\dfrac{3}{10} \times 100 = 30$ (%)가 됩니다.

> **해결 전략**
> (진하기)$=\dfrac{(소금\ 양)}{(소금물\ 양)}$
> (소금 양)$=$(소금물 양)
> $\times$(진하기)

채점 기준	배점
진하기가 20 %인 소금물에 든 소금의 양을 구했나요?	2점
새로 만든 소금물의 양과 소금의 양을 구했나요?	1점
새로 만든 소금물의 진하기를 구했나요?	2점

수능형 사고력을 기르는 1학기 TEST − 2회

01 (위에서부터) $\dfrac{2}{7}$, $\dfrac{8}{75}$	**02** 18 cm³	**03** ㉡	**04** 4개	**05** ㉠
06 $\dfrac{4}{5}$ m	**07** 250만 원	**08** 726 cm²	**09** 0.3배	**10** 4칸	**11** 14.28 cm
12 $\dfrac{4}{5}$	**13** 34 cm	**14** 15 cm	**15** 5일	**16** 3750원	**17** 4939200원
18 $1\dfrac{1}{4}$ km	**19** 14.06 cm	**20** 400명		

01 [1단원]
접근 » (분수)÷(자연수)의 계산을 하여 빈칸에 알맞은 분수를 구합니다.

$$\frac{4}{7} \div 2 = \frac{4 \div 2}{7} = \frac{2}{7}, \quad \frac{16}{25} \div 6 = \frac{\overset{8}{16}}{25} \times \frac{1}{\underset{3}{6}} = \frac{8}{75}$$

해결 전략

(분수)÷(자연수)

=(분수)$\times \dfrac{1}{(자연수)}$

02 [6단원]
접근 » 입체도형을 이루는 쌓기나무의 개수를 세어 봅니다.

쌓기나무가 1층에는 $3 \times 3 = 9$(개), 2층에는 $2 \times 3 = 6$(개), 3층에는 3개이므로 모두 $9 + 6 + 3 = 18$(개)를 사용하였습니다.

한 개의 부피가 $1\,cm^3$이므로 주어진 입체도형의 부피는 $18\,cm^3$입니다.

해결 전략

(입체도형의 부피)

=(쌓기나무의 개수)×(쌓기나무 한 개의 부피)

03 [2단원]
접근 » ㉠과 ㉡의 각기둥의 이름을 각각 찾은 뒤, 면의 수를 각각 구합니다.

㉠ 모서리가 18개인 각기둥은

    (각기둥의 모서리의 수)=(한 밑면의 변의 수)$\times 3 = 18$,

    (한 밑면의 변의 수)$= 6$(개)이므로 육각기둥이고 면의 수는 $6 + 2 = 8$(개)입니다.

㉡ 꼭짓점이 16개인 각기둥은

    (각기둥의 꼭짓점의 수)=(한 밑면의 변의 수)$\times 2 = 16$,

    (한 밑면의 변의 수)$= 8$(개)이므로 팔각기둥이고 면의 수는 $8 + 2 = 10$(개)입니다.

해결 전략

(□각기둥의 면의 수)

=(□+2)개

(□각기둥의 꼭짓점의 수)

=(□×2)개

(□각기둥의 모서리의 수)

=(□×3)개

04 [3단원]
접근 » 먼저 $95.2 \div 16$을 계산합니다.

$95.2 \div 16 = 5.95$이므로 $5.95 < 5.9\square$에서 $\square$ 안에 들어갈 수 있는 자연수는 6, 7, 8, 9로 모두 4개입니다.

보충 개념

$5.95 < 5.9\square$에서 5.9는 같으므로 $5 < \square$인 $\square$를 찾아요.

05 [4단원]
접근 » 비율을 모두 소수로 나타내면 크기를 비교할 수 있습니다.

㉠ $\dfrac{17}{40} = \dfrac{425}{1000} = 0.425$ ㉡ 0.53 ㉢ $63\,\%$ ➡ 0.63 ㉣ 0.605

따라서 비율이 가장 작은 것은 ㉠입니다.

해결 전략

㉡, ㉣이 소수의 형태이므로 ㉠, ㉢을 소수로 나타내어 크기를 비교해요.

다른 풀이

모두 백분율로 나타내어 크기를 비교합니다.

㉠ $\dfrac{17}{40} = \dfrac{425}{1000}$ ➡ $\dfrac{425}{1000} \times 100 = 42.5\,(\%)$

㉡ $0.53 \times 100 = 53\,(\%)$ ㉢ $63\,\%$ ㉣ $0.605 \times 100 = 60.5\,(\%)$

따라서 비율이 가장 작은 것은 ㉠입니다.

06 [1단원]
접근 》 연못의 둘레를 나무의 수로 나눕니다.

(나무 사이의 간격)=(연못의 둘레)÷(나무 수)

$$=6\frac{2}{5}\div8=\frac{32}{5}\div8=\frac{32\div8}{5}=\frac{4}{5}\,(m)$$

> **주의**
> 원 모양 연못의 둘레이므로 (나무 수)−1이 아닌 (나무 수)로 나누어 나무 사이의 간격을 구해야 해요.

07 [5단원]
접근 》 저축이 한 달 생활비의 몇 %인지 알아봅니다.

원그래프에서 저축의 백분율이 20 %이고 전체의 20 %가 50만원입니다.
따라서 효진이네 한 달 생활비는 50×5=250만 원입니다.

> **보충 개념**
> 원그래프의 눈금 한 칸이 5 %를 나타내므로 저축의 백분율은 5×4=20 (%)예요.

08 [2단원] + [6단원]
접근 》 한 모서리의 길이를 구한 뒤, 정육면체의 겉넓이를 구합니다.

정육면체의 모서리의 수는 12개이므로 (한 모서리의 길이)=132÷12=11 (cm)입니다.
따라서 정육면체의 겉넓이는 (11×11)×6=726 (cm²)입니다.

> **해결 전략**
> (정육면체의 겉넓이)
> =(한 면의 넓이)×6

09 [1단원] + [3단원]
접근 》 ㉠은 ㉡을 각각 계산한 뒤, ㉠의 계산 결과를 ㉡의 계산 결과로 나눕니다.

㉠ 10.8÷9÷2=1.2÷2=0.6이고,

㉡ $1\frac{3}{5}\times20\div16=\frac{\overset{}{\cancel{8}}}{\cancel{5}}\times\overset{4}{\cancel{20}}\times\frac{1}{\underset{2}{\cancel{16}}}=2$입니다.

따라서 ㉠은 ㉡의 0.6÷2=0.3(배)입니다.

> **보충 개념**
> ㉠은 ㉡의 (㉠÷㉡)배예요.

10 [5단원]
접근 》 먼저 6 cm를 차지하는 항목의 백분율을 구합니다.

전체의 길이가 30 cm인 띠그래프에서 6 cm를 차지하는 항목은 전체의
$\frac{6}{30}\times100=20$ (%)입니다.
전체가 20칸으로 나누어진 원그래프에서 한 칸은 100÷20=5 (%)를 나타내므로
20 %를 차지하는 항목은 4칸으로 나타냅니다.

> **해결 전략**
> 백분율(%)
> $=\dfrac{(항목의\ 길이)}{(전체\ 길이)}\times100$

11 [3단원]

접근 ≫ 먼저 1분 동안 타는 양초의 길이를 구합니다.

(1분 동안 타는 양초의 길이)$=2.4 \div 5 = 0.48$ (cm)이므로

(14분 동안 타는 양초의 길이)$=0.48 \times 14 = 6.72$ (cm)입니다.

따라서 타고 남은 양초의 길이는 $21 - 6.72 = 14.28$ (cm)입니다.

해결 전략
(타고 남은 양초의 길이)
$=$(처음 양초의 길이)
$-$(14분 동안 탄 양초의 길이)

12 [4단원]

접근 ≫ 전체의 백분율은 100 %입니다.

전체 가능성은 100 %이므로 고른 티셔츠가 S 사이즈가 아닐 가능성은

$100 - 20 = 80$ (%)입니다.

따라서 기약분수로 나타내면 80 % ➡ $\frac{80}{100} = \frac{4}{5}$입니다.

해결 전략
~일 가능성: ■ %
~가 아닐 가능성:
　　　$(100 - ■)$ %

주의
기약분수로 나타내야 해요.

13 [2단원]

접근 ≫ 면 ㉮, 면 ㉯의 넓이를 이용하여 선분 ㅅㅊ, 선분 ㅅㅇ의 길이를 각각 구합니다.

(면 ㉮의 넓이)$=$(선분 ㅂㅅ)$\times$(선분 ㅅㅊ)$=8 \times$(선분 ㅅㅊ)$=96$,

(선분 ㅅㅊ)$=12$ cm이고

(면 ㉯의 넓이)$=$(선분 ㅅㅇ)$\times$(선분 ㅅㅊ)$=$(선분 ㅅㅇ)$\times 12 = 108$,

(선분 ㅅㅇ)$=9$ cm입니다.

(선분 ㄴㄷ)$=$(선분 ㅂㅅ)$=8$ cm, (선분 ㄷㅂ)$=$(선분 ㅅㅇ)$=9$ cm이므로

(선분 ㄴㅇ)$=(8+9) \times 2 = 34$ (cm)입니다.

보충 개념
(선분 ㄴㄷ)$=$(선분 ㅂㅅ)
$=$(선분 ㄷㄹ)$=$(선분 ㅂㅁ)
$=8$ cm

14 [6단원]

접근 ≫ 먼저 한 모서리에 놓은 주사위의 개수를 구합니다.

주사위 125개를 정육면체 모양으로 쌓았으므로 한 모서리에 놓은 주사위의 개수를
□개라고 하면 □$\times$□$\times$□$=125$, □$=5$입니다.

주사위의 한 모서리의 길이가 3 cm이므로 쌓은 정육면체의 한 모서리의 길이는
$3 \times 5 = 15$ (cm)입니다.

보충 개념

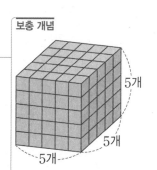

5개
5개
5개

한 모서리에 길이가 3 cm인
정육면체가 5개씩 있어요.

15 [1단원]
접근 》 먼저 형과 동생이 하루 동안 하는 일의 양을 각각 구합니다.

전체 일의 양을 1이라고 하면 형이 하루 동안 하는 일의 양은
$\dfrac{1}{2} \div 4 = \dfrac{1}{2} \times \dfrac{1}{4} = \dfrac{1}{8}$이고, 동생이 하루 동안 하는 일의 양은
$\dfrac{3}{4} \div 10 = \dfrac{3}{4} \times \dfrac{1}{10} = \dfrac{3}{40}$입니다. 두 사람이 함께 하루 동안 하는 일의 양은
$\dfrac{1}{8} + \dfrac{3}{40} = \dfrac{5}{40} + \dfrac{3}{40} = \dfrac{8}{40} = \dfrac{1}{5}$이므로 $\dfrac{1}{5} \times 5 = 1$에서 두 사람이 함께 일을 하면 일을 모두 마치는 데 5일이 걸립니다.

> **해결 전략**
> 두 사람이 함께 하루 동안 하는 일의 양은 $\dfrac{1}{5}$이므로 $\dfrac{1}{5} \times \square = 1$을 만드는 $\square$를 구해요.

16 [4단원]
접근 》 1년 동안 이자가 얼마나 붙는지 알아봅니다.

이자율 2.5 % ➡ 0.025입니다.
(1년 후 찾은 돈) $= 42000 + 42000 \times 0.025 = 42000 + 1050 = 43050$(원)이고 (인형을 사고 남은 돈) $= 43050 - 35550 = 7500$(원)입니다.
따라서 승희는 $7500 \div 2 = 3750$(원)을 갖게 됩니다.

> **해결 전략**
> (1년 후 찾은 돈)
> = (예금한 돈) + (1년 동안의 이자)

17 [6단원]
접근 》 먼저 물탱크의 가로, 세로, 높이에서 두께만큼 뺀 길이를 구합니다.

물탱크의 가로, 세로, 높이에서 두께만큼 빼면 각각 $288 - 4 \times 2 = 280$ (cm), $358 - 4 \times 2 = 350$ (cm), $144 - 4 = 140$ (cm)이므로
물탱크의 들이는 $280 \times 350 \times 140 = 13720000$ (cm³) ➡ 13720 L입니다.
따라서 필요한 금액은 $360 \times 13720 = 4939200$(원)입니다.

> **주의**
> 가로, 세로에는 물탱크의 두께가 2번 포함되므로 두께의 2배만큼 빼야 해요.

18 [1단원] + [4단원]
접근 》 지민이가 가는 데 걸리는 시간이 오빠가 가는 데 걸리는 시간보다 10분 더 깁니다.

(속력) $= \dfrac{(간\ 거리)}{(걸린\ 시간)}$ ➡ (걸린 시간) $= \dfrac{(간\ 거리)}{(속력)}$이므로
집에서 마트까지의 거리를 $\square$ km라고 하면
(지민이가 뛰어서 가는 데 걸리는 시간) $= \dfrac{\square}{3}$,
(오빠가 뛰어서 가는 데 걸리는 시간) $= \dfrac{\square}{5}$입니다.
10분 $= \dfrac{10}{60}$시간 $= \dfrac{1}{6}$시간이므로
(지민이가 뛰어서 가는 데 걸리는 시간) $-$ (오빠가 뛰어서 가는 데 걸리는 시간) $= \dfrac{1}{6}$,
$\dfrac{\square}{3} - \dfrac{\square}{5} = \dfrac{1}{6}$, $\dfrac{10 \times \square}{30} - \dfrac{6 \times \square}{30} = \dfrac{5}{30}$,

> **해결 전략**
> (지민이가 가는 데 걸린 시간)
> $-$ (오빠가 가는 데 걸린 시간)
> = 10분
>
> **보충 개념**
> 1시간은 60분이므로
> ■분 $= \dfrac{■}{60}$시간이에요.

$10 \times \square - 6 \times \square = 5$, $4 \times \square = 5$, $\square = 5 \div 4 = \dfrac{5}{4} = 1\dfrac{1}{4}$ (km)입니다.

따라서 집에서 마트까지의 거리는 $1\dfrac{1}{4}$ km 입니다.

서술형 **19** 3단원 **접근 ≫ 색 테이프 17장의 길이의 합을 구한 뒤, 색 테이프 한 장의 길이를 구합니다.**

예 (겹쳐진 부분의 길이의 합)$=3.4 \times 16 = 54.4$ (cm)이므로

(색 테이프 17장의 길이의 합)$=184.62 + 54.4 = 239.02$ (cm)입니다.

따라서 색 테이프 한 장의 길이는 $239.02 \div 17 = 14.06$ (cm)입니다.

채점 기준	배점
겹쳐진 부분의 길이의 합을 구했나요?	1점
색 테이프 17장의 길이의 합을 구했나요?	2점
색 테이프 한 장의 길이를 구했나요?	2점

해결 전략
겹쳐진 부분 없이 색 테이프 17장을 이어 붙인 길이를 구한 뒤, 이 길이를 17로 나누어 색 테이프 한 장의 길이를 구해요.

서술형 **20** 4단원 + 5단원 **접근 ≫ 가을과 겨울의 백분율의 차를 알아봅니다.**

예 겨울에 태어난 학생의 백분율은 $40 \times \dfrac{2}{5} = 16$ (%)입니다.

가을에 태어난 학생은 겨울에 태어난 학생보다 32명 많고, 이는 전체의

$24 - 16 = 8$ (%)이므로 전체의 1 %는 $32 \div 8 = 4$ (명)입니다.

따라서 소정이네 학교 학생은 모두 $4 \times 100 = 400$ (명)입니다.

채점 기준	배점
겨울에 태어난 학생의 백분율을 구했나요?	1점
가을과 겨울에 태어난 학생 수의 차의 백분율을 구했나요?	2점
소정이네 학교 학생 수를 구했나요?	2점

해결 전략
(전체의 8 %)$\div 8$
　　　$=$(전체의 1 %)
(전체의 1 %)$\times 100$
　　　$=$(전체 100 %)

고등 입학 전 완성하는 독해 과정 전반의 심화 학습!
디딤돌 생각독해 I ~ V
· 생각의 확장과 통합을 위한 '빅 아이디어(대주제)' 선정 및 수록
· 대주제 별 다양한 영역의 생각 읽기 및 생각의 구조화 학습

수능국어 실전대비 독해 학습의 완성!
디딤돌 수능독해 I ~ III
· 글쓴이의 작문 과정을 추론하며 생각을 읽어내는 구조 학습
· 출제자의 의도를 파악하고 예측하는 기출 속 이슈 및 특별 부록

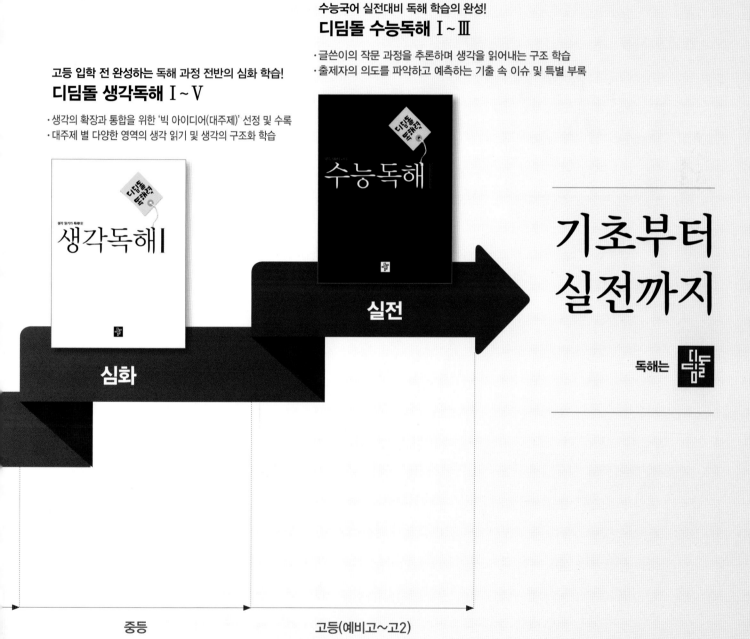

기초부터 실전까지

독해는 디딤돌

심화

실전

중등

고등(예비고~고2)

한걸음 한걸음 디딤돌을 걷다 보면 수학이 완성됩니다.

- **개념 다지기**
원리, 기본
초등수학 원리 · 초등수학 기본

- **문제해결력 강화**
문제유형, 응용
초등수학 문제유형 · 초등수학 응용

- **심화 완성**
최상위 수학S, 최상위 수학
최상위 수학 S · 최상위 수학

- **연산 개념 다지기**
디딤돌 연산
디딤돌 연산은 수학이다.

- **개념+문제해결력 강화를 동시에**
기본+유형, 기본+응용
초등수학 기본+유형 · 초등수학 기본+응용

- **상위권의 힘, 사고력 강화**
최상위 사고력
최상위 사고력

개념 이해 ▶ **개념 응용** ▶ **개념 확장** ▶

학습 능력과 목표에 따라
맞춤형이 가능한 디딤돌 초등 수학